生活因阅读而精彩

生活因阅读而精彩

白话菜根谭

译注与诠释

洪应明／著　古秋／注释

时事出版社

图书在版编目(CIP)数据

白话菜根谭:译注与诠释 / (明)洪应明著;古秋注释.—北京:时事出版社,2014.12

ISBN 978-7-80232-768-9

Ⅰ.①白… Ⅱ.①洪… ②古… Ⅲ.①个人-修养-中国-明代 ②《菜根谭》-研究 Ⅳ.①B825

中国版本图书馆 CIP 数据核字(2014)第208251号

出版发行:时事出版社
地　　址:北京市海淀区万寿寺甲2号
邮　　编:100081
发行热线:(010)88547590　88547591
读者服务部:(010)88547595
传　　真:(010)88547592
电子邮箱:shishichubanshe@sina.com
网　　址:www.shishishe.com
印　　刷:北京建泰印刷有限公司

开本:787×1092　1/16　印张:23　字数:322千字
2014年12月第1版　2014年12月第1次印刷
定价:39.80元

前言

美国成功学大师戴尔·卡耐基让人们明白了励志的重要性。为什么人们需要励志？因为励志可以唤起人们心中的激情，赋予人们正能量，让人们走出失败的阴影，摆脱忧虑的侵扰，获得奋进的力量。

那么，古人需要励志吗？需要。所谓“书中自有千钟粟，书中自有黄金屋，书中自有颜如玉”，这不正是古人劝人读书上进的励志名言吗？事实上，古代的读书人都是读着《增广贤文》、《颜氏家训》，还有宋真宗赵恒的《励学篇》（这本书就是“书中自有颜如玉”的出处）长大的，这些就是他们从小所读的“励志书”，这些书激励着他们十年寒窗苦读，以期有朝一日金榜题名、光宗耀祖。

但是，这些书有一个共同的问题——太空洞。这些劝学励志的书籍总是给人画一张很大的饼，告诉人们只要肯努力读书，长大以后就要什么有什么。可是，读书真的能换来千钟粟、黄金屋和颜如玉吗？事实显然并非如此。古代的读书人在成长的过程中必然伴随着少年时代美好梦想的破灭，于是便有了《菜根谭》。

卡耐基之所以伟大，就在于他讲的东西都不是空话套话，而是拥有足够实用性的大实话，所以他著作的销量堪比《圣经》，也因此无数人从他的书中吸取了智慧和力量。《菜根谭》也是如此。《菜根谭》不像以往的劝学书籍那样空洞地告诉人们读书是出路、无知会贫穷、勤奋是光荣、懒惰是羞耻，而是直接告诉人们修身养性、为人处世的具体方法，所以《菜根谭》是现实而实用的。

如果说《道德经》告诉我们的是世界的本原，《论语》告诉我们的是仁义的价值，那么《菜根谭》这本看起来并不“高大上”的书，告诉我们的则是人生的真谛。将《菜根谭》中所蕴含的人生真谛传递给读者，就是这本书的目的之所在。

为了将原汁原味的《菜根谭》呈现在读者面前，作者采用原典、注释与译文相结合的方式，让读者能够真正走近洪应明所创作的这本旷世巨著。而为了使读者真正理解《菜根谭》，真正将其读透，作者又添加了“解析”这个板块，为读者逐句地解读《菜根谭》，帮读者挖掘出其中所蕴含的最深层的东西。

毛泽东曾说过：“嚼得菜根者，百事可做。”人生在世，只有最现实的东西才是最实用的，而最卑微的东西当中也蕴含着最深刻的哲理。毛泽东这句话正是对《菜根谭》最好的解读。

目录
CONTENTS

修省

原典

欲做精金美玉①的人品，定从烈火中锻来；思立掀天揭地②的事功，须向薄冰上履过③。

注释

①精金美玉：精金，指精炼的金属，也指纯金，比喻纯洁完美的人或事物。②掀天揭地：翻天覆地，形容声势非常浩大或十分巨大的变化。③履过：走过。出自《诗经·小雅·小旻》："如临深渊，如履薄冰。"比喻经过危险境地。

译文

要想追求金玉般纯洁完美的品行，就必须经过熊熊烈火的锻造；要想成就惊天动地的功业，也必须经过危险境地的磨难。

解析

艰难困苦，玉汝于成。完美的品行需要经过磨炼，轰轰烈烈的功绩需要经受考验，正如孟子所云："天将降大任于斯人也，必先苦其心志，劳其筋骨，饿其体肤，空乏其身，行拂乱其所为。"古时，孙叔敖举于海，百里奚举于市。所以，世人唯有在逆境中方能窥尽世态炎凉、品味人生苦辣酸甜。放眼看去，古今中外品德高尚、成就大事业者，无不是经过无数次的锤炼，历经千万次的艰难险阻，才锻造出坚韧不拔的性格、不畏艰险的意志，从而成就大业的。所以，孔子的弟子曾参说："士不可以不弘毅，任重而道远。"

通往成功的路上总是布满荆棘的，因此要想有所作为，成就辉煌的事业，不经过烈火的锻造和艰难的考验，是不会成功的。但是，有些人一心想要获得非凡的成就，却在困难面前踌躇不前、畏首畏尾，最终只能落得个庸庸碌碌、一败涂地的下场。

有了严冬的考验，梅花才能傲立枝头；经历了风雨之后，彩虹才会挂上苍穹；有了风雪的磨炼，青松才能傲然屹立绝壁。成功不能一蹴而就，人们只有经得起风雨的考验，才能如彩虹一般发出绚丽的光彩。

原典

一念错，便觉百行皆非，防止当如渡海浮囊①，勿容一针之罅漏②；万善全，始得一生无愧，修之当如凌云宝树③，须假众木以撑持。

注释

①浮囊：即气囊，古时人们用牛皮或羊皮制成气囊，利用其浮力渡水。②罅漏：裂缝和漏穴，也指疏漏和漏洞。③宝树：佛教语，出自佛经《无量寿经》，指七宝之树，即极乐世界中以七宝合成的树木。这里泛指珍奇贵重的树木。

译文

如果因为一念之差犯了错，人们会觉得你以前的所有行为都是错的，因此无论做什么事情都要谨慎小心，就像渡海的气囊一样，容不得针尖般细小的裂缝；什么样的好事都做，才能一生无愧无悔，所以修养身心就像西方极乐世界的七宝之树一样，必须依靠众多树木的支援和护持才能高耸入云。

解析

一着走错，你就会落得个全盘皆输的下场。就像渡海的气囊一样，即使一个小小的漏洞，也可能使人葬身大海。

吴越大战后，越王勾践成为吴国的俘虏，但他卧薪尝胆，千方百计讨好夫差，甚至装疯卖傻以麻痹夫差。最后，夫差在得意之下，不顾老臣伍子胥的劝阻，放虎归山。经过十年的奋发图强，勾践终于一雪前耻，消灭了吴国。而夫差因一念之差，放虎归山，导致国破家亡。

人生在世，并不是所有的事情都能够从头再来，一念之差，悔之晚矣。正所谓“小心驶得万年船”，凡事三思而后行，才能走得更远。当然，这并不是让你每天步步为营、瞻前顾后，那样的话，就成胆小怕事、唯唯诺诺了。

慎重、三思并非胆小怕事，而是成熟、冷静的表现。很多人遇到问题时，容易轻易决定、鲁莽行事，这样一来，便会酿成大错，到时再后悔，已经晚矣。

凡事多问几个“为什么”，给自己多赢得一些思考的空间和想象的余地。不要因为自己的一念之差、小小的失误，而导致所有的努力都付之东流。

原典

忙处事为，常向闲中先检点，过举①自稀；动时念想，预从静里密操持，非心②自息。

注释

①过举：即过错，错误的行为。如《史记·刘敬叔孙通列传》：“叔孙生曰：‘人主无过举。’”②非心：邪念、邪心。这里指错误的想法。

译文

繁忙时精于事务，但是在闲暇时要审视自己的行为，反省自己的过失，这样过失自然就会减少；做事时的想法，应该预先静下心来缜密地筹划，这样错误的想法自然就不会产生了。

解析

“吾日三省吾身——为人谋而不忠乎？与朋友交而不信乎？传不习乎？”两千多年前的曾子，每天都会多次反省自己：为别人谋虑是不是尽心？和朋友相交是不是诚信？老师传授的知识是不是已温习？

现在，你也停下来思考一下：是否经常反省自己的过失？是否经常审视自己的行为？

也许你会说，每天忙于工作、忙于家事，哪有时间思考、反省？事实上，忙碌只不过是借口而已。即使工作再繁忙，也会有空暇，比如起床前的几分钟或是睡觉前的几分钟，在这些时间里审视自己的行为是否有过失。要做到这些其实并不难。关键在于你的心里是否有自省的意识。

这个时代，人们被名利诱惑，几乎失去真我；在物欲横流的社会，即使想求得一刻的安宁，似乎都是一件奢侈的事情。因此，很多人容易忽略审视自己，结果往往会在忙碌中无暇思考而出现差错，或是缺乏自制而滋生杂念。

因此，每天反躬自省便成为修身的关键。污浊的空气需要森林的净化，繁杂的心灵同样需要杀毒，利用空闲时间反省自己的错误，利用安静时刻净化自己的心灵，这样一来，你才能轻装前进，从容不迫。

原典

为善而欲自高胜人，施恩而欲要名结好，修业①而欲惊世骇俗，植节②而欲标异见奇，此皆是善念中戈矛③，理路上荆棘，最易夹带，最难拔除者也。须是涤尽渣滓，斩绝萌芽，才见本来真体④。

注释

①修业：古人写字著书用的方版叫作业，因此人们也把写作叫修业。原指研读书籍，后引申为建立功业。②植节：植，栽种、种植。植节，就是修养道德、树立气节。③戈矛：戈和矛，泛指兵器。这里指善念中的恶念和杀气。④真体：真实的本体。佛教语，指事物的本来面目或真实情况。

译文

做了善事却想要借此夸耀自己、以显示自己胜过他人，布施恩惠却又借此沽名钓誉、结交他人，建功立业却想要惊世骇俗、震惊世人，修养道德、树立气节又想借此标新立异。这些念头都是善念之中的杀气，义理道路上的障碍，最容易夹杂在人心之中，也是最难以拔除的。人们必须洗涤所有的私心杂念，彻底斩绝其根本，才能显示人心的本来面目。

解析

一对善良的夫妇在路边开了一家小杂货店，店面虽小，客人却总是络绎不绝。原来，与众不同的是，这家小店免费为来往的客人提供清水和歇息的地方。虽然只是一杯淡淡的清水，却为那些忙于赶路的人解了渴。慢慢地，这对夫妇的善行越传越广，小店的生意也越来越红火，最后发展成一家规模不小的百货商店。

人们常说，只有真心的人、纯粹的人才能获得真正的快乐。为善、施恩也好，修业、植节也罢，立志修身之人如果动机不纯、心怀杂念，那么为善便会成为伪善，施恩便会成为拉拢的手段，而建功立业也不过是那些汲汲于名利的人做的表面文章。没有任何人天性完美，存在一些私心杂念在所难免，然而人们应该懂得克制自己的私心杂念，如果放任其滋长蔓延，最终会萌生出无数的贪念、欲望。

所以说，我们应该将这些不纯粹的念头清除，洗涤所有的私心杂念，最终将会得到意外的收获。

原典

能轻富贵，不能轻一轻富贵之心；能重名义，又复重一重名义之念，是事境之尘氛①未扫，而心境之芥蒂②未忘。此处拔除不净，恐石去而草复生矣。

注释

①尘氛：原指灰尘和烟雾，这里指人世间的污浊之气。②芥蒂：细小的梗塞物。比喻积在心中的怨恨和不满，这里指种种欲念。

译文

能轻视富贵，却仍有极重的羡慕富贵之心；能看重名声道义，却更看重追求名声道义之念。这是因为人们没有扫除心中的污浊之气，内心深处仍存在过多的欲念。这些念头不能清除，恐怕就如同一旦把原本压在草上的石头搬走，又会杂草丛生一样。

解析

“人人都说神仙好，唯有名利忘不了。”《红楼梦》中这首“好了歌”似乎述说了芸芸众生追求名利之心。名利、富贵虽是身外之物，却也是最能累人之物，凡是把名利看得过重的人，都将会被其羁绊、困扰。

有些人表面上经常谈论“视富贵为浮云”，但是心中仍有追求名利、攀附权贵的念头；有些人十分看重自己的名声，也时常会施恩于那些需要帮助的人，然而他们这样做的目的不过是为了沽名钓誉。

真正高尚淡泊的人，能够做到“名利于我如浮云”，恰如诸葛亮的那句“宁静而致远，淡泊而明智”一样。真正高尚淡泊的人，拥有一颗纯洁正直的心，从不会为繁杂尘俗之事困扰，也不会将名利之事放于心中。

淡泊并不是不思进取，也不是甘于平庸，而是保持一种随意、低调的心态，以平和之心看人生的起起落落，以怡然自得之心享受人生的乐趣。得意时不忘我，失意时亦坦然，有一定的欲望，却不被过分的欲望牵绊。人生一世，草木一秋，应多一些淡泊，少一些欲望；多一些旷达，少一些狭隘。青箬笠，绿蓑衣，在斜风细雨中乐而忘归，这是何等的悠然自得！

原典

纷扰固溺志①之场，而枯寂亦槁心②之地。故学者当栖心玄默③，以宁吾真体；亦当适志④恬愉，以养吾圆机⑤。

注释

①溺志：心志沉湎于其中。②槁心：指态度冷漠，对一切事情都无动于衷。比喻丧失心气，心如枯木。③玄默：沉默寡言。④适志：适合自己的志愿。⑤圆机：圆融之机，此处指心体。

译文

纷乱喧哗的场所固然使人沉溺心志，但是枯燥寂寞的冷静之地却更容易让人丧失心气，心如枯木。所以，修学的人应该让自己安下心来，沉默寡言，从而使内心获得真正的安静；也应该适合自己的志愿，适当地放松和快乐一些，从而使自己的本性变得丰满和圆融。

解析

身处凡尘，过多的纷扰会影响人的判断，使人沉溺心志，而安静的环境则更容易保持身心的宁静和恬适。但是，如果让枯寂之情统治心境，人心就会犹如死水一潭，毫无情调、生机可言，这样一来，生命也就没有了存在的意义。

因此，世间之事都有一个“度”，最难把握的也是这个“度”。宋代著名的理学家、哲学家朱熹曾经说道：“谦固美名，过谦者，宜防其诈；默为懿行，过默者，宜防其奸。”意思是说，谦虚的人固然能赢得别人的尊重，但是过于谦虚的人就要提防他的狡诈；沉默本来是一种德行，但是过于沉默的人，也应该提防他的奸邪。这也许就是所谓的过犹不及、物极必反吧。

触龙说话恰到好处，拿捏准确，才顺利地说服了赵太后；烛之武说话委婉又切中要害，态度不卑不亢，才能勇退秦师。可见，做事恰到好处、做人恰如其分才是人生的最大学问。

原典

昨日之非不可留，留之则根烬①复萌，而尘情尽累乎理趣②；今日之是不可执③，执之则渣滓未化，而理趣反转为欲根。

注释

①烬：灰烬，即燃烧后的残余物。②理趣：思理情致、义理情趣。③执：坚持、固执。

译文

过去的错误应该彻底改正，否则就会重新萌芽抽枝、死灰复燃，到那时，凡尘俗世的烦恼便会最终影响人们认识真正的义理情趣；现在的正确也不可以过分执着，如果偏执的想法难以消除，到那时，义理情趣就会转变成欲望的根源。

解析

昨是今非，今是昨非，是是非非只不过是过眼云烟。凡事不可太执着，太过执着就会使人陷入痛苦的深渊。正所谓“抽刀断水水更流，举杯消愁愁更愁”，人生在世，得意也好，失意也罢，放下过往，才能迎接美好的明天。

人的一生会拥有许多美好的事物，如成功、智慧、名利、财富、爱情、亲情，也会遭遇许多并不是十分美好的事物，如失败、痛苦、病痛、失意等。无论是美好的事物还是不完美的东西，如果过于执着，其就会成为人生旅途中的包袱，使你肩膀上的负担越来越重，最后导致你不堪重负而垮掉。

弃我去者，昨日之日不可留；乱我心者，今日之日多烦忧。很多人经常感叹自己的不幸、烦恼，这都是太过执迷的缘故。何不尝试放下，丢弃过去的是非，放下心中的执念，当你放弃一片阴霾的天空后，就会发现，明媚的蓝天正向你招手。

小女孩在沙滩上拾那些彩色的贝壳，如果想要更漂亮的，就要懂得放下手中已有的，为更漂亮的贝壳腾出空间。人生亦是如此。

原典

无事便思有闲杂①念想否，有事便思有粗浮②意气否，得意便思有骄矜辞色否，失意便思有怨望情怀否。时时检点，到得从多入少、从有入无处，才是学问的真消息③。

注释

①闲杂：错杂、混杂。②粗浮：浮躁、急躁。③消息：机关上的枢纽，这里引申为关键。

译文

无所事事时，反思自己是否产生了闲散懒惰的念头；忙碌之中，反省自己是否产生了心浮气躁的情绪；得意时，反思自己是否有骄傲自满的言行；失意时，反省自己是否有怨天尤人的情绪。人们只有时刻反省自己，使这些缺点从多到少、从有到无，才是人生学问的关键所在。

解析

《尚书》上说：“苟日新，日日新，又日新。”一个每天都追求进步的人，是不会轻易被打败的。失败者之所以一事无成，那是因为他们总是梦想着一口吃成胖子，结果忘记了踏踏实实地往前走。成功者之所以能获得非凡的成就，并不是因为他们比别人聪明，而是因为他们每天都坚持审视自己、反省自己，从而促使自己不断进步。

反省是一种美德，也是促进人进步的关键。无事可做时，容易产生闲杂念头；忙碌时，容易心浮气躁；春风得意时，容易傲慢骄横；失意落寞时，容易怨天尤人。当人们有这些表现时，就应懂得反省自己。因为追求事业时，经常反省自己才不会误入歧途；进取中时刻审视自己，才能赢得更为广阔的空间。得意时戒骄戒躁，才能更上一层楼；而失意时总结教训，才不会使自己重蹈覆辙，从而赢得再次站起来的机会。

北宗禅创始人神秀说过一首偈语：“身是菩提树，心如明镜台。时时勤拂拭，莫使惹尘埃。”而那些不懂得审视自己的人，常常对那扇通往成功的门视而不见，甚至会亲手将它关闭。所以说，只有时刻反省自己、完善自己，才能不断进步。

原典

士人[①]有百折不回[②]之真心，才有万变不穷[③]之妙用。

注释

①士人：古时指读书人、士大夫、儒生。②百折不回：比喻意志坚强，无论遭遇什么挫折都毫不动摇。③万变不穷：指事物变化万千，没有穷尽。

译文

读书人有了百折不挠的顽强意志，才能有变化无穷的办法，才能攀上事业的高峰。

解析

面对挫折，要有百折不挠的意志，才能攀上最高的山峰。一个人如果没有坚定的意志、顽强的精神，即使遇到很小的困难也会摇摆不定、犹犹豫豫。这样的人，即使有过人的天资和饱满的热情，也不会取得成功。

成功属于那些拥有最坚韧之心的人，“愚公移山”和“铁杵磨成针”的故事感染了无数人，也向人们阐释了因坚韧而获得最终胜利的真谛。

很多人在面对挫折和困难时，不是坚持尝试，而是很快就决定放弃努力。我们经常听到这样的人说“这是不可能的”或者“我无法改变自己”。其实，正是因为这些人在挫折和困难面前轻易低头，他们才次次失败，一事无成。凡是执着于某项事业，并渴望取得成功的人，都具有百折不挠的精神，他们敢于向挫折挑战、与命运抗争，因此才会获得非同一般的成就。

原典

立业建功，事事要从实地著脚，若少慕声闻①，便成伪果；讲道修德，念念②要从虚处立基，若稍计功效，便落尘情。

注释

①声闻：指名声和声誉。②念念：念，心思。念念，即每一个念头。

译文

要想建功立业，无论做什么事情都要脚踏实地，假如稍有贪慕名声的念头，就变成了沽名钓誉；修养德行，每一个念头都要立足高远，稍稍有计较功利之心，就会落入凡尘俗情之中。

解析

建功立业、修身修德，都需要脚踏实地，一步一个脚印。罗马不是一天建成的，成功也不是一蹴而就的。比尔·盖茨，从哈佛大学肄业后，针对自身优劣势，脚踏实地辛苦工作，才创建了微软帝国；霍英东，自苦力工作——卖沙子做起，从而获得第一桶金而发家，成为华人商界的领袖。所以，我们需要有务实的精神，并不断地努力，这才是通往成功的捷径。

人人向往成功，尤其是刚进入社会的年轻人，他们满怀热忱与激情，但是随着社会竞争的加剧，我们会看到，很多人开始变得浮躁，妄想一夜成名、一步登天。这些人为了所谓的“成功”，“勇往直前”，全然不顾脚下是否是万丈深渊，是否会摔得粉身碎骨。

这些人所向往的成功，无非是地位、权力和金钱，他们具有强烈的功名之念，绝非成就大事者。即使有一天他们发现自己已经攀上了巅峰，脚下也不过是一片烂泥，直到摔得粉身碎骨才追悔莫及。

真正的成功者，懂得务实，绝不会贪功求名，他们不是脱离现实的幻想家，不是侃侃而谈的空谈家，而是脚踏实地的战斗者。因此，年轻人既要敢于仰望星空，也要学会脚踏实地。

原典

身不宜忙，而忙于闲暇之时，亦可警惕惰气；心不可放，而放于收摄①之后，亦可鼓畅②天机。

注释

①收摄：收聚，指精神集中。②鼓畅：鼓动并使之畅达。

译文

身体不宜过于忙碌，但在悠闲无事之时做些事情，可以警惕自己远离懒惰懈怠；内心不可以过于放纵，在精力高度集中之后适当地放松身心，可以鼓舞心智，使之更加畅达充沛。

解析

人生正自无闲暇，忙里偷闲得几回。繁忙的工作往往容易让人感到厌倦，甚至会产生逃避的念头；过分忙碌的生活，很容易让人丧失本性，失去生活的快乐。生活中，很多人为了追求事业的成功而拼命工作，几乎没有空闲的时间，更谈不上享受生活。其实，只有懂得享受生活的人，才能快乐地工作。那些只会埋头苦干的人，不会从工作中获得快乐，更不会获得事业上的成功。真正成功的人，懂得掌握忙碌与闲暇之间的平衡，在忙碌之余享受片刻的小憩，晒着暖阳、听着音乐，将会为生活添加更多的激情和乐趣。

人生最大的幸福便是追求内心的喜悦与自在，快乐工作，享受生活。工作时，兢兢业业，尽职尽责做好自己的事情；而闲暇时，则要尽情地享受生活，喝一杯浓郁的咖啡，读一本畅销的小说，逛逛街或是运动运动，找朋友聊聊天，就这样度过午后的时光，让会觉得生活是如此的美好。即便什么也不做，带着这样悠闲的心情，走在春日的阳光下，感觉也是如此的惬意。

原典

钟鼓体虚，为声闻①而招击撞；麋鹿性逸，因豢养②而受羁縻③。可见名为招祸之本，欲乃散志之媒，学者不可不力为扫除也。

注释

①声闻：声，声音。闻，本义为听到，这里指传播、传扬的意思。②豢养：喂养、驯养。③羁縻：拘禁、约束。

译文

钟鼓内中空虚，却因为声音可以传得远而招致人们的敲打；麋鹿天性无拘无束，因而人们在豢养它们时要以缰绳来约束。由此可见，名声是招灾惹祸的根本，欲望是消磨意志的媒介，为学之人不能不彻底扫除它们。

解析

庄子曾说："泽雉十步一啄，百步一饮，不蕲畜乎樊中，神虽王，不善也。"意思是，沼泽边的野鸡走十步才能吃到一口食，走百步才能喝上一口水，但是它却丝毫不被樊笼中的美食所诱惑，因为它知道生活在樊笼中虽然食水无忧、生活安逸，却会失去最为宝贵的自由。

名利和欲望就像美丽的玫瑰花，人们很容易被它的芬芳气息所迷醉，却不知道迷人芳香的背后就是尖锐的毒刺。名利和欲望就像丛林中的陷阱，人们很容易被假象所迷惑，却不知道假象如同沙漠中的海市蜃楼一般，一旦陷入其中便很难脱身。

在现实生活中，很多人迷恋名利，更经不起欲望的诱惑，往往会滋生一些虚荣心、贪欲心、名利心、妒忌心、狂妄心、傲慢心，以至于忽略美丽背后的陷阱，经常作出自投罗网之举。这样一来，生活之中的痛苦、烦恼自然纷至沓来。

人们要学会淡泊名利，不要让自己成为它们的奴隶，一旦你戴上了欲望的枷锁，就很难全身而退。人生在世，何不保持一颗平常心，笑对生活中的贫富、成败与磨难。只有始终保持一颗平常心，不虚荣，不贪利，踏踏实实地生活，才能感受到生活中真正的快乐。

原典

一念常惺①，才避去神弓鬼矢②；纤尘③不染，方解开地网天罗。

注释

①常惺：即“常惺惺”，佛教语，指经常保持头脑的清醒。②神弓鬼矢：即神灵的弓弩、鬼怪的箭矢，比喻明枪暗箭。③纤尘：比喻细小的灰尘。纤尘不染，原指佛教徒修行时，排除物欲，保持心地洁净，泛指丝毫不受坏习惯、坏风气的影响。

译文

经常保持清醒的头脑，才能避开那些生活中的阴谋诡计、明枪暗箭；保持心地的洁净无尘，方能摆脱生活中的各种烦恼。

解析

君子坦荡荡，小人长戚戚。真正的君子通晓事理，无论做什么事情，都如在平坦大道上行走，安然而舒泰。而小人则心怀邪念，患得患失，凡事都如临深渊、如履薄冰。其实，不做亏心事，不怕鬼敲门，只要你心无杂念，那么任何邪物都对你无可奈何。做人要坦坦荡荡，无论是处于何时何境，都要坚守内心的真诚纯洁，都要胸襟宽阔地为人处事。

元朝宋方壶在《山坡羊·道情》中写道：“青山相待，白云相爱，梦不到紫罗袍共黄金带。一茅斋，野花开，管甚谁家兴废成败？陋巷箪瓢亦乐哉！贫，气不改；达，志不改。”青山相待，白云做伴，无论是贫穷还是通达都不改高尚的气节和志向，这就是古时贫士的高尚情操和坦荡胸怀。然而，这世上真正能够做到坦坦荡荡的人却并不多。人们总是被红尘中的各种事物困扰，以至于生活中的烦恼千头万绪，剪不断，理还乱。

正所谓：“天下本无事，庸人自扰之。”只要人们心中对各种诱惑不贪不染，那么各种烦恼自然也就无影无踪了。

原典

一点不忍的念头，是生民生物①之根芽②；一段不为的气节，是撑天撑地之柱石。故君子于一虫一蚁，不忍伤残；一缕一丝，勿容贪冒③，便可为民物立命④，为天地立心⑤矣。

注释

①生民生物：生养民众、生长万物。②根芽：植物的根与幼芽，比喻事物的根源、源头。③贪冒：贪图、贪婪。④立命：修身养性以奉天命。⑤立心：树立准则。

译文

仁慈怜悯之心，是生养民众、生长万物的根源；有所不为的气节，是顶天立地的君子的支柱。所以，君子对一只虫蚁那样的微小生物都不忍心伤害，对一根丝线那样的微小利益都不贪图。如果君子能做到这两点，不仅可以修身养性造福万物，更可以为世间树立道德准则。

解析

《尚书》中说，大禹施行德政，在位期间，就连鸟兽鱼鳖也不曾受到侵扰，所有生物都在大自然下愉快地生存，呈现出一片安宁祥和的景象。真正仁德的人，慈爱真诚、恭俭谦让、宽宏怜悯，并不会刻意地去表现爱护民众，但是民众却自愿亲近他、拥护他，所有民众和生物在他的庇佑下都可以悠然自得地生活。

真正的君子拥有仁爱之心，有着可容万物之污、可生万物之命、可养万物之灵的美德。这便是《菜根谭》所提倡的“仁”，和儒家思想的“仁”相似相通。

东晋宰相谢安，小时候与大哥谢奕一起生活。谢奕性情粗豪，放荡不羁，喜好饮酒。有一次，有位老人犯了法，罪行比较轻，于是谢奕便罚他喝酒，直到他酩酊大醉仍不肯罢休。这时，七岁的谢安坐在谢奕膝边说："哥哥，这位老伯实在可怜，你怎么能这样做呢?"谢奕见谢安小小年纪便有悲悯之心，很受触动，于是便放过了那位老人。谢安小小年纪便有悲悯情怀，不忍老人受罪，真可谓仁德之人。

原典

拨开世上尘氛，胸中自无火炎①冰兢②；消却心中鄙吝，眼前时有月到风来。

注释

①火炎：比喻严酷的环境。②冰兢：出自《诗经·小雅·小旻》："战战兢兢，如临深渊，如履薄冰。"后以"冰兢"表示恐惧、谨慎之意。

译文

拨开人世间那些烦事俗情，心中自然就没有了如临烈火、如履薄冰一般的恐惧和煎熬；消除心中那些狭隘鄙俗的念头，自然就会时常享受清风明月的美景。

解析

人世间的纷纷扰扰皆由心生，心一动，世间万物跟着皆随之而动，纷纷攘攘；心一静，起起伏伏的人生瞬间归于平静，尘埃落定。人心最难捉摸，又经常受到外界的影响，有人对世间诸多事执迷不悟，殊不知，所求越多，欲望越大，纷扰也就越多。人们总是想要的东西太多，并且为此苦苦地追寻；人们总是想要得到那些得不到的东西，为此陷入痛苦之中。如果一个人沉浸在欲望之中不能自拔，那么最终也将会被欲望的洪流吞噬。

其实，要解决这一切很简单。心若善良，则世间充满美好；心若简单，这世间纷扰便会消失不见。滚滚红尘中的人们，与其苦苦追寻一些遥不可及的事物，让自己的内心在烈火寒冰中煎熬，不如消除那些鄙俗的欲念，放下尘世间的扰扰，怡然自得地享受天高云淡、风清月朗的美景。

"恋功名水上鸥，俏芒鞋尘内走，怎如明月清风随地有，到头来消受。"真正快乐的生活，是不贪恋功名利禄，不被欲望牵制，悠然享受清风明月之美。若有了这样的心境，即使独自远行于无垠的撒哈拉沙漠，也能结伴傍晚的彩霞、悠扬的驼铃声、风卷沙的缠绵……在广袤的沙漠享受随性、自然的生活。

原典

学者动静殊操①、喧寂异趣，还是锻炼未熟、心神混淆故耳。须是操存②涵养，定云止水中有鸢飞鱼跃③的景象，风狂雨骤处有波恬浪静的风光，才见处一化齐④之妙。

注释

①殊操：指操行不同。②操存：执持心志，保持操守。出自《论语·告子上》："孔子曰：'操则存，舍则亡；出入无时，莫知其乡，惟心之谓与！'"③鸢飞鱼跃：鸢，鸷鸟，属猛禽类，俗称鹞鹰、老鹰。出自《诗经·大雅·旱麓》："鸢飞戾天，鱼跃于渊。"后以"鸢飞鱼跃"比喻万物各得其所。④处一化齐：处，停止。一，统一、同一。化，变化。这里体现了春秋战国时老庄学派的一种"齐物"哲学思想，即站在"同一"的立场看事物，差别就会变成"同一"。

译文

修学之人，如果处在热闹或沉寂的环境中，行为操守就随之变化，处在喧嚣或寂寥的环境中，意趣也随之变化，那是磨炼不够精熟、心志还未坚定的缘故。所以，人们必须执持心志，不丧失自身涵养，锻炼得仿佛能在安定的云端看到雄鹰飞翔、静止的水中看到鱼龙飞跃的景象，能在狂风暴雨之处看到风平浪静的风光，这样才能站在"同一"的立场看事物，领略"同一"的真谛和奥妙。

解析

古人致力于修身养性，执持心志，不会因失意而消沉、悲伤，更不会因得意而骄矜、狂喜。无论是面对成功还是失败，都保持一种淡然、从容的态度。这便是"不以物喜，不以己悲"的境界。

东晋大书法家王羲之的五子王徽之和七子王献之皆为当时名士，两人曾经同处一室，屋顶忽然着火，王徽之慌忙逃走，而王献之却镇定自若，指挥仆人灭火，始终保持着平时的从容徐缓。王徽之和王献之无论是书法笔势还是文学造诣都难分高下，但是在心境上却相差许多。王献之在面临危险之时，依然坦然自若，从容处之，足见其修养。

花无常开，月不常圆，云不常留。正所谓人有悲欢离合，月有阴晴圆缺。人们不可能改变外界事物，更不可能主宰世界，但却可以主宰自己的内心。面对外界的变化，只要你秉持心志，始终如一，那么即使天空中阴云密布，你的心中也阳光灿烂；即使道路再坎坷，你的生活也充满快乐和希望。

原典

心是一颗明珠，以物欲障蔽之，犹明珠而混以泥沙，其洗涤犹易；以情识[①]衬贴之，犹明珠而饰以银黄，其涤除最难。故学者不患垢病，而患洁病之难治；不畏事障[②]，而畏理障[③]之难除。

注释

①情识：佛教语，意为情欲。②事障：佛教语，指贪、嗔、痴等烦恼。这些烦恼能令生死相续而障涅槃。③理障：佛教语，指根本无明、邪见等理惑能障碍真知、真见，使其不达本觉真如。

译文

人心像一颗明珠，如果人们被物质欲望蒙蔽了心灵，就犹如将明珠混杂在泥沙之中，但还是很容易洗涤干净；如果被情欲遮蔽了心灵，犹如用白银和黄金装饰明珠，就很难消除干净了。所以，修学之人不怕被外界的烦恼困扰，就怕洁净无尘的心灵被污染；不畏惧物欲烦恼障蔽心灵，而害怕思想上出现邪念，那是很难除去的。

解析

佛家认为“一切烦恼皆由心生”，人心本来是清净的，只是外界的纷扰和私利使心灵蒙上了尘埃。所以，人们应该通过修身养性，还自心以本来的清净。北宗禅创始人神秀说“身是菩提树，心如明镜台”，需要“时时勤拂拭”，才能使光明的本性不被尘垢污染障蔽。

人心就像一颗明珠，那些源于物欲的杂念，就像附着在明珠上的泥沙，很容易清洗干净，而且很容易发觉人们这些杂念，并且愿意将之清除。但是那些源于内心的情欲，就像镶嵌在明珠上的金银装饰一样，不仅很难清除，而且人们往往意识不到这些华丽装饰的危害，因此具有更大的危害。

所以，修身之人除了要清除事物表面的尘埃，去除自身表面的毛病外，更要注重内心的修养，避免让情欲、私欲等内在的东西污染自己的内心。

原典

躯壳的我要看得破，破则万有皆空，而其心常虚，虚则义理①来居；性命②的我要认得真，则万理皆备，而其心常实，实则物欲不入。

注释

①义理：指合乎一切伦理道德的行事准则。②性命：指万物的禀性，这里指事物的本性。

译文

人们只有看透自身，才能看透世间万物，这样内心才能时常保持虚空，而只有做到心灵虚空，才能懂得为人处世的正确道理；人们只有看透自我的本性，才能看透世间的真正道理，这样内心才能保持充实，而只有心灵充实，才能抵御物欲的入侵。

解析

古希腊的巴那斯山口处有一座神庙，每天都有无数的人前来膜拜，希望神灵能够帮助他们实现愿望。然而，在神庙外的巨石上，却只镌刻着这样几个大字：“认识你自己。”不错，人们的希望并不应寄托于所谓的神灵，而应寄托于自己。“认识自己”才是成功的真谛。

正所谓“不识庐山真面目，只缘身在此山中”，世界上最难认识的不是别人，而是自己。很多人并不知道自己追寻的目标是什么，更不知道自己的天赋在哪里，他们盲目地追寻别人的脚步，到头来却偏离了自己的人生轨道。

每个人都有自己的优势和劣势，只有认清自己，发掘内心蕴藏的潜力，才能实现自己最大的价值。人们只有把自己看得透彻，才能看清世间万物，懂得为人处世的道理；人们只有彻底看清自我的本性，才能知晓真理，在人生的道路上才不会感到迷茫。

原典

面上扫开十层甲①，眉目才无可憎；胸中涤去数斗尘②，语言方觉有味。

注释

①甲：比喻一些人用来掩盖真相的种种手段。②尘：本义为尘土、尘埃，引申为欲念。

译文

清除脸面上虚伪的装饰，容貌才不会令人厌恶；涤去心中的尘埃和欲念，谈吐才感觉富有韵味。

解析

如果与人相处，缺乏真诚，那么再美丽的容颜也会令人觉得面目可憎；与人交谈，如果缺乏真心，即使再华丽的言辞也会让人感到庸俗鄙陋、乏味不堪。所以说，做人真诚，保持真我是一个人最宝贵的品质。

不过说起来容易，做起来何其难也！就连东晋时期的著名隐士刘惔、许询也不免落俗。刘惔出任丹阳尹时，著名隐士许询也一同前往，二人住处布置华丽、饮食丰盛。许询说：“如果能保全此地，比我所隐居的东山还悠闲自在。”刘惔说：“即使世道凶险，我对世俗功名毫不在意，怎么会不能保全此地呢?”

当时，王羲之恰好也在，不禁对他们说：“如果巢父、许由见了稷、契，应该不会说出这样的话。”巢父、许由都是著名的隐士，传说尧帝以天下让于巢父，巢父不肯接受，又让于许由，许由也不肯接受。这才是真正的清心寡欲、操行高洁。王羲之认为他们的言谈只不过是在意自身的安危享受，标榜自己的道德节操，实际上是虚伪之言。

所以，人生在世，若能保持本色，真诚待人，不被凡尘俗世所牵绊，泰然自在，怡然自得，岂不是一件乐事?

原典

完得心上之本来，方可言了心；尽得世间之常道①，才堪②论出世。

注释

①常道：指一定的法则、规律。②堪：可以、足以。

译文

人们只有彻底看清自己的本来面目，才能真正了解自己的内心本质；只有完全掌握了世间万物的变化规律，才可以谈论如何出世入世。

解析

佛家认为，人们只有真正看清自己的本来面目，才能了解自己内心的本质；只有掌握了世间万物变化的规律和法则，才能做到脱离世间的纷扰和物欲的羁绊。

但是，世界上又有多少人能够真正认清自己的本性和内心呢？如果人人都能看清自己，曾经开创盛世的汉武帝晚年又怎会穷兵黩武，相信巫蛊之术？唐玄宗又怎会因为贪恋美色、宠信宦官，落得个“宛转蛾眉马下死”的悲惨下场？因为人们的眼睛永远都在向外看，尽管能够看见世间的万仞高山，看见广阔无边的海洋，却不肯低下头来审视自己的内心。

然而，世界上最重要的事情偏偏就是看清自己、认识自己。所以，著名的哲学大师苏格拉底才会告诫自己的学生：要善于发现自己。人们只有认识自己的本质，才能发现自己的优缺点，才能发挥自己的潜能，实现更高更远的目标。

原典

我果为洪炉大冶①，何患顽金钝铁之不可陶熔；我果为巨海长江，何患横流污渎②之不能容纳。

注释

①洪炉大冶：洪炉，即规模巨大的火炉。大冶，即技术精湛的铸造工匠。②渎：污浊的水沟。

译文

如果我是规模巨大的熔炉、技术精湛的工匠，又何必担心不能熔化坚硬的钢铁？如果我的胸怀像浩瀚的海洋、宽广的江水，又何必担心不能包容污浊的河流？

解析

莎士比亚曾经说过："假使我们自己将自己比作泥土，那就真要成为别人践踏的东西了。"其实，别人如何看待自己并不重要，重要的是自己如何看待自己。别人打败你，并不可怕，可怕的是自己被自己打败。如果连你都认为自己是卑微的泥土，那么别人更会随心所欲地践踏和轻视。

很多时候，人们总是对自己没有信心，随意贬低自己。其实，世界上除了自己以外，没有人能够轻视自己。每个人都要学会欣赏自己、鼓励自己，更要有"天生我材必有用"的信念。当你犹豫不决的时候，多对自己说几次"我可以"、"我真棒"，在心中给自己以积极的鼓励与暗示，这样就很容易突破自身的羁绊，为自己插上自信的翅膀。

人们只有相信自己，才能做生活的强者，才能实现自己的理想。人们只有相信自己，才能获得别人的尊重。人生就像一座高耸而险峻的山峰，只有相信自己的人才能攀上顶峰，才能享受顶峰的无限风光。

原典

白日欺人，难逃清夜①之愧赧；红颜②失志，空贻皓首③之悲伤。

注释

①清夜：清静的夜晚。②红颜：指少年，或是年轻的时候。③皓首：白发，代指年老的时候。

译文

白天欺负他人，夜深人静的时候难免会受到良心的谴责；少年丧失志向，年老时便只能徒然悲伤。

解析

“百川东到海，何时复西归。少壮不努力，老大徒伤悲。”如果一个人年轻时不懂得珍惜时间，为自己的理想而努力奋斗，那么等到年老时，就只能徒然悲伤了。

朱自清曾经感慨地说：“洗手的时候，日子从水盆里过去；吃饭的时候，日子从饭碗里过去；默默时，便从凝然的双眼前过去。我觉察它去得匆匆了，伸出手遮挽时，它又从遮挽着的手边过去。天黑时，我躺在床上，它便伶伶俐俐地从我身上跨过，从我脚边飞去了。”

的确，岁月如梭，时光飞逝，人世间最难留住的便是时间。它不会因为你的懊悔和悲伤而停止或是重来，一旦失去，即使再懊恼也于事无补。

因此，年轻人就应该充满热情，努力拼搏，开创出惊天动地的事业。这样，当你白发苍苍之时，回顾已逝的年华，就不会因为虚度时光而悔恨，也不会因为一事无成而羞愧。否则，只会落得个“白了少年头，空悲切”的下场。

原典

以积货财之心积学问，以求功名之念求道德，以爱妻子之心爱父母，以保爵位之策保国家：出此入彼，念虑[1]只差毫末，而超凡入圣[2]人品，且判星渊[3]矣。人胡不猛然转念哉！

注释

①念虑：思虑、挂念，这里指念头、想法。②超凡入圣：脱离凡尘，修道成仙，

指达到登峰造极、超越世俗的境界。③星渊：天渊，比喻差别非常大。

译文

以积累物质钱财之心积累学问，以追求功名之心追求道德，以爱妻儿的心肠爱父母，以保全官位的策略保全国家：出离此念，进入彼念，后者和前者相差无几，却可脱离凡尘、超越世俗，品德修养也天差地远。既然如此，人们为什么不幡然醒悟、转变观念呢？

解析

学问广博、道德高尚、孝敬父母、保卫国家，这是古代儒家士子最高的境界，也是其苦苦追求的理想境界。但是如何才能实现这一高远的目标呢？在这里，洪应明给出了一个答案：做学问时，要持之以恒，并且像积攒财物那般积极；修养道德要孜孜不倦，就像追求功名一样热衷；孝敬父母要真心诚意，就像疼爱妻子儿女一样无微不至；爱护国家要像保全自己的功名一样，尽职尽责，死而后已。虽然前者和后者相差无几，却产生了截然相反的效果，品德的修养也会有天壤之别。人们只要用心去做，用后者的心思去行事，就会由凡夫俗子变成圣贤。

然而，生活中又有多少人能够幡然醒悟、转变观念呢？尤其是现代人，心态浮躁，追求财富时十分用心，做学问时却草草了事；热衷功名，却不能用心修炼品德；对妻子儿女宠爱有加，却不愿对父母尽最基本的孝道。人们只有转变这种不良的观念，才能真正地脱离凡尘、超越凡庸。

原典

立百福之基，只在一念慈祥；开万善之门，无如寸心①挹损②。

注释

①寸心：古人认为心的大小在方寸之间，所以称心为寸心。如："谁言寸草心，报得三春晖。"②挹损：挹，减少、抑制。挹损，抑制私念。

译文

建立百世幸福的基础，只在于一念之间的慈善之心；想打开万善的大门，还不如稍稍压抑内心的私心杂念。

解析

孟子曾说："君子莫大乎与人为善。"与人为善是君子最宝贵、最高尚的品德，在生活中我们应该多一些友善少一些冷漠，多一些宽容少一些苛求，这样一来，人与人之间的关系将变得更加友好。

俗话说："赠人玫瑰，手留余香。"在你帮助他人渡过难关的时候，自己也会从中获得更大的快乐。帮助别人就是帮助自己，只有善待别人，在你需要帮助的时候，别人才会向你伸出援助之手。

其实，与人为善十分简单，只需一念之间的慈善，便可以收获很多。北宋名相韩琦历仕三朝，道德高尚，名声卓著。韩琦任大名知府时，一位下属呈报公文时忘记署名，韩琦看完后，没有直接指出，而是若无其事地与其交谈，之后又从容地将公文交还。事后，这位下属才发现自己的失误，不禁感叹道："韩公真是天下的盛德之人！"韩琦一生行善无数，名望颇高，但是每当听到别人有一些善举之后，必定谦虚地说："韩琦不如！"韩琦能够做到为善不欲人知，看到别人的善行则思己不及，可谓是真正的与人为善。

原典

塞得物欲之路，才堪辟道义①之门；驰得尘俗之肩②，方可挑圣贤之担。

注释

①道义：道德义理。②肩：本义指肩膀，这里是肩荷、负担的意思。

译文

堵住通往物欲的通道，才能打开道德义理的大门；放下凡尘世俗的负担，才可以肩负起圣贤的重担。

解析

生活中，我们无时无刻不受到各种事物的诱惑，面对诱惑，有的人很快就迷失了自我，有的人则懂得克制自己内心的欲望，而且只有懂得克制自己的人才能打开通往成功的大门。

我们都知道小孩子是没有任何自制力的，当你将美味的糖果或可爱的玩具放在他们面前时，他们会千方百计地想要得到它，甚至还会以大哭大闹的方式来达到目的。而人们长大之后，不仅要面对诱人的糖果、可爱的玩具，更要面对物质、名声、利益等的诱惑。这时，人们要学会控制自己，调节自己的情绪，如果一味地像小孩子一样胡来，就会在前进的道路上迷失方向。

陶行知先生有联语云："捧着一颗心来，不带半根草去。"克制自己，节欲守操，是修身修德的根本。人们无法控制事物的发展，也无法改变现实的状况，唯一能做的便是控制自己的内心。多一些从容少一些浮躁，多一些知足少一些欲望，人生才可以走得更远更广。

原典

融得性情[1]上偏私[2]，便是一大学问；消得家庭内嫌隙，便是一大经纶[3]。

注释

①性情：人的禀性和气质。②偏私：偏袒徇私，做事不公正。③经纶：这里是学问、才能的意思。

译文

容忍得了禀性感情上的不足和缺陷，才是修身养性的一门大学问；消除得了家庭中的嫌隙隔阂，此乃为人处世的一门大学问。

解析

金无足赤，人无完人。每个人都有缺点，也有犯错的时候，我们不应因某个缺点就全盘否定一个人。如果一味地求全责备，将会使自己陷入孤立无援的境地。凡事锱铢必较，耿耿于怀，不仅会招致别人的反感，也会使自己陷入痛苦之中。

人们常说："世界上最广阔的是大海，比大海更广阔的是天空，比天空更广阔的是人的胸怀。"用一颗宽容的心看待生活，你将发现天空变得更蓝、花儿变得更美，就连小鸟的声音都比往常更加悦耳了。

宽容是一门学问，是人类最高尚的美德，也是一个人为人处世的智慧。我们每个人都应该用宽容的态度对待别人。当你学会宽容时，你便站在了比别人更高的位置上，从而看透世间的真理；当你学会宽容时，你便获得了更广阔的胸怀，从而拥有了更大的智慧和力量。

原典

功夫自难处做去者，如逆风鼓棹①，才是一段真精神；学问自苦中得来者，似披沙获金②，才是一个真消息。

注释

①鼓棹：划桨、划船。棹，船桨。②披沙获金：即沙里淘金，比喻在大量事物中精选最精华的东西。

译文

做学问时要懂得从最难处着手的道理，就像逆风行船一样，只有奋勇向前才能领略学问的真正韵味；所有的学问都是从吃苦耐劳的努力拼搏中获得的，就像沙里淘金一样，无数次的精选才是获得真正学问的关键。

解析

做学问或是做事情时如果从难处入手，攻克了难关之后，那么以后即便遇到问题也能势如破竹，轻易解决。这样做不仅可以增强人们解决困难的技巧，更可以磨炼人们克服困难的意志。

一位著名钢琴家对学生的要求十分严格，总是在学生们有所进步的时候拿出更难的琴谱让他们弹奏。开始时学生们总是抱怨老师给他们的琴谱太难，但是久而久之，他们发现当自己研究透这些琴谱之后，水平有了很大的提高，以前遇到的难题也迎刃而解了。钢琴家这才说："这正是我要求你们练习非常难的琴谱的原因，从最难处开始练习，才能轻松地掌握那些相对容易的部分，才能达到更高的境界。"

正如人们只有翻越最艰险的、最陡峭的崖壁后才能攀上最高峰一样，做事时只有敢于攻克难关，才能实现更高的目标，取得更大的成就。当然，从难处着手并不是说忽视自己的水平，好高骛远，它同样需要人们循序渐进，根据自己的实际情况达到更高更远的目标。

原典

执拗者福轻，而圆融之人其禄必厚；操切[①]者寿夭，而宽厚之士其年必长。故君子不言命，养性即所以立命；亦不言天，尽人[②]自可以回天[③]。

注释

①操切：做事过于急躁，鲁莽行事，不经过慎重考虑。②尽人：指充分发挥自己的潜在本性。③回天：比喻扭转极难挽回的局面。

译文

性情固执的人往往因为行为乖张而获得较少的福分，那些做人圆通的人则因为做事灵活反而获得更多的机会和俸禄；做事鲁莽急躁的人往往因为不计后果而寿命较短，那些宽宏敦厚的人则因为淡泊而得以长寿。所以，君子不言说命运，只要注重修身养性便可以安身立命；也不能轻易言说天意，只要充分发挥自己的潜能，便可以扭转极难挽回的局势。

解析

很多人之所以难以实现更远的大目标，获得更大的成功，并不是因为他们缺乏能力和毅力，而是因为他们对自己的能力总是持怀疑的态度，不能够充分地发挥自己的潜能。实际上，人们往往低估自己的能力，导致自己与成功失之交臂。

每个人都有无限的潜能，就像蕴藏于海底的巨大冰川一样，而我们日常生活中体现的能力只不过是巨大冰川的一角而已。只要你充满自信，发挥自己的潜能，就能取得不可思议的成功。

有一位美国人被流弹击中了脊椎，只能在轮椅上度过余生。一开始，他也相信这就是命运，在轮椅上度过了二十年的时间。然而在一次外出时他遇到了抢劫，残忍的抢匪放火点燃了他的轮椅，求生的欲望竟使他一下子站了起来，甚至跑出很远的距离求救。事后，他彻底摆脱了轮椅，就如同正常人一样，并获得了很好的工作。

也许这只是一个特例，但却告诉人们，每个人的潜能都是无穷无尽的，你没有成功，并不代表你没有能力，而是因为你缺乏自信和勇气。人们应该摆脱自身的限制，激励自己的斗志，以迎接更多的挑战。

原典

才智英敏①者，宜以问学摄其操；气节激昂者，当以德性融其偏。

注释

①英敏：指才华出众，聪慧而有卓识。

译文

对于那些才华出众、聪慧机敏的人，最好用勤学好问的方式统摄他的操行；对于那些志节激昂、疾恶如仇的人，最好是使其修养德行，以融通他偏激固执的性情。

解析

有些人才华出众、天资聪慧，却自恃聪明才智，做事情时浮躁急切，不能够脚踏实地，最终只能落得个志大才疏、无所作为的下场。所以，越是才智出众的人，越是要勤奋好学、踏踏实实，以免心浮气躁的毛病害了自己。

心浮气躁的毛病对任何人来说都是一种致命伤，它是人们通往成功道路上最大的障碍。如果任凭其滋生和蔓延，心灵就会失去原本的宁静，人生的脚步也会失去原本的稳重，使自己掉入深不见底的枯井之中。

人们要想克服心浮气躁的毛病，就必须保持理智、清醒的头脑，无论做什么事情都要用理性的眼光去审视，这样才不会被事物的表面现象所欺骗，才能在是非面前作出正确的判断；人们要想克服心浮气躁的毛病，必须使自己的心沉静下来，踏踏实实地做好每一件事情，一步一个脚印地实现自己的目标和愿望，这样才能使自己的内心不断地趋向成熟，才能在人生道路上拥有更多的收获。

原典

云烟影里现真身，始悟形骸为桎梏[1]；禽鸟声中闻自性[2]，方知情识是戈矛。

注释

①桎梏：本义是脚镣、手铐，脚上戴的为桎，手上戴的为梏。比喻束缚。②自性：佛教认为世界万物都有不变不改之性，这就是事物本身的自性。

译文

世间万物都犹如云烟一样虚幻无常，人们只有在这虚空的世界中了解自身的本性，才能领悟到所谓有形的身躯不过是精神的束缚和牢笼；人们只有从大自然的鸟鸣虫叫中领悟自然的规律，才能真正明白世间一切私情杂欲不过是扼杀人之本性的利器。

解析

世间万物就如同云烟雾影一样虚幻无常，人们只有这在虚幻的世界中了解自己的本性，才能真正摆脱尘世间欲望和名利的束缚。这就需要人们有一双慧眼和一颗慧心，看得开世间的烦恼和纠缠，放得下人生中的名利和财富。

当人们在遇到挫折和困难的时候，应该放得下心中的怨恨，以积极的心态面对人生；当人们面对各种各样的物质诱惑和利益时，应该放得下心中的欲望，以平常的心态面对名利财富；当人们被繁杂之事纠缠时，应该放得下心中的负担，以淡然的心态看待无常的人生。这样人们才不会陷入烦恼和困惑之中无法自拔，才不会陷入拿得起放不下的两难之境。

看得开、放得下是一种豁达心胸的体现，是一种淡然处世的人生态度，人们只有懂得了其中的智慧和奥秘，才能真正做到超然物外，避免掉入一切私情杂欲的陷阱之中。

原典

人欲从初起处剪除，便似新刍[1]剧斩，其工夫极易；天理自乍明时充拓[2]，便如尘镜复磨，其光彩更新。

注释

①新刍：刍，喂养牛马的草。新刍，新生的饲草。②充拓：充实、拓展。

译文

人们的欲望从刚萌芽之时便彻底清除，就像铲除刚刚生长的杂草一样，是比较容易成功的；天理道义则必须在人刚刚有所觉悟的时候就加以充实拓展，就如同铜镜刚刚蒙上灰尘就要打磨一样，这样才能焕发明亮的光彩。

解析

要想彻底清除人们心中的不良欲望，就必须在其刚刚萌芽的时候清除，就像铲除刚刚生长出来的杂草一样，这样才比较容易获得成功。这也就是人们常说的“防微杜渐”。不仅清除欲望是如此，对于任何困难和问题，都应该及早行动，将一些坏事消灭在萌芽状态，以免遭受更大的祸患和危害。

东汉和帝继位之时年仅十四岁，窦太后把持朝政，其哥哥窦宪身为大将军，窦家兄弟都被任命为文武大官，掌握着国家的军政大权。看到这种情况，文武百官都担心汉室的安危，而大臣丁鸿为了避免外戚专权祸乱朝政，便极力劝谏皇帝防患于未然，及早铲除外戚力量。最后，和帝将祸患扼杀在萌芽之中，彻底地消除了汉室的隐患，保证了国家的长治久安。

原典

一勺水便具四海水味，世法[1]不必尽尝；千江月总是一轮月光，心珠[2]宜当独朗。

注释

①世法：佛教语，指世间一切生灭无常的事物。②心珠：佛教语，佛家认为众生心性本来是清净的，比喻心地如明珠一样清净纯洁。

译文

仅一勺水便可以品尝出四海之水的味道，因此人们没有必要把所有的海水都一一尝过。同样，世间一切事物都具有一定的规律，人们也没有必要经历所有生灭无常的事情就可以了解世间万象。正如世间千万条河流都有月亮映照其中，但却都是同一轮明月一样，世间万物不过是其本性的体现，人们的内心只有保持本性的纯洁清净，才能在任何环境下保持光明正大、一尘不染。

解析

《淮南子·说山川》中说："见一叶落而知岁之将暮；睹瓶中之冰而知天下之寒。"意思是说，从一片树叶的飘落就可以看到深秋的到来，从瓶中水冻结的冰凌就可以知道天气的严寒。生活中，看似个别的现象却蕴含着普遍的规律，人们只要知晓个别细微现象的预兆，就可获知整个事物的发展规律。

世间万物都有一定的规律和法则，只要人们掌握了恒定不变的法则，即使未经历所有的事情，也可以了解到世间万事的真相；世间万物都有一定的本性，其本性也是恒定不变的，只要人们能够保持内心的纯净，自然就会领悟到其中的奥秘。

人们只有善于掌握事物内在的规律，顺应其规律行事，才能水到渠成，顺利地取得事业上的成功。相反，如果人们不遵守事物的发展规律，勉强行事，最后不仅会遭遇失败，还会给自己带来巨大的灾祸。

原典

得意处论地谈天，俱是水底捞月；拂意时吞冰啮雪①，才为火内栽莲。

注释

①吞冰啮雪：比喻环境异常艰苦。

译文

人在春风得意的时候，高谈阔论，谈天说地，实际上是水中捞月，所有的豪言壮语不过是夸夸其谈而已；只有在失意之时，经受着艰难困苦的考验，依然保持高尚的气节和顽强的意志，这才是真正的君子。

解析

人的一生有许多路要走，这其中既有平坦的也有曲折的，既有繁华的也有荒凉的。而在这条坎坷的道路上，挫折和磨难不仅是对你坚强意志的考验，也是你人生道路上的财富。人们只有用平常心看待人生道路上的坎坷，才能做到失意不失志，才能激励自己，向着成功不懈地努力。而只有走过了坎坷不平，走过了荒凉之地，闯过了难关，才能走向最后的成功和幸福。

人们常说，只有经受住挫折和困苦的磨炼，人才能真正地成长，才能真正懂得成功的来之不易。所以，当你失意之时，不要抱怨，也不要悲伤，而要抱着美好的愿望，勇敢地向前走。即使跌倒了也不要灰心丧气，爬起来继续前行，如此你将会迎来人生中最灿烂、最绚丽的风景。

原典

事理因人言①而悟者，有悟还有迷，总不如自悟之了了②；意兴③从外境而得者，有得还有失，总不如自得之休休④。

注释

①人言：别人的评议。②了了：心里明白、清清楚楚。③意兴：这里是兴致的意思。④休休：这里是悠闲安逸的意思。

译文

真理经过别人指点才能领悟的人，即使有所领悟，还是有迷惑不解的地方，总不如自己经过解悟了解得清楚深刻；兴致是由外物而获得的人，即使得到快乐，但是终究还是会失去，总不如内心真正领会来得悠闲快乐。

解析

“古人学问无遗力，少壮工夫老始成。纸上得来终觉浅，绝知此事要躬行。”这是南宋诗人陆游劝诫儿子的一首诗，它告诉人们学习知识不仅要努力、勤奋，更要肯实践。只有亲自实践，将学到的知识为己所用，才能获得知识的真谛。学习知识、做学问是如此，做事、成就事业更是如此。

著名漫画家丰子恺曾经画过一幅《卖羊图》，内容是一个农民牵着两只羊来到羊肉馆，想将它们卖给老板。一个农民看了这幅画之后连连摇头说道：“画得不错，但是多画了一条绳子。”丰子恺仔细观察自己的画：两条绳子牵着两只羊，怎么会多条绳子呢？这时，农民说道：“牵羊只需牵头羊，不管多少只羊，一条绳子就够了！”丰子恺听了之后叹服不已。丰子恺虽然画技精湛，但是由于缺乏实际生活经验，只凭个人臆断画画，所以才会才遭到内行的农民的笑话。

人们无论做什么事情都要亲力亲为，只有亲自做了才知道是对是错，坐而论道不仅不能彻底领悟真理，更不能解决实际问题。无论是干大事还是做平常的工作，都要有实干精神，空谈只能使你越来越远离最初的梦想，只有踏实肯干、事事躬行才能成就精彩的人生。

原典

情之同处即为性，舍情则性不可见；欲之公处即为理，舍欲则理不可明。故君子不能灭情，惟事平情①而已；不能绝欲，惟期②寡欲而已。

注释

①平情：平静淡泊。②期：本义约会、约定，这里是希望、期许的意思。

译文

人类情感的共同之处就是人的本性，舍弃这些，人的本性也就不存在了；人类共同的欲望就是道义伦理，舍弃这些，天理道义就无法申明了。所以，君子不能期望彻底消灭人的感情，只能是遇事时平静淡泊一些；不能期望彻底灭绝人的欲望，只能是希望节制欲望、保持心性罢了。

解析

孟子曾说：“养心莫善于寡欲。其为人也寡欲，虽有不存焉，寡矣。其为人也多欲，虽有存焉，寡矣。”人生在世，难免要面对声色、名利、财货等众多诱惑，过于追求这些物质上的享受，便会失去本性。正所谓欲壑难填，如果人们任凭声色名利的欲望在心中滋生，那么很快就会掉入无底的深渊。

欲望就像一匹性情顽劣的烈马，很难驯服，但是我们要尽力去控制、去节制，如果放任其肆虐无羁，不仅会毁灭自身，更可能祸及他人。所以，孟子才主张清心寡欲，克制心中对各种物质的追求，这样才能修养身心。清心寡欲的人不喜形于色，凡事都能以平常之心处之；清心寡欲的人淡泊名利，看淡得失，即使面对富贵、金钱亦能坦然；清心寡欲的人不会逞匹夫之勇，即使是泰山压顶也能处变不惊。

当然，寡欲并不是灭欲。南宋著名的理学家朱熹主张“存天理，灭人欲”，其实人们的某种情感和欲望是与生俱来的本性，如果从根本上灭绝人们的欲望，则是违背人性和天理的。君子主张清心寡欲，节制自己的物质欲望，而不是抛弃一切情感和欲望，否则人生将走向另一个极端。

原典

欲遇变无仓忙①，须向常时②念念守得定③；欲临死而无贪恋，须向生时事事看得轻。

注释

①仓忙：匆忙，惊慌失措。②常时：平时。③守得定：等待、守住。

译文

要想临危不乱、遇变不惊，必须在平时就保持镇静的心态；要想在临死前不贪恋生命、畏惧死亡，必须在活着时看破得失、成败。

解析

人生总是存在很多变数，想要在危急时刻处变不惊，就必须在平时养成淡定从容的习惯，如此才能在关键时刻临危不乱。生老病死是生命的必然规律，想要在临死前毫无牵挂，就必须在平常将得失、利益等看轻看淡。无论是遭遇变故时的从容还是临死前的淡泊，都是平时的积累和沉淀所得。正所谓“境由心生”，人们在修身养性的过程中，要善于修炼从容、自然的心境。

东晋名士谢安，性情娴雅温和，面对任何突发事故都能泰然处之。谢安隐居东山时，一次和几位友人乘船出海。当船远离海岸时，海上兴起大风，波涛汹涌，旁人都惊慌失措，谢安却态度从容、悠然自得，照常吟唱诗歌。船夫见此情况，便将船继续划向大海深处。随后，风越来越大，浪越卷越高，旁人慌作一团，不敢坐下。此时，谢安沉着地说："如果你们继续这样，我们恐怕就回不去了。"听了这话，众人才勉强回到原来的位置。

处变不惊，临危不乱，这是一种极高的人生境界，也是人们梦寐以求的境界，但是要想做到这些却很不容易。谢安正是因为平时处事从容，看轻名利得失，最后才能东山再起，成为东晋著名的宰相。

原典

一念之差①，足丧生平之善；终身检饬，难盖一事之愆②。

注释

①差：过失、差错。②愆：过错、过失。

译文

一念之差、一念之错，足以使人丧失一生的善德；一辈子的自我约束，难以掩盖一件事的过失。

解析

一个人即使一生多行善事，但若因一念之错做作出错误的行为，那么他之前的善行也会毁于一旦。一个人一旦做错了某件事，即使他以后终身约束自己、反省自己，也无法掩盖这件事的过错。

自古以来，诸葛亮就被人们认为是最善于用人、最擅长计谋的人，但是却在北伐时期错用马谡，导致蜀军失掉街亭，不得不退军汉中。马谡素有才名，因此受到诸葛亮的赏识，刘备临终前却劝告诸葛亮，说他言过其实，不可大用。但是诸葛亮却未听取刘备的劝告，在北伐中力排众议，任命马谡为先锋。结果马谡在镇守街亭时，一意孤行，不听王平的劝告，导致蜀军遭遇惨败。最后，诸葛亮为了严肃军纪，不得不挥泪斩马谡。诸葛亮因为一念之差不仅失去了爱将，更使蜀国北伐大计破产。

人生中并不是任何一件事都可以重头来过，一旦犯下错误，就可能造成无法弥补的遗憾。所以说，在为人处世时，一定要小心谨慎，三思而后行。

原典

从五更枕席上参勘心体①，气未动，情未萌，才见本来面目；向三时②饮食中谙练③世味，浓不欣，淡不厌，方为切实工夫。

注释

①心体：内心、本性。②三时：指早、午、晚。③谙练：熟习、熟练。

译文

清晨在床榻上审视自己的内心，此时心气还未开始萌动，心中还没有任何杂念，这样才能认识自己的本性；在三餐饮食中练习熟悉人情世故，不因人情浓厚而欣喜，也不因人情淡薄而厌恶，这样的平淡才是人生修养的真谛。

解析

心灵的修养需要磨炼，这样的磨炼来自俗世的纷扰和喧嚣，只有体验了人生百态、酸甜苦辣、得得失失、浓厚淡薄，才能收获最初的本性。谙习人世冷暖就如同品尝三餐的滋味一般，浓烈时不欣喜若狂，淡泊时也不心生厌倦，但是人们只有品尝清淡的食物，才能品味到真正的滋味。

所谓“行到水穷处，坐看云起时”，王维晚年官至右丞，但是他已经看透了官场的险恶、仕途的艰险，很想远离纷扰，回归平静的生活。后来王维过着半官半隐的生活，兴致来时便独自信步漫游，随意而行，到了山水的尽头便坐看行云的变化，他就在这样的生活中体会自得其乐的闲情雅趣。

人们常说，平平淡淡才是真。若非真正懂得人生的人，怎会甘心于平静寡淡的生活？若非真正淡泊的人，又怎能看尽人生的繁华而无心名利，淡逸超然？

应酬

操存要有真宰[①]，无真宰则遇事便倒，何以植顶天立地之砥柱[②]？应用要有圆机，无圆机则触物有碍，何以成旋乾转坤[③]之经纶？

注释

①真宰：指天地的主宰，这里指人心，意指主导思想。②砥柱：比喻能肩负重任、挽救局面的人。③旋乾转坤：从根本上扭转局面。

译文

平素的品行志节要以天地的主宰做主导，不能以此做主导，遇到事情就会摇摆不定，这样还如何做一个顶天立地，能肩负重任、挽救局面之人？做事要圆融变通，不能变通，就会困难重重，这样还如何成就扭转乾坤的大业？

解析

"流水不腐，户枢不蠹。"无论是为人处世还是立身修德都应该懂得圆融变通，这样才能获得更多机会。航行在大海中的船只，如果不能见风使舵、规避暗礁，那么就会有翻船沉没的危险，就不可能安全驶向港口。

如果面前的道路不通，就应当另辟蹊径。在生活中，如果一味地故步自封、一成不变，不懂得变通，就很容易钻入死胡同，使自己陷入困境。池田大作曾说："权宜变通是成功的秘诀，一成不变是失败的伙伴。"不错，在人生的道路上，一个转弯就可以看到别样的风景，一个好的思路就可以开辟出一条新路。那些善于变通的人，总是能够在困境中找到突破的办法，从而到达成功的彼岸。这也正好应了一句古语——“穷则变，变则通，通则久。”

当然，懂得变通并不意味着放弃原则，更不是如墙头草一般随风倒，它只是思路的转变、手段的革新。在面对大是大非的问题时，人们一定要坚持原则、坚持真理，只有在不违背初衷的前提下善于变通，才能实现最伟大的理想。

原典

士君子之涉世①，于人不可轻为喜怒，喜怒轻则心腹肝胆②皆为人所窥；于物不可重为爱憎，爱憎重则意气精神③悉为物所制。

注释

①涉世：接触社会，经历世事。②心腹肝胆：心腹，即衷情、真意。肝胆，比喻真心诚意。心腹肝胆，即内心中最真实的情感。③意气精神：意识情绪。

译文

君子经历世事、与人交往，不能轻易流露喜怒之情，喜怒溢于言表，自己的内心就很容易被别人窥探；对待事物，不能过分表达爱憎之意，过于爱憎分明，自己的情绪就很容易被物质所左右。

解析

人人都有喜怒哀乐，成功时喜悦、痛苦时悲伤、不满时愤怒，这些都是人们最基本的情绪。没有人能够真正做到心如止水，但是有的人却不轻易将喜怒哀乐摆在脸上。这些人善于控制自己的情绪和感情，不让他人窥视自己的内心和底细，这样一来，就可以避免他人钻空子。

楚汉相争时期，有一次刘邦和项羽列兵对阵，刘邦历数项羽多条罪状。项羽被彻底激怒，命令埋伏的士兵向刘邦放箭。刘邦猝不及防，被一支箭射中胸口，伤势严重。此时两军对阵，若是汉军得知主将身受重伤，必将军心大乱，给项羽以趁乱追击的机会。于是，刘邦立即镇静下来，俯下身来摸着自己的脚趾强忍着剧痛，并大声喊道：“你们的箭术真是有待提高，只是射中了我的脚，根本无法伤及我的身体！”刘邦的一番话不仅稳定了军心，更打消了项羽趁虚而入的念头。

喜怒不形于色，才能使自己不受制于人；爱憎不过分分明，才能使自己不受制于物。也许有人认为，时刻隐藏自己的情感与情绪，是虚伪的表现，这样岂不是很累？其实，在与人交往时，适当地保留内心的想法，控制自己的情绪是十分必要的。如果你将内心的想法全部显露出来，很容易被不安好心的人利用，到时后悔就晚了。

原典

倚高才①而玩世②，背后须防射影③之虫；饰厚貌④以欺人，面前恐有照胆之镜。

注释

①高才：亦作“高材”，指才华出众、才智过人。②玩世：玩世不恭，指以消极、玩弄的态度对待生活。③射影：射影，一种名叫蜮的虫子被称作射影，经常在水中含沙喷射人影，使人生病。后来比喻阴谋陷害他人。④厚貌：忠厚的样子。

译文

如果人们依仗过人的才华而玩世不恭，就必须提防他人在背后陷害；如果人们总是戴着忠厚的面具来欺骗他人，那么总会有照见肝胆的镜子，来揭穿那副假面具。

解析

在日常生活中，有些人自以为是，依仗自己的才华，恃才傲物，放荡不羁，稍有名气就开始扬扬得意，喜欢被别人奉承，玩世不恭。这样的人非但不能如愿以偿，反而容易受到别人的嫉妒和陷害，迟早会因为自己的招摇而吃亏。所以，在为人处世时，即使才智比别人高超，也要学会藏拙、低调。

才高八斗未必就有大智慧，恃才傲物更是愚蠢的表现。宋代大文豪苏轼曾经说过：“大勇若怯，大智若愚。”真正智慧的人，低调沉稳，藏而不露，不惹是非，不招人嫌，不招人嫉，这样才能最好地保护自己，成就自己。才高而不自诩，位高而不自傲才是人生的大智慧。

所以说，低调是一种美德，也是一种人生智慧。功成名就时更需要一种谦逊的态度，不要招摇，要懂得为人谦卑、与人分享，这样才会真正赢得别人的尊重。做人低调，平和做事，不仅可以获得别人的钦佩和赞赏，更可以避免一些无谓的纷争，从而更利于立身处世。

原典

心体澄沏①，常在明镜止水②之中，则天下自无可厌之事；意气和平，常在丽日光风之内，则天下自无可恶之人。

注释

①澄沏：清澈、明净。②明镜止水：明镜，明亮的镜子。止水，古代祭祀用的净水。明镜止水，比喻心体明净，内心宁静坦诚。

译文

如果人的内心清亮明洁，常处在明境和清水一样宁静光明的环境里，那么天下自然就不会有使人烦恼的事情；如果人的精神宁和平静，就像沐浴在艳阳与和风中一样，那么天下自然就没有让人感到憎恶的坏人。

解析

"春有百花秋有月，夏有凉风冬有雪。若无闲事挂心头，便是人间好时节。"一年四季中，春花秋月，夏风冬雪，风景各异，无论何时都可以成为人间最美好的时节，关键是看人的心境。如果心中平和，那么严寒酷暑也是最好的季节；如果内心纷扰不断，即使阳光灿烂、花香四溢，人们也无心欣赏这所谓的美景。

为人处世也是如此。人生最难的便是保持一颗平常心。人们在遭遇失败、挫折、失意时，常会让坏的情绪控制自己的内心；而在成功、得意、辉煌时，心中又会滋生骄傲、自满的情绪。总之，人们总是被外物控制了自己的心境，不能保持自己的平常心。面对尘世的纷扰，人们应以平和的心态对待，无论是成功还是失败，都微笑面对，如此才能幸福快乐地度过每一天。

恰似这句："宠辱不惊，闲看庭前花开花落；去留无意，漫随天外云卷云舒。”因此，以平和的心态面对生活，那么你就如同沐浴着明媚的艳阳、吹拂着雨后的和风一般，生活将变得更加美好。

原典

当是非邪正之交，不可少迁就，少迁就则失从违[①]之正；值利害得失之会[②]，不可太分明，太分明则起趋避[③]之私。

注释

①从违：从，依从；违，违背。②会：时机、机会。③趋避：趋利避害、趋吉避凶。

译文

当人们面临是非曲直、邪恶正直相冲突时，不可稍微曲意迁就，稍有迁就就会违背做人的原则；当人们面对利害得失时，不可分辨得过于分明，过于分明就会产生趋利避害的私心。

解析

人们通常用“三思而后行”告诫他人谨慎行事、小心决策，但是孔子的原意却恰恰相反。鲁国的大夫季文子做事过分谨慎小心，每做一件事情前都想了又想，迟迟不敢下定决心。孔子听说后，认为季文子做事过分小心了。诚然，我们做事时要谨慎小心，但是凡事小心翼翼、踌躇不前，缺少决断的勇气，将会失去更多的机会。所以，著名学者南怀瑾才会如此说：“谨慎是要谨慎，但过分谨慎就变成了小气。”

同样的道理，如果人们在利害得失面前考虑得过多，那么只会让私心杂念影响自己的决断，从而作出错误的判断。所以孔子才会说：“再，斯可矣！”

在是非曲直、大是大非面前，人们必须立场坚定，不可曲意将就，否则就会失去做人的原则。但是，在利害得失面前，人们却不应当斤斤计较。人们常说“难得糊涂”，若将得失看淡一些，你会发现斤斤计较会失去更多，糊涂一点反而会得到意外的收获。

原典

苍蝇附骥[1]，捷则捷矣，难避处后之羞；茑萝[2]依松，高则高矣，未免仰攀[3]之耻。所以，君子宁以风霜自挟[4]，毋为鱼鸟[5]亲人。

注释

①苍蝇附骥：蚊蝇叮附马尾，比喻攀附权贵。②茑萝：一年生草本植物，常缘树而生，这里比喻亲戚关系。③仰攀：就是高攀的意思。④自挟：自恃。⑤鱼鸟：鱼和鸟，比喻像鱼、鸟一样被人玩赏。

译文

苍蝇叮附马尾，虽然比自己飞行更快，但是难以掩饰趋炎附势的羞愧；茑萝依附松树，虽然可以爬得很高，却难以避免仰仗攀附的耻辱。所以，有德行的人宁可忍受风霜雨雪，也不去作为花鸟鱼虫供人玩赏。

解析

苍蝇叮附在马的尾巴上，可至千里之外，但是如果只凭自己的力量，也许终其一生都飞不了多远。茑萝是寄生植物，只有攀爬高大的树木才能站得起来，如果缺少可依附的大树，那么恐怕难以存活。

生活中，很多人也如苍蝇、茑萝一般，只有依附他人才能生存，并且为了出人头地，不惜出卖人格而攀附权贵。也许他们会获得暂时的成功，但是试想，一个毫无一技之长的人，即使获得了成功，若他所依附的“大树”倒塌了，结果又会怎样呢?

雄鹰之所以能展翅在高空中翱翔，是因为它拥有强健的翅膀。当然，人们只有拥有自立的能力，并做到自强，才能如同雄鹰一般翱翔蓝天。人们成功固然离不开人脉等因素，但是借助人脉的帮助并不意味着完全依附他人、趋炎附势。所以说，要想成就一番事业，必须依靠自己的努力奋斗，这样的成就才是最真实的。

原典

好丑心太明，同物不契[1]；贤愚心太明，则人不亲。士君子须是内精明而外浑厚[2]，使好丑两得其平，贤愚共受其益，才是生成的德量。

注释

①契：契合、投合。②浑厚：淳朴敦厚。

译文

若把美好、丑陋分得过于明白，就没有看得上眼的东西了；若是把贤明、愚拙分得过于明确，就很难与人亲近了。所以君子应该内心精明、外表敦厚，使世间美好、丑陋的事物都受到公平对待，使贤明、愚笨的人都能受益，这才是养育万物的涵养和气量。

解析

《左传》中有一段话："高下在心，川泽纳污，山薮藏疾，瑾瑜匿瑕，国君含垢，天之道也。"所以，世间万物不可能是完美无瑕的，任何事物都有一定的瑕疵，就像河流容纳着污泥、山野隐藏着祸患、美玉隐匿着瑕疵、国王应忍受耻辱一样，这些都是千古不变的自然之理。所以，人们应该用包容的态度来看待事物，懂得包容他人。

从前，有个渔夫在海中得到一颗珍珠，这颗珍珠无论是大小还是色泽都称得上上品，但唯一的缺陷就是有个小黑点。渔夫为了追求完美，便想将小黑点去掉，使之变成无价之宝。可是，刮掉一层，黑点仍在，再刮一层，黑点还在，最后，黑点没了，珍珠也不复存在了。

这世间没有绝对完美的事物，如果人们过于苛求完美、过于严厉，结果将会适得其反。正所谓："水至清则无鱼，人至察则无徒。"河水如果太清澈，鱼就难以生存了；人如果过于精明，要求别人太严格，就没有人愿意同他交朋友了。凡事苛求完美并不是一种正确的人生态度，能包容别人的缺点、容忍事物的残缺，才能获得快乐。

原典

伺察[1]以为明者，常因明而生暗，故君子以恬养智；奋迅[2]以为速者，多因速而致迟，故君子以重持轻③。

注释

①伺察：侦察、观察。②奋迅：振奋精神，奋起疾飞。③以重持轻：用严肃认真的态度处理小事。

译文

把苛察当成明智的人，常常因为过分精明而产生暗昧，所以君子应该以恬淡平和的心态来修养心智；做事敏捷迅速的人，常常因为过分追求速度而导致延迟，所以君子应该以稳重谨慎的态度对待小事。

解析

孔子说："无欲速，无见小利。欲速则不达，见小利则大事不成。"做人做事都应该有稳重谨慎的态度，即使对待身边的小事也是如此。若急于求成，恨不能一日千里，则往往会事与愿违。

欲速则不达，很多人都知道这个道理，但做事时却总是与之相悖。有这样一则小故事，一个读书人正在赶路，小书童背着一大包书跟随。这时，太阳渐渐西沉，于是读书人便问路人："我们能赶在城门关闭前到达吗?"路人看着书童说："如果慢慢走，也许能够赶到，急忙赶路的话，恐怕就难了。"读书人听了之后心中不解，以为路人在戏弄他们，于是催促小书童快快赶路。谁知忙中出错，小书童匆忙之中被绊倒，书籍散落一地。由于整理书籍耗费了时间，读书人赶到城门时，城门刚刚关上，这时读书人才明白了路人的话。

很多人做事急躁、急功近利，忽视了应稳重谨慎，结果适得其反。其实，无论做人还是做事，谨慎的态度、泰然的心态都是我们获得成功的关键。人们常说"厚积薄发"，只要踏踏实实，一步一个脚印，成功自然会水到渠成。

原典

士君子济人利物①，宜居其实，不宜居其名，居其名则德损；士大夫忧国为民②，当有其心，不当有其语，有其语则毁来。

注释

①济人利物：救助别人，对世事有益。②忧国为民：为国事而忧劳，为人民造福。

译文

君子帮助他人、善待万物，应该落在实处，不能刻意追求名声，如果贪慕虚名，就会损害品德修养；士大夫忧劳国事为百姓造福，应当出自真心实意，不应当只停留在言语上，如果只是嘴上说说就会受到质疑诋毁。

解析

老子云："上德若谷。"只有真正道德高尚的人才能做到虚怀若谷，依仗高山的磅礴气势，包含流水的潺潺柔情，兼具刚与柔、重与轻。真正道德高尚的人乐于助人，但却不以此为功德，凡事都能以平常心处之；真正道德高尚的人忧国忧民，但却不在乎声名地位，只是将为国为民的真心落实在行动上。他们心中有山水、有天下，但却不图名利，一切顺其自然，这才是真正的道德高尚。

南宋著名爱国词人辛弃疾便是不贪图名利，真正为国家为百姓鞠躬尽瘁的典范。辛弃疾本是一介文人，但是当金兵大举侵犯中原之时，他依然选择弃笔从戎，走上了抵抗金兵入侵之路。他亲眼目睹金兵在中原作威作福，因此在少年时期就立下了恢复中原、报国雪耻的志向。后来，金兵大举南侵，他便组织一支队伍奋起反抗，与金兵展开了激烈的斗争。但是，昏庸无能的南宋皇帝却甘愿向金兵投降，以保全自己的荣华富贵。在南宋朝廷投降的情况下，辛弃疾依然英勇抵抗，最后因为寡不敌众而被金兵俘获。具有强烈爱国情怀的辛弃疾在狱中度过三年艰苦岁月却不肯屈服，毅然拒绝了金主高官厚禄的诱惑，最后慷慨就义。

古往今来，多少文人志士怀有忧国忧民的情怀，希望凭借一己之力改变混乱的世事而造福百姓。正是因为他们从不因功业未就放弃自己的理想，所以才能流芳百世，受到后人的敬仰。

原典

遇大事矜持者，小事必纵弛；处明庭检饬①者，暗室必放逸②。君子则一个念头持到底，自然临小事如临大敌，坐密室若坐通衢③。

注释

①检饬：检点约束，言行谨慎，引申为矫饰造情以取悦于人。②放逸：放纵逸乐。③通衢：四通八达的道路，宽敞平坦的道路。

译文

遇到大事才假装矜持的人，对待平常小事必定肆意放纵；只有在大庭广众之下才知道约束行为的人，一个人独处时必定放荡逸乐。然而君子却始终如一，即使碰上小事也绝不马虎，即使一个人独处也犹如在众目睽睽之下那样谨言慎行。

解析

在生活中，人们会迫于舆论、律法的压力而不得不注意检点自己的所作所为，但是在独自一人时，难免会放纵自己的行为。所以孔子才会说：“君子必慎其独也。”

只有在独处时才能看出一个人的品质和德行。东汉名臣杨震，人称“关西孔子”，为官清廉，从不收受贿赂。一次途径昌邑时，半夜时分，昌邑县令王密拜访杨震，以黄金十斤感谢其提拔之恩。王密对杨震说：“现在夜深人静无人知晓，你就收下吧。”杨震严肃地说道：“天知，神知，我知，你知，谁说没人知道！”随后，坚决将黄金退还。君子慎独，不欺暗室。杨震能够克制自己的欲望，做到慎独守身，可谓是真正的君子，因此后人也称呼他为“四知先生”。

真正的君子，无论何时何地，面对何人何境都严于律己，谨慎小心，即使在小事上也不随随便便。真正的君子就像空谷的幽兰，即使身处高山峡谷之中、人们的视野之外，依然保持着自己的操守，独自绽放。

原典

使人有面前之誉，不若使其无背后之毁；使人有乍①交之欢，不若使其无久处之厌。

注释

①乍：开始、最初。

译文

与其让别人当面赞誉自己，不如使人在背后没有诋毁之词；与其保持最初交往的愉悦，不如使其在以后的相处中没有厌烦之情。

解析

人际交往讲究技巧和客套，因此想要他人当面赞美自己并不是件困难的事情，因为他人或是碍于情面，或是有求于你，都会当面讨好你。《邹忌讽秦王纳谏》中，邹忌明白妻子、小妾、门客夸赞他的美貌，或是出于爱他，或是出于畏惧，或是有求于他。总之，人们很容易就可以获得别人的当面赞美。

但是，想要他人在背后赞美，甚至不批评、诋毁自己就不容易了。这时，人们已经没有了情面的障碍，可以畅所欲言。要想人们在背后赞美、不批评自己，除非你能够真正不犯错，赢得别人的信任和赞美。所以，一个人能够获得当面的赞美并不是真正的成功，赢得背后之誉，甚至是背后无毁才是真正的成功。

但是，每个人都有不同的见解，或许没有人能够做到背后无毁，所以人们也应正确看待这些批评和议论。这就要求人们要处处修养自己的德行，严于律己，与人为善，与他人建立融洽的关系。

原典

善启①迪人心者，当因其所明而渐通之，勿强开其所闭；善移风化者，当因其所易而渐反之，勿轻矫②其所难。

注释

①启：启发、教育。②矫：矫正、纠正。

译文

启迪别人的心智时，要善于用别人容易明白的道理循序渐进地引导，从而使其通情达理，不要强行打开别人关闭的心扉；改变社会风气时，要善于用人们容易遵循和接受的方式逐步推行，从而达到移风易俗的目的，不要轻率地改变那些一时难以改变的事情。

解析

孔子说："中人以上，可以语上也；中人以下，不可以语上也。"就是说，在教导学生时，要根据学生的资质进行启发教学，如果所教授的内容远远超过学生的理解水平而强行灌输，那么就会适得其反。

无论是启迪一个人的心智还是改变社会的风俗，都不是一蹴而就的事情，要懂得因势利导、循序渐进，如果勉强为之，不仅劳而无功，恐怕还会适得其反。数学家华罗庚曾经说过："我所走过的路，就是一条循序渐进的道路。"做事不一定要按部就班，但是也不能急于求成、强行为之，否则不会取得好的结果。因势利导，顺势而行，才是最大的智慧，也通常会取得事半功倍的效果。

原典

彩笔描空，笔不落色①，而空亦不受染；利刀割水，刀不损锷②，而水亦不留痕。得此意以持身③涉世，感与应俱适，心与境两忘矣。

注释

①落色：褪色。②锷：刀刃。③持身：立身、修身。

译文

用彩笔在空中画画，笔尖不会褪色，空中也没有受到污染；抽刀断水，刀刃没有损伤，水面上也没有留下任何痕迹。明白其中的道理，并以此修身处世，就会达到感触与反应完全适合、心物两相忘的境界了。

解析

庄子说：“无为名尸，无为谋府，无为事任，无为知主。至人之用心若镜，不将不迎，应而不藏，故能胜物而不伤。”意思是说，修养较高的人，不被虚名所累，不被谋略占据内心，不被俗事纠缠，也不会让所谓的智慧左右。真正修养高尚的人，心思犹如一面明亮的镜子，来者即照，去者不留，从不有所隐藏，自由自在地享受生活，心境清虚淡泊，无所欲求，就像是“彩笔描空”、“利刀割水”一样。

“彩笔描空”、“利刀割水”不仅为人们刻画出优美、玄幻的意境，更向人们阐述了一种为人处世之道。所谓君子处世，既不会改变周围的环境，也不会受到环境的影响，从而达到心境和物境的和谐统一。而所谓的“出淤泥而不染”正道出了此意。在利益诱惑众多的世界里，能若如清莲一般保持高洁的品质，淡泊名利，不被世俗所污染，难道不是真正的君子吗？

原典

己之情欲不可纵，当用逆之之法以制之，其道①只在一忍字；人之情欲不可拂，当用顺之之法以调之，其道只在一恕字。今人皆恕以适己，而忍以制人，勿乃②不可乎！

注释

①道：方法、技能。②勿乃：莫非、岂非。

译文

人们千万不可放纵自己的情感欲望，应当用相反的方法加以克制，不能任其发展，其方法就是一个“忍”字；人们千万不可违背别人的情感欲望，应当顺势利导地加以调节，其方法就是一个“恕”字。然而当今社会的人们都把“恕”字留给自己，以满足自己的私欲，却把“忍”字留给别人，以压制别人的欲望，难道这样行得通吗？

解析

圣人之所以高尚，是因为他们能够克制自己的情感和欲望，对待自己能约束克制，对待别人能理解宽容。然而，现实生活中，很多人的所作所为却恰恰与圣人的做法背道而驰。这些人为了满足自己的私欲，常常把宽容留给自己，却要求别人约束欲望。这样的行为岂能行得通?

孔子曾经对自己的学生子贡说："其恕乎！己所不欲，勿施于人。"这就告诉人们，为人处世要推己及人，多一些包容和理解。人们在处理人际关系时，要有宽广的胸怀，待人处事切勿心胸狭窄，应该多站在他人的角度思考问题，做到换位思考，推己及人。倘若自己不愿意做的事情，强行施加给别人，不仅会破坏与他人的关系，更会将事情弄得不可收拾。对自己多一些克制和约束，对别人多一些包容和理解，人与人之间的关系才会更加融洽。

原典

好察①非明，能察能不察之谓明；必胜②非勇，能胜能不胜之谓勇。

注释

①察：洞察。②胜：战胜、取胜。

译文

明察是非，并非真正的明智，该弄清的弄清楚、不该弄清的就不强求，才是真正的明智；每战必胜，并非真正的勇武，既能战胜对手，又敢于输给对手，这才是真正的勇武。

解析

真正的勇者并不是每战必胜，而是明明有战胜对方的实力和勇气，却给对手留下一条生路，化干戈为玉帛。如果一味地乘胜追击，将对手逼入绝境，势必激起对方誓死反抗的决心，反而会导致两败俱伤的后果。

兵法有云："围城必阙"、"穷寇莫追"。这就是人们常说的"话不可说绝，事不可做绝”。也就是说，切莫把事情做绝，凡事留有余地，在给对手留下生路的同时，也给自己留下了回旋的空间。这便是《菜根谭》中这一段话的哲理，也是人生中的大智慧。

画家在创作的时候，都懂得“留白”；雕刻家在雕塑雕像时，则时刻遵循“鼻莫如大，目莫如小”的技巧，那是因为他们懂得给自己留下后路，才不至于因为一些细小的差错导致整个作品“毁于一处”。处世为人，又何尝不是如此呢？

凡能成就大事者，除了要有洞察是非的能力，以及战胜对手的勇气外，更重要的是具有为人处世的智慧。郑国贤臣子产虽然识破小吏煮鱼之事，却不说破，从而为对方和自己留了面子，这才是真正的大智慧。“腹中天地阔，常有渡人船。”无论是为人还是处事，切勿在无伤大雅的小节上斤斤计较，多给别人留一些退路，自己才能做到进退自如、屈伸任意。

原典

随时之内善救时①，若和风之清酷暑；混俗②之中能脱俗，似淡月之映轻云。

注释

①救时：匡救时弊。②混俗：在世俗之中生活。

译文

有智慧的人懂得抓住时机，以达到匡救时弊的目的，宛若丝丝清风消除暑天的酷热一般，不着痕迹；身处世俗之中要超脱尘俗、不染尘埃，好似淡淡月光映射轻薄浮云一样，更显如银似玉、纯洁无瑕。

解析

真正有大智慧的人懂得抓住时机去匡救时弊，就好像一缕和煦的清风，在不经意间就消除了夏日的酷热，既令人精神为之一振，又不着痕迹。相反，如果选择的时机不适当，不但无法匡正时弊，还会给自己招来灾祸。

英国著名哲学家弗朗西斯·培根说：“善于识别与把握时机是极为重要的。在一切大事业上，人在开始做事前要像千眼神那样洞察时机，而在进行时要像千手神那样抓住时机。”

凡事有其时，而这决定性的瞬间却是稍纵即逝的。所以人们无论做什么事情都要把握好时机，选对了时机，可以达到事半功倍的效果；选错了时机，则很可能使原来的好事变成坏事。抓住时机就如同我们拍照按快门一样，不能早也不能晚，只有抓住决定性的瞬间，才能拍下美丽的照片。

原典

思入世而有为者，须先领得世外风光，否则无以脱垢浊①之尘缘②；思出世而无染者，须先谙尽世中滋味，否则无以持空寂③之苦趣④。

注释

①垢浊：污秽。②尘缘：佛教中指与尘世的因缘。③空寂：空虚寂寞。④苦趣：使人感到苦恼的意味。

译文

一个人想要入世，必须先领略尘世外的冷静寂寞，否则就不能摆脱尘世间肮脏污浊的世俗之念的诱惑；一个人想要超凡脱俗，必须先遍尝人世间的人情冷暖，否则就不能坚守尘世外的空虚寂寞。

解析

人生一世，草木一秋，所有的人都逃脱不了尘世的纷纷扰扰。儒家主张积极入世，成就一番丰功伟业；而道家则主张出世，超脱尘世间的污秽尘缘。然而，恐怕没有人能够真正做到一味地出世，不食人间烟火，面对万丈红尘而毫不乱心；也不能真正地完全入世，一心只追求名利尘世，而无片刻的安宁！

所以，自古以来对于出世和入世的争论从无休止，这似乎成了一个不可调和的矛盾。而儒家则给出了一个答案，那就是“达则兼济天下，穷则独善其身”，但是这似乎并没有真正地化解这一矛盾，所以才会有很多士人身陷尘世的泥潭不可自拔，醉心于名利之中不懂自制。

不过，朱光潜先生却给出了一个最好的答案：“以出世的态度做人，以入世的态度做事。”朱先生用极其简单的话，道明了出世与入世之间的复杂关系。世人若能以入世的态度做事，则能积极主动，勇于拼搏，成就一番非凡事业；以出世的态度做人，则能时常怀有一颗平常心，凡事以恬静淡泊的心态处之，既能享受成功的繁华，也能品味空虚寂寞的清苦。正如寒梅一般，既要有在冬日里傲雪绽放的积极精神，也要有“零落成泥碾作尘，只有香如故”的超然洒脱。

原典

与人①者，与其易疏于终，不若难亲于始；御事②者，与其巧持于后，不若拙守③于前。

注释

①与人：与人交往，取得人心。②御事：治事。③拙守：安于愚拙，做事不取巧。

译文

与人交往，与其后来因为各种原因而逐渐疏远，不如开始交往时就保持适当距离；做事时，与其在最后出现问题时想方设法挽救，不如开始时就安于愚拙，踏踏实实地处理。

解析

《礼记·经解》上说：“君子慎始，差若毫厘，谬以千里。”无论做什么事情开始时都要谨慎小心，千万不能马马虎虎，否则即使是很小的差错，经过日积月累，到了最后也会酿成大错。所以，人们在做事时，与其在出现问题时再想方设法收拾残局，不如最初时就踏踏实实地做好每件小事。

人们都知道好的开端是成功的一半，要想获得事业上的成功，就必须“慎始”。而明代王廷相所讲的故事则正好印证了这个人生哲理。一天，明朝都察院长官王廷相对初任御史说：“我昨天乘轿进城，正好遇到下雨，一个轿夫刚买了新鞋，因此开始很小心地走路，生怕弄脏了新鞋，但是后来一不小心踩到了泥水，便不再顾惜新鞋而大胆地向前走了。”王廷相不禁感叹道：“修身立命也是如此啊，如果一旦失足将无所顾忌了。”

善始善终诚为不易，但是唯有“善始”，才能如愿“善终”。

原典

酷烈[1]之祸，多起于玩忽之人；盛满之功，常败于细微之事。故语云：“人人道好，须防一人着脑[2]；事事有功，须防一事不终。”

注释

①酷烈：猛烈、惨烈。②着脑：发怒、生气。

译文

惨烈的灾祸，大多缘于玩忽职守的人；圆满的功绩，常常败于细小的事情上。所以谚语说：“即使人人都说好的事情，也要提防个别人的不满；事事都能成功，也应该提防个别事的有始无终。”

解析

在西方民间流传着这样一则民谣：丢失了一枚钉子，坏了一只蹄铁；坏了一只蹄铁，折了一匹战马；折了一匹战马，伤了一位骑士；伤了一位骑士，输了一场战斗；输了一场战斗，亡了一个帝国。恐怕没有人相信丢失一枚小小的钉子，最终会导致一个强大的帝国覆灭。但是，事实确实如此，而且古今中外“帝国亡于铁钉”的事件不胜枚举。

正所谓细节决定成败。汉武帝马邑之谋，布防周密，但是忽视了关键的细节——“畜牧于野，不见一人”，最终导致诱敌深入的计谋落空；三国时期蜀国大将马谡忽视魏军切断水源的细节而导致街亭失守，最终诸葛亮挥泪斩马谡；美国“哥伦比亚”号航天飞机因一小片隔热瓦脱落而坠毁，七名宇航员无一生还……看似微不足道的小事，却可能起到至关重要的作用，忽视生活中的任何一个微小的变化都可能造成不可挽回的后果。所以说，人们想要成就大事就必须在细节上下足功夫。

老子说："天下大事必作于细，天下难事必作于易。"人们只有重视细节，认真对待身边的小事，才能成就非凡的大事。

原典

功名富贵，直从无处观究竟①，则贪恋自轻；横逆困穷②，直从起③处究由来，则怨尤自息。

注释

①究竟：结果、结局。②横逆困穷：横逆，即横祸，厄运。困穷，穷困。③起：缘起、根源。

译文

当人们享受功名富贵时，如果能够直接从结局进行观察，自然就会减少心中的贪念；当人们处在厄运逆境中时，如果能够直接在根源上追究原因，自然就会平息心中的怨恨。

解析

《道德经》曰："生而不有，为而不恃，功成而弗居；夫唯弗居，是以不去。"意思是说，生养万物而不据为己有，培育万物而不自恃己能，功成名就而不自我夸耀，这样一来，功名业绩才不会泯灭。

老子的这段话向人们阐述了一种为人做事的大智慧，那就是要想功勋永远保留、获得众人的尊重，就要做到居功不傲、功成身退。然而，历史上有多少人苦苦追求名利富贵、贪恋显赫权柄，最终给自己埋下了灾祸的种子。战国时期，苏秦雄心壮志，合纵连横，六国封相，是何等的威风，然而却因为贪恋权柄最后落得个身首异处的凄惨下场。

所以真正的智者能够做到急流勇退、功成身退，并最终得享善终。范蠡辅佐越王勾践，卧薪尝胆十年，一举击败吴国。越王称霸诸侯之后，范蠡却只身一叶扁舟隐居太湖，闲居经商，成为世人皆羡的“陶朱公”。所以老子才会说：“功成名遂身退，天之道也。”

原典

宇宙[1]内事，要力担当，又要善摆脱，不担当则无经世[2]之事业，不摆脱则无出世之襟期[3]。

注释

①宇宙：这里指天下、国家。②经世：指治理国事。③襟期：襟怀、志趣。

译文

要想担当起天下大事，既要有敢于担当的魄力，又要有摆脱牵绊的气度。如果没有担当的魄力，就无法在政治上建功立业；如果没有超脱的气度，就不能保持超脱世俗的襟怀。

解析

君子想要成就大事，不仅要有安邦定国的雄心，勇于担当的责任感，更要有超脱世俗、淡泊名利的胸襟。

战国时期的鲁仲连拥有不凡的谋略，却不愿出世做官，宁愿在海上过着隐居的悠闲生活。可他却并非完全归隐，等着老死山林，而是常常周游列国，为国家排忧解难。秦国大军围剿赵国时，鲁仲连痛斥辛垣衍，向其陈述利害关系，最终说服魏赵两国不尊秦为帝，致使秦国退军。赵国转危为安后，鲁仲连则拒绝平原君的封赏，飘然而去。这种视金钱如粪土、视富贵如浮云的精神被后人所传颂，大诗人李白曾反复咏颂他：“齐有倜傥生，鲁连特高妙。明月出海底，一朝开光曜。却秦振英声，后世仰末照。意轻千金赠，顾向平原笑。吾亦澹荡人，拂衣可同调。”

人生在世，除了成功和荣誉，最美好的事情便是享受安宁、恬静的生活。真正具有智慧的人，不会贪恋于权势，执着于富贵。成功和失败、幸福和灾难都不过是过眼云烟，看淡这些俗事纷扰，才能真正获得快乐。

原典

待人而留有余不尽之恩礼①，则可以维系无厌之人心；御事而留有余不尽之才智，则可以提防不测之事变②。

注释

①恩礼：原指上对下的礼遇，这里指他人的恩情和礼遇。②事变：泛指事物的变化。

译文

与人相处，总要保留余地，不能一次就用尽所有的恩情和礼遇，否则就无法维系不知足的人心；处理事情，总要保留一点余地，不能一下就用尽所有的才能和智慧，这样才可以提防难以预料的变故。

解析

人们常说："利不可赚尽，福不可享尽，势不可用尽。"杯子留有空间，水才不会溢出来；气球留有空间，才不会爆炸；同样，人们说话、做事也要留有空间，才不会陷入绝境。所以说，凡事都有出现变故的可能，人们在做事时要给自己留有余地，不要把事情做绝，这样才能防备突然的变故。

《颜氏家训·名实》中有这样一个故事：邺下有位年轻人，任襄国县令，平时对公务尽心尽力，对下属体恤爱护，希望以此博取好名声。凡是本地男丁服兵役时，他都亲自握手送别，并赠送干粮果品，提醒注意安全。当地百姓对县令的行为称赞不已，他也因此升为泗州别驾。从此以后，他的事务渐渐增多，费用也越来越多，因此无法面面俱到，以至于处处难以为继，结果人们也将其过去的功绩随之抹杀了。

人们不可能完全预料事情的结果，给自己留有一条后路，是比较稳妥的办法，所以狡兔才会有三窟，以便进退自如、灵活处之。

原典

了心自了事，犹根拔而草不生；逃世不逃名，似膻[1]存而蚋[2]仍集。

注释

①膻：本义为羊臊气，比喻人间丑恶污浊的现象。②蚋：蚊类害虫，以吸人畜血液为生。

译文

如果断绝心中的念头，自然就能了结事情，就好像将杂草连根拔起一样；如果只是逃离尘世，却不逃避声名，就好像只要有腥膻之味，蚊蚋就会聚集一样。

解析

生活中，很多人纠缠于过往、纠结于名利、迷恋于富贵，更醉心于爱情之中。生命如此短暂，有很多不可承受之重，苦苦追求那些所谓的幸福，会使自己陷入痛苦的深渊。世间一切皆由心生，皆由心灭，人们之所以会被世间的各种俗事纠缠，终究是因为难以割舍这些。如果过于在意，自己的心灵会被套上枷锁。

也许曾经的辉煌让你无法忘怀，也许曾经的伤痛让人难以释怀，但无论是辉煌也好伤痛也罢，都是人们心中的累赘。人生为什么有这么多负累，那是因为你还没有学会放下。

佛语云：一念放下，万般自在。学会放下，是一种人生智慧；学会放下，是一门心灵的学问。学会放下是一种心灵深处的觉醒，犹如羁鸟归林、池鱼入渊一般。人们只有放下累赘的事物，才能轻装前进，才有机会开始新的人生；只有放下过往，才有机会欣赏今天的美景，迎接更加美好的明天。人生是一艘行驶的船，不可能一帆风顺，只有在该放下的时候懂得放下，才能行得更远，收获更多。

原典

仇边之弩易避，而恩里之戈难防；苦时之坎[1]易逃，而乐处之阱难脱。

注释

①坎：坎坷、陷阱。

译文

人们很容易躲避来自仇敌的弩箭，却很难防备来自朋友的暗箭；人们很容易逃避逆境时的陷阱，却很难逃脱顺境时的陷阱。

解析

当人们处于危难困苦之时，通常会小心翼翼、奋发图强，以期早日渡过难关。但是一旦志得意满，有些人就会得意忘形、放逸骄横。所以古人才会说："聪明广智，守以愚；多闻博辩，守以俭；武力多勇，守以畏；富贵广大，守以狭；德施天下，守以让。"以此来告诫人们做人要低调谦卑，切勿因一时得意而放浪形骸。

任何人都不可能永远春风得意，你在得意时飞扬跋扈，可能导致到手的权势、财富、功名转眼成空，甚至为自己招来祸端。三国时期的许攸，擅长谋略，但是骄傲自大，他投降曹操之后，为其出谋划策，并帮助曹操在官渡之战击败袁绍，立下大功。但是，许攸自恃功高，屡次轻慢曹操，甚至不分场合直呼曹操小名，最终落得身首异处的下场。

所以，真正有大智慧的人，即使得势也不会忘形，懂得用平和的心态看待一切。卑微时安贫乐道，豁达大度；显赫时持盈若亏，不骄不狂。

原典

膻秽则蝇蚋丛嘬①，芳馨②则蜂蝶交侵。故君子不作垢业，亦不立芳名，只是元气浑然，圭角③不露，便是持身涉世一安乐窝④也。

注释

①嘬：咬、叮。②芳馨：芳香，比喻美好的名声。③圭角：棱角，比喻锋芒。④安乐窝：北宋理学家邵雍自号安乐先生，隐居苏门山，住所名为"安乐窝"，后泛指

安逸舒适的住处、环境。

译文

腥膻污秽容易招来苍蝇蚊蚋，气味芳香则会引来蜜蜂蝴蝶。所以，君子既不为恶为害，也不树立美好的声名，只是保持浑然正气，不露锋芒，采用这种方法来立身处世，才能为自己创造一个安逸舒适的环境。

解析

人若无才华和锋芒，就像立不起的藤蔓，根本无法在社会上立足。但是，如果事事锋芒毕露，爱出风头，也无法立足于社会。俗话说“枪打出头鸟”、“出头的椽子先烂”，时时处处显示自己的锋芒和才华，并不是明智的表现，锋芒毕露很可能会给自己招来不必要的麻烦。

聪明的人懂得在适当的时候隐藏自己的锋芒，作出适当的忍让和退步，这是自我保护的表现，也是为人处世的大智慧。老子曾说过：“君子盛德，容貌若愚。”就是说那些真正才华横溢的人，其实从外表上看与愚鲁笨拙的普通人毫无差别。老子还曾经告诫他人，做事不要太盛气凌人，要懂得谨言慎行、谦虚待人，这样才会得到别人的好感和尊敬。

所以说，锋芒是一把双刃剑，既可让人看出自己的才华，又会伤人伤己，因此人们平时显露锋芒应适可而止。藏锋露拙与锋芒毕露，是两种完全不同的处世方式。要成就一番事业，显露自己的才华是十分必要的。但是，露才一定要适时、适当，时时处处才华毕现，不是智慧的行为，只会招致嫉恨和打击，导致事业失败。适时地隐藏起自己的锋芒，懂得含而不露，保持浑然正气才是智者所为。

原典

从静中观物动，向闲处看人忙，才得超尘脱俗[①]的趣味；遇忙处会偷闲[②]，处闹处能取静，便是安身立命的功夫。

注释

①脱俗：脱离庸俗，不沾染庸俗之气。②忙处会偷闲：即忙里偷闲。

译文

在宁静中观察事物变化，在悠闲中看他人忙碌，才能真正体会超脱尘俗的趣味；忙里偷闲，闹中取静，才是安身立命的修养功夫。

解析

在现实生活中，人们要承受来自工作和生活的各种压力。商人忙着挣钱，父母为子女而忙，子女为工作、学习而忙，几乎所有人都在忙碌。然而，过度的忙碌不仅会使人处于疲惫的状态，更会增加心理上的压力。所以，人们不要一味地沉溺于忙碌之中，要懂得忙里偷闲，享受休闲自在的生活。

人在忙碌喧闹之中，也要有偷闲取静的意识和本事。唐朝诗人李涉因事贬官，流放南方，在漂泊辗转、百般不如意之中，偶然登上镇江南山，与寺僧闲谈，从而受到启发，写下一首《题鹤林寺僧舍》：“终日错错碎梦间，忽闻春尽强登山。因过竹院逢僧话，偷得浮生半日闲。”生活中，人们不免遇到各种不如意，与其忙碌奔波，不妨在疲惫的时候，让自己的身心都歇一歇，在山水田园之间，打开自己的心扉，呼吸新鲜的空气，随着清风起舞，伴着花香而眠，心中自然会多些许闲适与欢愉。

原典

邀千百①人之欢，不如释②一人之怨；希千百事之荣，不如免一事之丑。

注释

①千百：形容很多人。②释：释放、消释。

译文

博得千百个人的欢心，不如消释一个人的怨恨；获得千百件事的荣耀，不如免除一件事的污名。

解析

俗话说："宁可得罪十个君子，也别得罪一个小人。"君子做事坦坦荡荡，即使得罪了他也会与你公平地决斗，而小人虽表面上不记仇，却暗中给人下绊子，让你防不胜防。所以，聪明的人懂得"邀千百人之欢，不如释一人之怨"的道理。

人与人之间的关系十分复杂，有些人整天忙着扩充人脉，交友遍天下，认为只要获得绝大部分人的认可就好，少数人的反对碍不了大事，却不知正是少数人的怨恨给自己带来了祸患。所以，聪明的人不仅广交朋友，扩大自己的人脉关系，更注重消减自己的敌人。

东晋著名政治家王导被任命为扬州刺史时，数百名宾客登门贺喜，主客欢聚一堂，但是由于宾客众多，一位来自临海郡的客人和几个西域的胡人顿感自己被冷落了。但王导特意找机会来到他们面前，与其寒暄，并亲切地与胡人说着："兰阁！兰阁！"胡人由此明白王导没有忽视自己之心，顿时大笑起来，于是满堂宾客皆大欢喜。

为人处世，与其多交一个朋友，不如少树一个敌人，只有减少别人对自己的怨恨，才能维护好自己的人际关系，获得更大的成功。

原典

落落①者，难合亦难分；欣欣者，易亲亦易散。是以君子宁以刚方②见惮，勿以媚悦③取容。

注释

①落落：性格孤高，难以相处。②刚方：刚直方正。③媚悦：讨好、取悦。

译文

性格孤傲清高的人很难与人相交，但是一旦与其成为真正的朋友，就会成为生死之交；性格开朗的人很容易让人接近，可是这种人容易亲近，也容易背弃友情。因此君子宁可做刚直方正的人让人感到畏惧，也不愿谄媚地讨好别人。

解析

清高的人总是给人难以接近的感觉，可是一旦与人结交便肝胆相照，成为生死之交。而那些貌似平和的人，虽给人容易亲近的感觉，但往往没有原则，或是盲目附和，或是阿谀谄媚，与人相交根本不是出自真心，友情自然也难以持久。所以真君子宁可刚正不阿，也不愿意谄媚讨好，这样才能结交到至交好友。这是人们的择友之道，也是为人处世的持身之道。

东汉时，高士井丹知识渊博、天性清高，既不贪慕荣华富贵，又敢于当面讽刺权贵。当时权势显赫的梁松想要与他结交，多次求见都被他拒绝。后来，梁松为井丹治愈疾病，他才感念其救命之恩而与之相交。梁松长子过世时，井丹前去吊唁，梁家贵客盈门，井丹衣衫不整，却坦然进门，行礼交谈都从容自若。尽礼之后，井丹拒绝梁松的挽留，翩然离去。

因此，只有像井丹这种不畏惧权贵、不贪慕荣华富贵，更不曲意逢迎的高士才是真正的君子。所以古人才会说“不阿谀以苟合，不谄媚以求亲”。只有心地坦然，从容舒泰而不骄矜做作，才能真正与人相交。

原典

意气与天下相期，如春风之鼓畅庶类①，不宜存半点隔阂之形；肝胆与天下相照，似秋月之洞彻②群品，不可作一毫暧昧③之状。

注释

①庶类：指世间万物。②洞彻：通晓，透彻了解。③暧昧：不光明的。

译文

与人交往要志趣相投，就好像和煦的春风鼓动万物一样，不应存半点隔膜；与人交往要真心诚意、肝胆相照，就好像秋月普照世间万物一般，不可有丝毫朦胧不明。

解析

朋友之交，贵在以诚相待。所谓意气相投、肝胆相照，正是人们交友的原则。真诚是为人处世的最好方式，也是人与人之间沟通的桥梁。朋友之间只有真诚相处、坦诚相待，才能敞开心扉、消除隔阂，维持长久的友谊。

朋友之间容不下任何虚情假意和欺骗，它们就像一把锋利的刀剑，不仅会割伤朋友的心，也会斩断友谊之桥。如果给朋友造成伤害，即使伤口可以愈合，但是伤疤依然存在，彼此之间的裂痕也不容易修补。如果你对朋友失去了诚信，那么就等于失去了朋友。

有些人交友遍天下，知己却无一人；千百高堂客，却无人伴床前。究其原因，最关键的还是自己缺乏真诚待人之心。古时，有八拜之交、刎颈之交的肝胆相照，也有高山流水、桃园情谊的意气相投。正是因为彼此肝胆相照、意气相投，双方才收获了真正的友谊。真诚不需要华丽的辞藻，也不需要漂亮的外衣，更不需要刻意去追求。真诚是心与心的相知，正如那首歌唱得一样："朋友一生一起走，那些日子不再有，一句话，一辈子，一生情，一杯酒……"

原典

仕途虽赫奕①，常思林下②的风味，则权势之念自轻；仕途虽纷华，常思泉下③的光景，则利欲之心自淡。

注释

①赫奕：显赫。②林下：幽僻之境，引申为退隐之处。③泉下：黄泉之下，死后的世界。

译文

身处显赫辉煌之时，要常思退隐山林后的清闲，这样追求权势之心才会减轻；仕途正处于富丽繁华时，也要常思死后归于黄泉的寂寞，这样贪恋私欲就会变淡。

解析

人在富贵荣华之中，不能妄想更大的权势和富贵，而应该想想退隐山林后的情景，更要思考死后归于黄泉的寂寞和孤苦。这样人们才能看淡功名利禄，看淡权势富贵，放弃对世间浮华的苦苦追逐。这是《菜根谭》反复告诫人们的，也是人生的真正智慧。

生活中的繁华富贵、都市的灯红酒绿、官场的功名利禄可以使人暂时得到物质上的满足，但是也往往使人陷入权欲之中，无法自拔。山林中的生活虽然清苦淡泊，但是别有一番自由、悠闲的滋味——人们每天都过着闲云野鹤般的生活，身心自然得到放松，心情也无比顺畅。而且，眼前的赫赫威权、繁华享受，到头来都将归于空幻，那人们又何必苦苦追求呢？

人生苦短，人们不应该把自己的生命全部放在追逐名利和权势之上，适当地淡化利欲之心，才能体味生命的真谛，感受生活的美好。所以，也难怪古人会留下这样的感慨：“功名万里忙如燕，斯文一脉微如线。光阴寸隙流如电，风霜两鬓自如练。尽道便休官，林下何曾见？至今寂寞彭泽县。”

原典

鸿未至先援①弓，兔已亡再呼犬，总非当机②作用；风息时休起浪，岸到处便离船，才是了手③的工夫。

注释

①援：拉、引。②当机：即“当机立断”，抓住时机，在紧要关头立即做出决断。③了手：善于撒手。

译文

鸿雁还没飞到便先拉开弓弦，兔子已经死了才呼唤猎犬，这都是不懂得抓住时机使它们发挥作用的行为；狂风停止后就不再兴起波浪，船已抵达岸边就迅速离开，这才是善于撒手的高深修养。

解析

俗话说“识时务者为俊杰”，又说“智者贵于乘时，时不可失”。所以说，人们在应对人生中的各种局面时，要善于判断时机，认清形势，当机立断，切不可做出鸿雁未至便拉弓射箭、兔子已跑才召唤猎狗等不符合时宜的事情。

鸿至方援弓，指的是等待时机；见兔即呼犬，指的是抓住时机。无论做什么事情，都要把握好时机，或早或晚都会使你失去成功的最佳时机。

凡是成就大事者，审时度势是其获得成功的先决条件。楚汉争霸，项羽力拔山兮气盖世，是何等的英勇威武，但却落得个四面楚歌、乌江自刎的下场；刘邦一个地痞流氓，小小的泗水亭长，却成就大事，开邦立国。究其原因，是因为刘邦能够审时度势、当机立断。所谓时势造英雄，当时混乱不堪的社会局面给每个人一个施展才华的舞台，真正的智者懂得顺势而行、把握时机，因此才可以成就一番惊天动地的事业。

原典

向热闹场①中出几句清冷言语，便扫除无限杀机；向寒微路上用一点赤热②心肠，自培植许多生意③。

注释

①热闹场：热闹的场所。②赤热：炽热、赤诚。③生意：生机、生命力。

译文

在热闹的场合中，说几句清冷的话，便能扫除人们心中的无限欲望，从而免除灾祸；对那些身处困境的人，付出一点赤诚的心，就能激起他们求生的欲望。

解析

常言道：“锦上添花无人记，雪中送炭情谊深。”如果一个人在春风得意、顺风顺水之时，即使你给予他再多的好处与帮助，你的恩情都显得微不足道，甚至被他完全忽视；相反，如果一个人在极度困窘之时，你对他伸出援助之手，即使是一饭之恩，也会让其感恩一辈子。所以，当别人处于困境时，不要落井下石，不妨施以援手，这样一来，不仅可以帮助他人脱离困境，日后你自己也可能从中受益。

中山国是战国时期的小国，有一次中山国君宴请国内名士，当时正巧羊肉羹不多，故而无法顾及在场的全部宾客。一位没有分到羊肉羹的人怀恨在心，便怂恿楚国攻打中山国，最终中山国被攻破，国王败逃。当时，所有人都各自逃命，只有两位勇士紧随国王其后，国王不解。两位勇士回答说："从前，有人曾经因您赐予的食物而免于饿死，我们就是他的儿子。父亲临死前嘱咐，让我们务必舍身报效国王。"中山国王不禁感慨道："怨不期深浅，其于伤心。吾以一杯羊羹而失国矣。"

中山国王因为一杯羊羹引来宾客的报复，却也因为雪中送炭般的一壶食物而赢得了两位勇士。所以说，施恩不在于深浅，而在于对方是否真正需要，雪中送炭、解困扶危才是真正地施恩于人。

原典

随缘便是遣缘，似舞蝶与飞花①共适；顺事自然无事，若满月偕盂②水同圆。

注释

①飞花：飘飞的落花。②盂：盛水的器皿。

译文

心随缘起便是缘随心去，就像是飞舞的蝴蝶与飘飞的落花相互呼应一样；顺应世事自然就不会生事，宛若十五的月亮与水盆一样都是圆满的。

解析

万事随缘，顺其自然，是禅者看待世界、人生的态度，更是人们获得快乐的一种精神境界。缘来时坦然地接受，缘去时也不强留，人们正是因为拥有这一顺其自然的心境才能在人生中获得一份恬静和淡然。

万事随缘，顺其自然，错过的就让它错过，未来的就从容面对，只有微笑着面对这些，你才能把握现在的幸福和快乐。与其紧抓着不放，不如潇洒地放手，过多的在乎和期盼只会增加无望的负担而已。随缘不是跟随，而是顺其自然，不执着，不强求。随缘也不是随便，而是把握机缘，不悲观，不忘形。

古人说："吃饭时吃饭，睡觉时睡觉；凡事不妄求于前，不追念于后。"拥有了从容平淡、自然达观的生活态度，才能真正享受生活的乐趣。命里有时终须有，命里无时莫强求。学会淡然地看待一切，以平静、平和的心态看待人生中的公平和不公平、成功和失败，随心、随性地生活，才能更加从容和自然。

原典

淡泊之守，须从浓艳场中试来；镇定之操，还向纷纭①境上勘过。不然操持未定，应用未圆，恐一临机②登坛，而上品禅师又成一下品俗士矣。

注释

①纷纭：指言论、事情等众多而杂乱。②临机：面临变化的机会。

译文

淡泊名利的操守，必须在富贵浮华的名利场中磨炼，才能做到真正的淡泊；镇定自若的操守，必须在纷繁杂乱的环境中锤炼，才能做到真正的从容。人世间的纷扰太多，如果不经历世事，内心操守还未稳定，处理世事还未圆通，恐怕一旦面临登上坛场的机会，也会显得貌似道行高深的禅师，却实为品位低级的俗士。

解析

真正心境淡泊的人，即使经历过富贵奢华也能淡泊名利；真正内心清净的人，即使处于纷扰繁杂的环境也能恬淡自守。尘世间有着太多的诱惑和纷扰，富贵、名利都是侵扰人们心境的东西，人们只有真正经历了名利和繁华的考验之后，才能真正获得心灵的淡泊和宁静。

然而，有的人虽想安于贫贱，却经受不住富贵名利的考验，想要安静淡泊地生活，却无法脱离繁华的侵扰，这样的人始终也无法获得淡泊的心境。即使平时能够镇定自若，一旦遇到危机情况，也会失去常态。

所以说，真正具有高尚情操的君子，是不会受到环境的影响的，正如莲“出淤泥而不染，濯清涟而不妖”一样。因此，人们应该如真正的君子那样，即使不能改变身边的环境，也不要被污浊的环境所污染。而且，如果自己都无法掌握自己前行的方向，那么即使貌似“上品禅师”，也会沦为“下品俗士”。

原典

廉所以戒贪，我果不贪，又何必标一廉名，以来①贪夫之侧目②；让所以戒争，我果不争，又何必立一让的，以致暴客③之弯弓。

注释

①来：也作“徕”，即招致、招揽。②侧目：斜目而视、怒目而视。③暴客：这里指强盗、窃贼。

译文

清廉可以警戒贪婪之心，如果我本没有贪婪之心，又何必标榜清廉的名声，招来贪婪之人的怨恨呢？谦让可以警戒争夺之心，如果我本没有争夺之心，又何必树立谦让的靶子，招致强盗的攻击呢？

解析

俗话说：“雁过留声，人过留名。”每个人都希望自己能够在世上留下美好的名声，而且追求名声本是无可厚非的事情，但是名誉也有实名和虚名之分。所谓实至名归，就是要通过自己的努力获得成功和美好的名声。然而，有些人的名声却是投机取巧、弄虚作假而来的，这样的虚名一旦被揭穿，难免会给自己招来祸患。而滥竽充数的南郭先生就是最典型的例子。

生活中还有许多这样的人，他们过于崇尚留名，苦苦追求那些毫无意义的虚名，甚至认为即使不能流芳百世，也要遗臭万年。有道是“善不由外来兮，名不可以虚作”，如果一个人过分地追求虚名，无异于饮鸩止渴，最终也会为虚名所累、受虚名所害。

其实，过高的名誉也是一种负累，与其名誉在前，孰若无毁于后。曾经有人坚持拒绝接受名誉，问其缘由，竟回答说：“图虚名，招是非，不如留下精力干实事。”真正的名誉在虚荣之外，所以英国哲学家杨格才说：“荣誉不是依仗名位得来的，一个人尽管职位很低、无钱无势，但他的名誉却可以架于千万人之上。”

原典

无事常如有事时提防，才可以弥①意外之变；有事常如无事时镇定，方可以消局中之危②。

注释

①弥：通“弭”，即止息。②危：危机、危险。

译文

即便无事之时也应像有事要发生那样时刻小心防备，才可以平息意外的变故；即便有事之时也要像无事发生那样镇定自若，才可以消除作为局中人而带来的危险。

解析

《尚书》说：“惟事事，乃其有备，有备无患。”这是在告诫人们，无论做什么事情都要事前做好准备，以防后患。同时，《左传》也说：“《书》曰：‘居安思危。’思则有备，有备无患。”这是在告诫人们，即便处在安乐的环境中，也要时常想到遇到危险的可能，提高警惕，以防止祸患的发生。

古人反复强调的就是有备无患、居安思危的道理。所以，人们在生活中要有危机意识，即使日常无事，也不能松懈麻痹，这样在意外来临时才不至于方寸大乱。有这样一则寓言：一只狼正在草地上磨牙，狐狸看到之后对它说：“天气这么好，大家正在快乐地玩耍，你怎么不加入我们？”狼没有搭理狐狸，而是继续磨牙齿。狐狸嘲笑狼说：“森林这么寂静，猎人和猎狗已经回家了，老虎也不在这里，又没有什么危险，你何必这样做呢?”这时，狼停下来说：“等到猎狗或是老虎追逐我的时候，再磨牙岂不是已经晚了?”

不错，如果人们一味地贪图安逸的生活，没有任何防备意识，那么等到危机来临之时，只能使自己陷入危险之中。

原典

处世而欲人感恩，便为敛怨①之道；遇事而为人除害，即是导利②之机。

注释

①敛怨：积聚怨恨。②导利：引导利益。

译文

人生在世，如果帮助他人是为了让人感恩戴德，就是为自己积聚怨恨；遇到事情如果能为他人消除祸害，就是为自己赢得有利的转机。

解析

老子说：“尽力照顾别人，我自己也就更加充实；尽力给予别人，我自己反而更加丰富。”如果帮助别人只是为了让他人感恩戴德，这样反而会招致怨恨，施恩不求报答的人，才是真正品德高尚的人。

当年伍子胥为报父兄之仇而奔波逃命，途中遇到东皋公、皇甫讷、渔丈人、浣纱女等人，他们与伍子胥萍水相逢，却冒着生命危险对其施以援手，渔丈人和浣纱女甚至为了避免泄露伍子胥的行踪而投江自尽。他人有恩德于我，虽只是一碗饭，也不能忘记；我有恩德于他人，虽是救死之恩，也不能企望报答，更不会向他人提及。这样的行为才是最崇高的，也是感人至深的。

在别人处在危难之际施以援手是难能可贵的，然而施恩不图报才是真正的美德。真心帮助他人的人不会给他人施加压力，一旦施恩的时候掺杂了私心杂念，那么这样的恩惠也就变质了。所以古代圣人才会说：“人之有德于我，不可忘也；吾有德于人也，不可不忘也。”

原典

持身如泰山九鼎[①]凝然不动，则愆尤[②]自少；应事若流水落花悠然而逝，则趣味常多。

注释

①九鼎：相传夏禹铸九鼎，象征九州，夏商周三代奉为象征国家政权的传国之宝，后也以九鼎借指国柄。②愆尤：过失、罪咎。

译文

修养身心犹如泰山九鼎一般安然不动、临危不变，过失自然就会减少；为人处事宛若落花流水那样悠闲自若、随意自然，意趣自然就会增多。

解析

战国时，魏文侯打算征伐中山国，有人便推荐了乐羊，说他文武双全，一定能马到成功。但是，有人却说乐羊的儿子乐舒在中山国为官，怕他投鼠忌器，影响大业。魏文侯经过调查，最后决定重用乐羊，派他带兵征伐中山国。

乐羊领兵攻城略地，一直攻到中山国的都城，之后便按兵不动，围而不攻。这时，魏国大臣议论纷纷，怀疑乐羊有私心。然而魏文侯没有听信谗言，只是不断派人去慰劳乐羊。乐羊依旧按兵不动，他的手下西门豹也忍不住发出疑问，乐羊却说："我之所以围而不攻，宽限时日，是让百姓明辨是非，真正收服民心，岂是为了区区乐舒。"一个月后，乐羊见时机成熟，便发动攻势，终于攻下城池。之后，魏文侯亲自为乐羊接风洗尘，并交给他一个箱子，原来里面全部是大臣们诽谤乐羊的奏章。

乐羊面对众人的非议，依然岿然不动，安心进行自己的计划，其胆略和胸襟实在令人佩服。如果别人遇到如此危机，恐怕早已方寸大乱而轻举妄动了，而他却依然怡然自得、行止悠然，这样才是真正的举重若轻、临危不乱。

原典

君子严如介石①，而畏其难亲，鲜不以明珠为怪物而起按剑之心；小人滑如脂膏，而喜其易合，鲜不以毒螫为甘饴②而纵染指之欲。

注释

①介石：坚硬的石头。②甘饴：甜的饴糖。

译文

君子严肃得如同界石，而平常人却畏惧严肃，不愿意与其接近，很少有人明白他的内心真实秉性，就像把珍贵的明珠当作可怕的怪物而产生攻击之心一样；小人如油脂般圆滑奸诈，然而平常人却因为他容易接近而愿意与他相交，很少有人看清楚他的真面目，就像把毒刺当作饴糖一样，肆意纵容他对非分之利的欲望。

解析

庄子崇尚君子之交，并且感慨道："君子之交淡如水，小人之交甘若醴；君子淡以亲，小人甘以绝。彼无故以合者，则无故以离。"真正的友谊不含有任何功利之心，长久而亲切，就像清淡的水一样。真正的朋友，平时也许并没有任何亲密的交流，但是当你遭遇危难时，他便会义无反顾地伸出援助之手，可是当你富贵之时，他却淡然远去。而小人之交则永远建立在利益之上，很难经受住时间和事情的考验。因此《菜根谭》才会告诫人们交友要亲君子、远小人。

人们常说："近朱者赤，近墨者黑。"一个人选择什么样的人作为朋友，对其为人处事有很大的影响。与名士君子相交，久而久之，你的个人修养也会有所提升。相反，如果整天与小人地痞混在一起，那么时间久了，自然就会沾染各种陋习。所以，人们在选择朋友的时候，要争取与那些品格高尚和有才能的人交往，让这些同道之人成为自己的朋友，远离那些唯利是图、有不良习气的人，这样才有利于身心修养和事业成功。

原典

遇事只一味镇定从容，纵纷若乱丝①，终当就绪；待人无半毫矫伪欺隐②，虽狡如山鬼，亦自献诚。

注释

①乱丝：紊乱的丝，比喻纷乱无绪的事物。②矫伪欺隐：狡诈、虚伪。

译文

遇事只要保持沉着镇定、从容应对的心态，即使遇到纷繁复杂的局面，也会轻易理出头绪；待人只要没有丝毫的虚伪、欺骗，即使对方像山中鬼魅一样狡诈，也会献出赤诚之心。

解析

古人云："精诚所至，金石为开。"为人处事最要紧的就是一个"诚"字，如果你真心诚意地对待他人，不欺人，不伪诈，自然会换来别人的真心相待。只有以诚待人，才会与他人架起心灵的桥梁，才能打开对方的心扉。

真诚是人生的通行证，凭借这张通行证，你不仅会获得别人的尊重和支持，更会以你的人格力量最终征服他人、感动他人。音乐大师梅日纽有一个知音，他不是政府要员，也不是大资本家，而是日本街头一个捡破烂的小孩儿。这个小孩儿为了听一场自己喜爱的音乐会，不惜花掉所有维持生活的钱，却不肯将梅日纽赠送的乐器卖掉。两个天壤之别的人之所以能够成为知音，是因为小孩儿对梅日纽的音乐表现出了真情，而梅日纽也真诚地将这个小孩儿看作知己。

真诚待人是维系人与人之间关系的纽带，如果世间缺少了真诚，彼此之间就只会留下欺骗和虚情假意，那么这个世界便再无色彩。所以，在与人交往时，要敞开自己的心扉，卸除猜疑、戒备心理，这样才能换来别人的真诚相待。

原典

肝肠煦若春风，虽囊乏一文，还怜茕独①；气骨清如秋水，纵家徒四壁，终傲②王公。

注释

①茕独：茕，孤独无依。茕独，即“鳏寡茕独”，泛指没有劳动力而又没有亲人供养的人。②傲：傲视。

译文

忠肝义胆之人，待人像和煦的春风一样温暖，虽然身无分文，还会怜悯孤独无依之人；气节风骨像秋水一样清澈，纵然家徒四壁，依然可以傲视王公贵族。

解析

《菜根谭》中的这段话向人们描绘了儒家思想中的君子形象：内有仁心，外具傲骨；像春风一样温暖，像秋水一样明澈；对弱者怀着强烈的悲悯之情，对权势绝不卑躬屈膝。真正的君子就像秋水一样清澈，即使家徒四壁，依然毫无趋炎附势、卑躬屈膝之心，依然可以清高的姿态傲视权贵王公。

古人历来崇尚气节和傲骨，正因为如此，他们认为自己可以不拥有崇高的地位，却不可无傲骨；身家可以不富有，却不可以生贪婪之念。正因为如此，才会有“李白斗酒诗百篇，长安市上酒家眠，天子呼来不上船，自称臣是酒中仙”的气节，与“仰天大笑出门去，我辈岂是蓬蒿人”的傲然。

然而，现实中，拥有仁慈之心、同情弱者之人不鲜见，而能够真正傲视“王公”者却寥寥无几。人们想要修养身心，就必须节制自己对权贵和财富的贪婪之念，这样才能消除趋炎附势之心。

原典

讨了人事的便宜，必受天道的亏；贪了世味的滋益，必招性分①的损。涉世者宜审择之，慎勿贪黄雀而坠深井，舍隋珠而弹飞禽②也。

注释

①性分：天性、本性。②舍隋珠而弹飞禽：即成语“隋珠弹雀”。隋珠，古代传说中的夜明珠。此句意思是指用夜明珠去弹打鸟雀，比喻得不偿失、轻重失宜。出自

《庄子·让王》："今且有人于此，以隋侯之珠，弹千仞之雀，世必笑之。是何也？则其所用者重，而所要者轻也。"

译文

讨取了人情事理上的便宜，必然要承受天道上的亏损；贪图人世间美味的滋养，必然招致天性的损害。面对世间的诱惑，人们应当作出正确的抉择，千万不要贪恋黄雀而坠入深井，更不能用夜明珠弹射飞禽，以至于得不偿失。

解析

当人们面临各种各样的诱惑时，一定要懂得克制自己的欲望。正所谓得与失并存、诱惑与危险共生，尽管诱惑背后具有巨大的利益，但是巨大的利益背后也存在着陷阱。如果人们不能抵制住利益的诱惑，就很可能掉入致命的陷阱中而束手就擒。这就像人们因为"贪黄雀"、"弹飞禽"而"坠深井"、"舍隋珠"一样，是得不偿失的。

人们面对各种各样的诱惑时，很难作出正确的抉择，尤其是对于那些刚刚进入社会的年轻人来说，灯红酒绿、繁华纷扰很容易让他们失去判断，从而作出错误的抉择。所以，在巨大的诱惑面前，人们要有敢于说"不"的勇气和决心。只有耐住寂寞，坚定自己的内心，才能增强对抗诱惑的信心。只有拥有豁达的心态，以平常心看待事情，才能守住心灵中的一方净土，才能抵挡住诱惑的进攻。

面对各种诱惑，我们要意识到它背后存在的陷阱，并要衡量一下得失，不妨问一下自己：这样做是否值得？如此一来，你才会作出正确的抉择。

原典

费千金而结纳贤豪，孰若倾半瓢之粟以济饥饿之人；构千楹①而招来宾客，孰若葺②数椽之茅以庇孤寒之士。

注释

①楹：厅堂的前柱，用作房屋计量单位。②葺：修葺、修理。这里是修建几间茅屋的意思。

译文

用千金结交贤士豪杰，还不如用半瓢粟米去救济那些真正饥饿的人；修建千间巨厦招徕宾客，还不如修建几间茅屋去庇护那些贫寒无依的人。

解析

人们常说："千百次的锦上添花，不如一次的雪中送炭。"帮助他人应该在别人最需要帮助之时，即急他人之所急、供他人之所需，这样才能患难见真情。

曾经在报纸上看到这样一个故事：有一对年轻的夫妻，在一个集贸市场开了一间小小的杂货铺。他们每天起早贪黑地忙碌着，虽然生意不算太红火，但是也能维持生活。夫妻两人都是很有爱心的人，每当邻居遇到困难时，他们都会热心地伸出援助之手。有一年冬天，连续下了几场大雪，天气异常寒冷。一天早上，夫妻俩刚刚开门，就看见小店门口坐着一个衣着单薄的流浪汉。好心的夫妻并没有嫌弃这个邋遢的流浪汉，而是将他请进了店内，为他煮了一碗热腾腾的面条，又找了好几件厚衣服送给他。之后，夫妻俩每次看到这个流浪汉，都会送给他很多食物和衣服，流浪汉感动不已。

有一天，集贸市场突然发生大火，所有店铺面临着被烧毁的危险。当夫妻两人慌忙地抢救物资时，流浪汉突然冲了进来，帮助他们向外搬运物资。因为流浪汉的帮助，夫妻的小店才避免了更大的损失。正是因为夫妻两人在流浪汉饥寒交迫时向他伸出援助之手，所以才获得了最好的回报。

处在困难之中的人，即使得到再小的帮助也会感恩一生，所以人们应该对那些急需帮助的人伸出援助之手，这样不仅能对别人提供实际帮助，也能成就自己的功德。

原典

解斗者，助之以威则怒气自平；惩贪者，济之以欲则利心①反淡。所谓因其势而利导②之，亦救时应变一权宜法也。

注释

①利心：利欲之心。②因其势而利导：因，顺着；势，趋势；利导，引导。即顺

着事情发展的趋势加以引导。

译文

想要化解两人的争斗，有时帮助他们助威呐喊反而会使他们自己平息怒气；想要惩罚贪婪之人，有时满足他们的欲望反而会减轻他们的物欲。所谓因势利导，这也是应付变故的一种权宜之法。

解析

孙膑说："善战者，因其势而利导之。"也就是说，善于作战的人要懂得利用形势，引导其向有利于自己的方向发展。所谓"势"，就是人们所说的形势、时机、规律。真正的智者善于顺势而行，善于把事物的发展朝着有利于自己的一面转变，并且让其发挥最大的作用。

战国时期，齐人孙膑和魏人庞涓都师从鬼谷子，后来庞涓做了魏国的大将，却因为畏惧孙膑的才能高于自己而施计砍断其双腿。后来，孙膑成为齐国的军师，辅佐大将田忌率兵攻魏救韩。齐国大军挥师向魏都大梁发动进攻，逼庞涓退兵。果然，庞涓闻讯忙从韩国撤军。这时，齐军已经进入魏国，孙膑对田忌说："魏军向来以勇猛凶悍著称，根本不把齐军放在眼中。善于用兵的人，要懂得因势利导，引诱他们中计。"于是，孙膑将军灶每天减少一批，作出齐军大量逃亡的假象。庞涓果然中计，只带领少数精兵追击，孙膑趁机在马陵设下埋伏。孙膑在一棵树下写了"庞涓死于此树之下"八个大字，趁庞涓点火查看之时，万箭齐发。顿时，庞涓兵败如山倒，只得无奈地拔剑自刎。

原典

市恩①不如报德之为厚，雪忿不若忍耻之为高，要誉②不如逃名之为适，矫情不若直节③之为真。

注释

①市恩：利用恩惠取悦他人，这里指讨好。②要誉：猎取荣誉。③直节：刚正不阿的操守。

译文

利用恩惠取悦他人，不如知恩图报更为厚道；用暴力洗刷怨恨，不如忍辱负重更为高尚；沽名钓誉，不如逃避声名更为正直；曲意矫情，不如正直不阿更为真实。

解析

为了取悦于人而故意对别人施以恩惠，并不是真心实意地帮助他人。这样的施恩带有功利性的目的，是出于私心，并不可取。

韩信当年穷困潦倒，很多人都看不起他。有一次，他在淮阴城下钓鱼，几位老太太在河边漂洗丝絮，一位善良的老人看见他饥饿难耐，便将自己的饭菜分一半给他，并且持续了几十天。韩信十分感激地对老太太说："我以后一定重重报答您老人家。"可老太太生气地说："大丈夫不能养活自己，我是可怜你落魄才给你饭吃，难道是指望你报答吗?"韩信被封为楚王后，专程送上千两黄金作为酬谢，可是老人却坚决不肯接受。

受人以恩，报之以德，是自古以来的美德。但是，人们不能因要笼络人心或树立威望而施恩，这样就变成了沽名钓誉。恩施图报非君子，为了取悦他人而施恩更不是君子所为。真正高尚的人，绝不会作出笼络人心、沽名钓誉之事。

原典

救既败之事者，如驭临崖之马，休轻策一鞭；图垂成之功者，如挽上滩之舟，莫少停一棹①。

注释

①棹：船桨。

译文

挽救快要失败的事情，就如同驾驭悬崖边缘的骏马，一定不要再鞭打马儿，即使是轻轻的一鞭；谋求即将完成的功业，如同牵引就要上到滩边的舟船，要加快速度，一下也不要停。

解析

很多人在开始做事时，总是抱负远大，而且小心谨慎，可是当胜利在望，工作也开始变得轻松时，却慢慢地变得漫不经心了。《尚书》中说："为山九仞，功亏一篑。"成就大事容许不了丝毫的懈怠和疏忽，即便是成功前的一个小失误，也可能让你之前的努力付之东流。

很多人都明白这一道理，但并不是所有的人都能约束自己的行为。在生活中，当成功近在咫尺时，有些人往往会掉以轻心，以至于在关键时刻犯下不可挽回的失误，导致所有的努力毁于一旦。

古人云：行百里者半九十。也就是说，一百里的行程，走了九十九里也只是完成了一半。越是接近成功的时候，越是要谨慎小心，丝毫不能放松，以免功亏一篑。

原典

先达①笑弹冠②，休向侯门轻曳裾③；相知犹按剑，莫从世路暗投珠。

注释

①先达：有德行学问的前辈。②弹冠：掸去帽子上的灰尘。即"弹冠相庆"，比喻一个人做了官，其他人相互庆贺将有官可做，用于贬义。③曳裾：即"曳裾王门"。曳，拉；裾，衣服的大襟。比喻在权贵的门下做食客。

译文

依靠有德行学问的前辈而出仕，人们应该相互庆贺，但是千万不要趋炎附势，投附达官显贵门下；知己朋友相对，常会抚剑慨叹壮志未酬，所以千万不要再作出明珠暗投的举动了。

解析

"先达笑弹冠"、"相知犹按剑"两句，语出唐代王维的《酌酒与裴迪》诗："白首相知犹按剑，朱门先达笑弹冠。"意在劝慰裴迪应当自我宽心，看透世间的人情冷暖。而《菜根谭》则为其赋予了另一层新意，意在告诫人们，即使到了做官发际之时，也不要趋炎附势，投附达官显贵。

《史记·鲁仲连邹阳列传》中曾有“按剑”和“暗投珠”的记载。汉景帝即位时没有立太子，其弟梁孝王与亲信羊胜等人密谋，以期谋取皇位。门客邹阳得知此事后劝阻梁孝王，却反被羊胜等人挑拨离间，结果梁孝王将其投入监狱，准备处死他。邹阳在狱中给梁王写信道：“臣闻明月之珠，夜光九璧，以闇投入于道路，人无不按剑相眄者，何则？无因而至前也。”后人便以“明珠暗投”形容才德之人效力于昏庸之人。相知的朋友尚且会出现拔剑相向的情况，更何况是效力于昏庸之人。所以，人们不要盲目地跟随世俗之流，切勿明珠暗投。

原典

杨修之躯见杀于曹操，以露己之长也；韦诞之墓见伐于钟繇，以秘己之美①也。故哲士②多匿采以韬光，至人③常逊美而公善④。

注释

①美：美好的意思。②哲士：哲人、贤明的人。③至人：指超凡脱俗，达到无我境界的人。④公善：把善归于公众。

译文

杨修之所以被曹操所杀，是因为他过分显露自己的才华；韦诞之所以被钟繇盗墓，是因为他生前炫耀自己的秘宝。所以，贤明之人大多隐匿才华以韬光养晦，高尚之人常常谦让美名而将善归之于众。

解析

“杨修之死”的典故众所周知。杨修可谓绝顶聪明的人，他才华横溢、满腹经纶，刚开始时确实受到曹操的器重。但他不是拥有大智慧的人，常常恃才放纵、无所顾忌，处处显示自己的小聪明，却忽视了“才不可尽露”的道理，以至于招来生性多疑的曹操的反感和嫉妒。可以说，杨修的聪明只是小聪明，他不懂得保护自己，肆意妄为，以至于让自己所谓的聪明逼上了绝路。

古人说：“木秀于林，风必摧之；堆出于岸，流必湍之；行高于人，众必非之。前鉴不远，覆车继轨。”恃才傲物，才华毕露，必将招致别人的嫉妒，不仅无法成就事业，反而会给自己招来无尽的祸患。

真正聪明的人，不会到处出不必要的风头，更不会毫无顾忌地耍小聪明。真正聪明的人，懂得隐藏才华、保护自己，更懂得收敛锋芒、蓄势待发。总之，想要成就一番丰功伟业，一定要低调谨慎，切忌恃才傲物、无所顾忌，更不要出不必要的风头，以防聪明反被聪明误。

原典

少年的人，不患其不奋迅，常患以奋迅而成卤莽①，故当抑其躁心；老成的人，不患其不持重，常患以持重而成退缩，故当振其惰气②。

注释

①卤莽：卤，通“鲁”，即粗俗、鲁莽。②惰气：惰性。

译文

对于年轻气盛的人，不必担心他行动不迅速，反而要时常担心他因过于迅速而鲁莽行事，所以应当抑制他的浮躁之心；对于老练成熟的人，不必担心他不稳重谨慎，反而要时常担心他过于稳重而畏缩不前，所以应当振奋他的精神，消除他的惰性。

解析

《论语·先进》中说：子路问孔子：“听到什么道理，就立即行动起来吗?”孔子回答说：“你有父亲兄长，怎能听到什么道理就立即实行呢?”冉有问孔子：“听到什么道理，就立即行动起来吗?”孔子却说：“应该听到后就去实行。”

同样的问题，孔子却给出了截然相反的答案。这让公西华迷惑不解，他便向孔子表示了自己的疑问。孔子回答说：“冉有为人懦弱，做事缩手缩脚，所以我鼓励他要勇于行动；子路勇武过人，做事鲁莽，所以我让他懂得谦虚退让，学会听取别人的意见。”

《论语》中所讲述的道理和《菜根谭》中这段话所蕴含的哲理是一致的。年轻人血气方刚，具有初生牛犊不怕虎的劲头，因此容易意气用事，做事鲁莽，所以要避免他们产生浮躁之心。而那些老练成熟的人则过于谨慎小心，以至于失去了做事的激情和闯劲儿，因此要时常振奋他们的进取之心。这不仅是孔子教导学生的方法，更是指导人们修身养性、为人处世的至理名言。

原典

舌存常见齿亡，刚强终不胜柔弱；户朽未闻枢[①]蠹，偏执岂能及圆融。

注释

①枢：门的转轴或承轴之臼。

译文

舌头尚在，牙齿却已经全部掉光，可见刚强终究无法战胜柔弱；门板腐烂，门轴依然不被腐蚀，可见偏执岂能比得上圆通？

解析

“舌存常见齿亡，刚强终不胜柔弱”，出自老子的一个典故。老子的老师常枞病重，老子前去看望。常枞问老子自己的舌头在不在，老子回答尚在；常枞又问自己的牙齿还在不在，老子回答已经掉光了。常枞问其缘由，老子回答说：“老师年纪大了，舌头还在是因为它柔软，而牙齿掉光了是因为它刚强。”常枞见老子已经领悟了“齿亡舌存”的道理，便欣慰地说：“天下的道理全部在这里啊！”

柔弱如舌的东西，不易折断，所以才能长久保存，而坚硬如齿的东西往往相反。所以，老子总结出了“柔弱胜刚强”的哲理，劝告人们要善于示弱，善于以柔克刚。

老子说：“天下柔弱莫过于水，而攻坚强者莫之能胜，以其无以易之。弱之胜强，柔之胜刚，天下莫不知，莫能行。”在老子看来，看似柔弱的东西其实都具有一种内在的生命力，就像水一样，表面上看似柔弱无力，却可以穿山透石、淹田毁舍，任何坚强的东西都战胜不了它。所以，守柔处弱成了老子乃至道家的制胜之道。

柔弱并不是虚弱，也不是脆弱，而是一种柔韧的生命力，是一种甘于卑微的处世态度——适当地示弱，总会战胜“强大”。

评议

原典

物莫大于天地日月，而子美云："日月笼中鸟，乾坤水上萍。"事莫大于揖逊征诛[①]，而康节云："唐虞揖逊三杯酒，汤武征诛一局棋。"人能以此胸襟眼界，吞吐六合[②]，上下千古，事来如沤生大海，事去如影灭长空，自经纶万变而不动一尘矣。

注释

①揖逊征诛：揖逊，即揖让，指帝王禅让，后指谦让。征诛，国家间的征伐、讨伐。②六合：即上下及东南西北，泛指整个宇宙。③沤：泡沫、水泡。

译文

任何事物莫大于天地日月，然而杜甫却说："日月是笼中的鸟雀，天地是水上的浮萍 。"任何事情莫大过帝位禅让、国家征伐，然而邵雍却说："唐虞禅让不过三杯酒，汤武征伐只是一局棋。"人们要能以这样的胸襟容纳天地四方、千古世事的变换，事情来时将之看作大海中的气泡，事情过后如同天空中的幻影。如果人们能这样看待世事，那么就能从容地应付变化万千的世事，而内心却丝毫不受污染和牵绊。

解析

天地之间究竟什么最大？答案自然是人的胸襟。如果人有广阔的胸怀眼界，那么他就可以容纳天地、看破世事的变迁。事情到来时，不惊慌失措；事情过去之后，也不苦苦追寻。所以，古人才会说真正的英雄和贤人不仅要"胸怀大志，腹有良谋"，更要有"包藏宇宙之机，吞吐天地之志"的气魄。

人们需要有开阔的眼界，更需要有大度的心胸。面对变迁的世事和纷扰的世界，人们要保持豁达、从容，以一颗平常之心看待。这样，即使遇到再大的事情和变故，也能泰然自若，心中不会沾染一丝尘埃，才能达到“如烟往事俱忘却，心底无私天地宽”的境界。

原典

君子好名，便起欺人之念；小人好名，犹怀畏人之心。故人而皆好名，则开诈善[①]之门；使人而不好名，则绝为善之路。此讥[②]好名者当审责夫君子，不当过求小人也。

注释

①诈善：假意为善，伪善。②讥：进谏、规劝。

译文

才德出众的君子如果贪恋名声，就会生出骗人的念头；见识浅薄的小人如果贪恋名声，则会心存畏惧。因此，如果人人追求名声，世间就会打开伪善的大门；如果人人都不喜好名声，就会断绝积德行善的道路。由此看来，如果要规劝喜好名声的行为，应对才德出众的君子严格要求，而不是过于苛求见识浅薄的小人。

解析

人们常说“四海悠悠，皆慕名者”，而佛家的一个小典故则正好印证了这句话。从前有一位老者，自以为看透了名利纷扰，所以不禁发出“举世无有不好名者”的感叹。这时，他身边的一个人便吹捧他说：“的确如此，天下不好名誉的只有您一个人了！”老者一听，不禁沾沾自喜、笑容满面。然而，当老者感叹世人皆贪恋名声时，殊不知连他自己也深陷其中而不自知，这真是“名关”难过啊！

因此，莲花大师说：“人知好利之害，而不知好名之为害尤甚。所以不知者，利之害粗而易见，名之害细而难知也。故稍知自好者，便能轻利；至于名，非大贤大智不能免也。”

人人皆有名利之心，一味地强求每个人都摒弃名利之心是不可能的。所以《菜根谭》才会要求区别对待，对于才德出众的君子应严格要求，而对于知识浅薄的俗人要宽容，这样就可以避免人们为了虚名而作出伪善之事，又可以使那些小人产生敬畏之心，为了名声而多做善事。

原典

大恶多心柔处伏，哲士须防绵里之针①；深仇常自爱中来，达人②宜远刀头之蜜③。

注释

①绵里之针：比喻外表柔和而内心尖刻。②达人：通达事理的人。③刀头之蜜：即“刀头舔蜜”，比喻利少害多。

译文

重大的恶行多数潜藏在柔软的地方，就像柔软的丝绵里却包裹着锐利的金针一样，所以聪明的人必须懂得提防潜藏的危机；深仇大恨常常由刻骨的恩爱转变而来，就像锋利的刀刃抹上蜜糖一样，通达事理的人应该懂得避开利少害多的事情。

解析

传说中，每当寒冬腊月时，老练的猎人就会在冰天雪地里埋上带有羊血的尖刀，以引诱饿狼上钩。饿狼看到新鲜的羊血之后，便将尖刀的危险全然抛之脑后。饿狼在舔舐刀口上羊血同时，冰冷的刀锋会划破狼的血管，之后狼血就和原本刀口上的羊血混在一起。而这些饿狼却毫无知觉，肆无忌惮地舔舐着自己的鲜血，结果自己的血液越流越多，直到昏死在冰天雪地里。

人生中并不是所有的危险都会光明正大地暴露在你的面前，一些潜藏在美好事物下的陷阱更具有威胁性。这就像柔软的丝绵里的金针，和裹着蜜糖的尖刀一样，表面上美好，实际上却异常危险。因为它时常以最美好的面目呈现在人们的面前，使人们防不胜防，而当人们终于有所察觉时，已经为时晚矣。所以，人们在为人处事的时候，一定要谨慎小心，不要让美好的假象蒙蔽了自己的双眼。

原典

持身涉世，不可随境而迁。须是大火流金[①]，而清风穆然[②]；严霜杀物，而和气蔼然；阴霾翳空[③]，而慧目[④]朗然[⑤]；洪涛倒海，而砥柱屹然，方是宇宙内的真人品。

注释

①流金：高温熔化金属，常用来形容天气酷热。②穆然：温和的样子。③翳空：遮蔽、隐藏。④慧目：佛教语，指普照一切的法慧、佛慧。⑤朗然：明亮的样子。

译文

修养身心、为人处事，不可以随着外界环境的变化而变化，必须做到即使面对炎热酷暑，胸中依然有清风温和地吹拂；即使面对万物凋零的凄冷，胸中仍温暖如春；即使阴云密布，内心仍阳光普照；即使波涛汹涌，内心却岿然不动。这才是天地之间最真实的品行。

解析

古人云："泽无水，困，君子以致命遂志。"意思是说，君子即使身处困境之中，也要胸怀大志，为实现自己的理想和抱负不懈地努力拼搏，即便失去生命也在所不惜。身可死但是志不可夺，虽处困境仍不气馁。因此，苏东坡才说："古之立大事者，不唯有超世之才，必有坚忍不拔之志。"

要想成就大事，必须有坚韧的品质，外界的一切——诱惑、折磨、摧残，都不足以阻挡你前进的步伐，改变你实现理想的决心。只有这样，成功才会降临在你头上。

北宋著名政治家范仲淹的《岳阳楼记》是一篇脍炙人口的佳作，在这"北通巫峡，南极潇湘"的洞庭湖上，古今无数迁客骚人会集于此，但却毫无例外地因外界环境而牵动内心。他们或是因景物的凋残而感怀哀伤，或是因景物的宜人而喜气洋洋。所以范仲淹才会告诫人们要"不以物喜，不以己悲"，无论外界环境如何变化，都要保持内心的平静从容。这才是君子的胸襟气度。

原典

爱是万缘之根，当知割舍；识[1]是众欲之本，要力扫除。

注释

①识：知识、见识。

译文

爱是世间所有尘缘的根源，人们应该懂得适当地舍弃那些不该有的爱；知识是众多欲望的本源，需要努力辨别，清除那些错误的知识。

解析

“爱是万缘之根，当知割舍”，这并不是说要我们舍弃所有的爱，不要去爱，而是告诫我们要爱应该爱的东西，而那些不该爱的东西，则要懂得及时舍弃。“识是众欲之本，要力扫除”，也不是说要我们把所有的知识和认知全部清除，拒绝接受知识，若如此人类便再无法进步和发展。它真正的含义是，人们所有的欲望都源于对事物的了解和认识，而且并不是所有的欲望都对人们有益，也并不是所有的欲望都应该被满足，所以人们要尽量分辨和清除那些不该有的欲望，以免自己陷入欲望的深渊无法自拔。

人们可以有追求美好事物的欲望，却不能成为欲望的奴隶，必须有分辨善恶和去伪存真的意识和毅力。当你成为自己心灵的主宰，懂得放下那些不该有的欲望之时，自然会获得快乐和真理。

人们常说，要拿得起，放得下。但事实上，拿得起容易，做到放得下却很难。但是如果苦苦追求那些不应该得到或根本无法得到的东西，只能给你的人生带来无尽的苦恼和麻烦。学会放弃，你的人生才会变得更加轻松、更加自由、更加快乐。

原典

作人要脱俗，不可存一矫俗[1]之心；应世要随时，不可起一趋时[2]之念。

注释

①矫俗：矫正世俗。②趋时：迎合潮流。

译文

做人要脱离世俗，但是不可以有矫正世俗的心思；处事要顺应时势，但是不可以有趋附时势的念头。

解析

孔子说："君子和而不同，小人同而不和。"就是说君子懂得与周围的人保持融洽的关系，善于和各种各样的人和睦相处，其虽拥有独立的见解和思维，却绝不会因外界环境的改变而屈服，不愿人云亦云，盲目附和，更不会和小人同流合污。而小人根本没有自己的原则和立场，趋炎附势，人云亦云，然而却无法与周围的人和睦相处。所以，圣人劝诫人们要保持自己的德行和操守，坚持自己的原则，这样才能获得别人的尊重，获得良好的人际关系。

生活中，我们并不能奢求所有人的立场和想法都和自己一致，而真正的君子也不刻意寻求别人时时处处与自己保持一致。相反，他们容许别人有独立的见解，也不会随声附和别人的观点。但是生活中却有很多这样的人，他们只知道人云亦云、见风使舵。

这便是"和而不同"与"同而不和"的含义，而君子和小人之间的根本差别，也是两种截然不同的处世态度。

原典

宁有求全之毁[①]，不可有过情之誉；宁有无妄之灾[②]，不可有非分之福。

注释

①求全之毁：毁：毁谤。一心想保全声誉，反而受到了毁谤。出自《孟子·离娄上》："有不虞之誉，有求全之毁。"②无妄之灾：出自《易经·无妄》："无妄之灾，或系之牛，行人之得，邑人之灾。"比喻意外的灾祸。

译文

宁可保全声誉而遭人诋毁，也不可接受过分的赞誉；宁可承受无妄之灾，也不可贪图非分之福。

解析

古人云："非分之福，无故之获，非造物之钓饵，即人世之机阱。"那些并非自己应享的福分和无缘无故得到的财物，人们应该谨慎看待，不应该滋生贪婪之心。因为世间没有那么多天上掉馅饼的好事，这美味的馅饼有可能是上天投来的钓饵，也有可能是坏人设下的机关陷阱。如果被贪欲之心蒙蔽了双眼，那么往往会掉入别人设下的陷阱。

生活中，很多人都梦想着能够一夜成名，或是一夜暴富。殊不知，天下并没有免费的午餐，那些意外之财或许就是祸患的根源，将会给你带来意想不到的灾祸。人们要控制自己对荣华富贵、功名利禄的欲望，只有这样才可以远离危险。

所以，真正的君子宁可承受无妄之灾也不愿意奢求非分之福，宁愿家徒四壁也不会取那些不义之财。

原典

毁人者不美，而受人毁者遭一番讪谤便加一番修省，可以释回而增美①；欺人者非福，而受人欺者遇一番横逆便长一番器宇，可以转祸而为福。

注释

①释回而增美：释回，驱除邪僻。后以"释回增美"指去除邪僻，增加美善。

译文

诋毁别人是恶行，诋毁者不会因此而使自己的形象变得美好，但是承受诋毁的人，经过一番毁谤之后，反而会增添反省的意识，从而去除邪僻增加美德；欺侮别人是恶行，欺人者不会因此而幸福，但是受到欺侮的人，遇到一番无礼之后，反而会增长度量和胸怀，从而将祸患转变为福事。

解析

欺负别人是坏事，欺人者不会因此而获得幸福，而受到欺侮的人经过一番羞辱之后，则可以“吃一堑，长一智”，使自己的心胸气度更加开阔，等于把祸事变成了福事。这句话也印证了老子所说的“祸兮福之所倚，福兮祸之所伏，孰知其极”。

得到并不一定是好事，失去也未必是坏事。人们只有正确地看待生活中的得与失，懂得福祸相依的道理，才能真正有所得。人们常说吃亏是福，一时吃亏也许会让你失去一些东西，但失去是暂时的，也许在不久的将来你就会获得更加美好的东西。

敢于吃亏并不是软弱，也不是毫无原则的迁就，而是一种沉着的胆识，一种豁达的胸怀。俗话说“占小便宜吃大亏”，凡事不肯吃亏的人，只能在是非纷争中斤斤计较，最终失去更多。敢于吃亏是一种为人处世的态度和智慧，懂得在适当的时候吃亏，退一步让于别人，才是真正高明的人。

原典

梦里悬金佩玉①，事事逼真，睡去虽真，觉后假；闲中演偈谈玄②，言言酷似，说来虽是，用时非。

注释

①悬金佩玉：金，金印，金制饰物，形容华贵的官服。②演偈谈玄：偈，佛经中的唱颂词，通常以四句为一偈。谈玄，谈论玄理，亦指谈论宗教义理。

译文

睡梦里悬挂金印、佩戴玉石，梦里每件事都显得那么真实，醒后才知道这一切都是虚幻的；空闲时演绎佛经中的偈颂、谈论道家的玄理，听起来每一句话都很合情合理，但是实际使用时就不是那样的了。

解析

《论语·学而》中有这样一句话：“巧言令色，鲜矣仁。”意思是说，如果一个人经常花言巧语、作出和颜悦色的样子，那么他的仁心就会很少。因此，孔子崇尚行动多于言说。真正具有能力的人，不会夸夸其谈，更不会巧言令色，他们更看重的是解决难题的能力和行动力。

孔子还说："君子讷于言敏于行。"如果一味地夸夸其谈而不善于行动，那么这样的人永远不会有所作为。魏晋时的名士王衍，家世显赫，举止风流，言论精辟透彻，以孔门高徒子贡自喻。最初，他时常畅谈战国纵横之术，大有苏秦、张仪纵横捭阖、慷慨激昂的才略，以及鲁仲连排忧解难、不求功名的胸襟，因此受到众人的追随。当胡人骚扰边境之时，王衍被人推举为辽东太守，顿时毫无实学的他退缩了。从此，他一改高谈世事的样子，竟改谈清净无为的老庄玄学，竟也受到重用，成为当权者的宠信之人。后来，羯人首领石勒攻打西晋都城洛阳，西晋王室仓皇南逃，王衍成为六军主帅，却导致西晋全军覆没，自己也身首异处。王衍一生毫无真才实学，却夸夸其谈，最后因"清谈误国"而背负千载骂名。

讷于言、敏于行才是聪明而又有智慧之人崇尚的行事准则，而那些高言寡行的人最终将为其所累。

原典

天欲祸人，必先以微福骄①之，所以福来不必喜，要看他会受；天欲福人，必先以微祸儆②之，所以祸来不必忧，要看他会救。

注释

①骄：骄傲、放纵。②儆：警诫、告诫。

译文

如果上天想要降祸给一个人，必然会先给他一些小福分使他骄纵，所以得到福气时不必沾沾自喜，还要看他会不会享受；如果上天想要降福给一个人，必然会先给他一些小灾祸来考验他，所以遇到灾祸时也不必灰心，还要看他会不会寻找机会自救。

解析

古人说"失之东隅，收之桑榆"，虽然人们在某件事情上遭遇了失败，但是也许会在其他事情上得到意想不到的收获。所以，人们在遇到灾难或身处困境时，不要自暴自弃，更不应怨天尤人，应以豁达的心胸对待失败，寻求机会自救。

忧喜本是一家，吉凶本是同根。不论福也好，祸也好，不仅取决于客观环境，更取决于你的心境。祸患来时要经受得起，把持得住，顺其自然；幸福降临时要冷静对待，淡然处之，方能乐极不生悲。

西方人经常说："上帝为你关闭了一扇门，同时也会为你打开另一扇窗"我们与其在关着的门前流连忘返、自怨自艾，不如再找另一扇窗，去寻找属于自己的天空。没有人能够预知福运和灾祸何时来临，因此我们不论遇到任何事情都要以平和的心态对待，做到"祸来不必忧，福来不必喜"。因为你只有积极面对、全力以赴，才有希望走出阴霾，走向成功。

原典

荣与辱共蒂[1]，厌辱何须求荣？生与死同根，贪生不必畏死。

注释

①共蒂：即"并蒂"，两朵花或两个果子长在同一根茎上。

译文

荣耀与羞辱就像同一根茎上的两朵花，如果厌恶羞辱又怎能获得荣耀；生存与死亡本是同根而生的枝条，如果贪恋生存就不必畏惧死亡。

解析

任何事物都有共存的两面性，光明的地方也有黑暗的存在，美丽的地方也有丑陋的存在。就像昙花虽美，却只绽放一刻；牡丹虽美，却无浓郁花香。所以，人们不能一味地追求完美的东西，而应该学会接受事物中不完美的一面，学会欣赏人生中的缺陷美。

有些人总是不断地追求完美，然而事实往往不尽如人意，人生中总是伴随着各种遗憾和缺陷。完美的人生只是我们心中理想的目标，既遥远又虚无缥缈，如果一味地苛求完美，那么就会陷入绝境。

其实，缺陷也是一种美。月亮的阴晴圆缺，花儿的绽放调谢，比萨斜塔的倾斜角度，以及维纳斯的断臂，都是不完美的表现，但就是因为这种缺陷，人们见识了一种别有韵味的美，一种比完美更震撼人心的美，这种美丽就是不完整的美、缺陷的美。

原典

作人只是一味率真①，踪迹虽隐还显；存心②若有半毫未净，事为虽公亦私。

注释

①率真：直率真诚。②存心：专心、用心。

译文

做人如果一味地保持直率真诚，即使他刻意隐蔽自己的行踪，其人格魅力也会被人们知晓；用心如果存有丝毫不纯洁，即使做事看起来公正公平，但是内心仍存有偏私。

解析

真诚是一个人人格魅力的体现，如果一个人能一直保持直率真诚，即使他隐居不显，他的人格魅力也会被人们所承认、敬重。所谓的真诚于内就是心地纯净无染、心怀坦荡、正直无私、于外就是真实不虚伪、率真而自然。

真诚的人拥有豁达的性格、宽广的心胸，即使身材瘦小也能海纳百川、超凡脱俗。作为一名学者，梁思成虽然身材瘦小，并且历经磨难，但是对建筑事业的充满矢志不渝的热忱，充分显示了其高尚的人格和魅力。

英国小说家毛姆说："良心是我们每个人心中的岗哨，它在那里值勤站岗，监视着我们别作出违法的事情来。它是安插在自我的中心堡垒中的暗探。"良心就是我们人生的监督员，它促使人们抛弃心中任何不洁的念头，使人保持纯真和率直。而缺乏真诚的人，其精神是空虚的，人生是苍白和迷茫的。这些人永远不可能淡然处世，永远活在狡诈和虚伪之中。

原典

鹩占一枝①，反笑鹏心奢侈；兔营三窟②，转嗤鹤垒高危。智小者不可以谋大，趣卑者③不可与谈高。信然矣。

注释

①鹩占一枝：出自《庄子·逍遥游》："鹪鹩巢于深林，不过一枝。"鹩，鹪鹩，常取茅苇毛毳为巢，俗称巧妇鸟，用以比喻低微、容易满足的人。②兔营三窟：即"狡兔三窟"，出自《战国策·齐策四》："狡兔有三窟，仅得免其死耳；今君有一窟，未得高枕而卧也。请为君复凿二窟。"后以此比喻留有后路以避祸患。③趣卑者：趣味低下的人。

译文

鹪鹩在低矮的树枝筑巢，自己满足于现状，反而嘲笑大鹏展翅高飞是为了追求过分的享受；野兔只知道在平地上挖洞以躲避敌人，反而嘲笑白鹤的巢穴又高又险。目光短浅的人不可以与他共谋宏图大业，趣味低下的人不可以同他谈论高情远志，确实如此啊！

解析

燕雀永远也飞不高，且志向渺小，而鸿鹄则展翅高空，敢于超越自我，志向远大，因此陈涉才会发出"燕雀安知鸿鹄之志哉"的感慨。陈涉虽然是一介平民，却拥有鸿鹄般展翅高飞、冲飞九天的志向，这是何等的气概、何等的心胸！而正是这种敢于突破自我的精神，激励后人不满于现状，展示自己的才能。

常言道："道不同不相为谋，品不谐不相为乐。"那些目光短浅、安于现状的人，永远也不会理解志向远大的人的雄心与抱负，所以志向远大的英雄绝不会与目光短浅的人为伍，因为那些拥有远大志向的人胸怀天下，渴望在更高的天空展现自己的才华。

原典

贫贱骄人①，虽没虚憍②，还有几分侠气；英雄欺世，纵似挥霍③，全没半点真心。

注释

①骄人：傲视他人，对他人显示骄矜之色。②虚憍：没有才能却盲目地自傲。③挥霍：奔放、洒脱。

译文

虽然身处贫贱却敢于傲视他人，虽然有些盲目自傲，但还是有几分侠义气概；英雄如果为了名利而欺骗世人，纵然好似奔放洒脱，却没有一点真情实意。

解析

古代的文人崇尚气节，不愿意曲迎权贵，即使身处贫贱也敢于傲视他人。这正是古代贤人最高尚的品质。

战国时期，魏文侯带兵攻占了中山国，后派太子击去驻守。太子击在前往中山国的途中，遇到了魏文侯的老师田子方，于是便恭敬地上前打招呼，可田子方却不予理睬。太子击问："是富贵的人应该傲慢，还是贫贱的人应该傲慢?"田子方认为贫贱之人更应该骄傲，因为诸侯如果骄傲就会失国，士大夫如果骄傲就会失去家，而贫贱之士的意见不被采纳还可以到别国去。

古代很多人贫士因家境或环境的约束而无法施展抱负，虽然他们生活十分贫贱，但仍保持一颗清高、自傲之心，傲视那些高高在上的所谓权贵。所以，古代圣人希望人们能安贫乐道，不趋炎附势。《菜根谭》对于这些贫士的清高精神甚为推崇，当然这也是值得我们当代人借鉴和学习的。

原典

糟糠不为彘肥，何事[①]偏贪钩下饵？锦绮岂因牺贵，谁人不能解笼中囮[②]。

注释

①何事：为何、为什么。②囮：经过驯服后用来作为诱饵捕捉野鸟的鸟。

译文

用酒糟粃糠喂猪，只不过是为了使其变得肥壮后宰杀，知道这个道理后为何还要像鱼儿那样贪图小利而上了别人的钩呢？祭祀时用锦绮覆盖在牲畜身上，并不是因为牲畜本身高贵，有谁能懂得笼中媒鸟的感受呢？

解析

《菜根谭》中的这段话的寓意是，凡事要善于找到事情的根源，防患于未然，慎审于未萌，更应该吸取以前的教训，知错就改，以避免再犯前人所犯的错误。

中国人历来重视吸取前人的教训，因而才有了“前车之鉴”这样的成语。然而，并不是所有人都有这种意识，因此才会有人忘了前人血淋淋的教训而重蹈覆辙。汉武帝不记取秦始皇因求仙而死于途中的教训，所以付出了沉重的代价，幸亏他在晚年有所悔悟；唐昭宗不以汉末宦官专权为鉴，结果导致了唐王朝的灭亡和“五代十国”的混乱局面。

历史就是一面镜子，西汉杰出的文学家、思想家贾谊说：“观之上古，验之当世，参之人事，察盛衰之理，审权势之宜，去就有序，变化应时，故旷日长久，而社稷安矣。”唐太宗也说：“以铜为镜，可以正衣冠；以古为镜,可以知兴替；以人为镜，可以明得失。”人们只有多吸取前人失败的教训，借鉴前人成功的经验，引以为戒，才能避免重蹈覆辙。

原典

琴书诗画，达士以之养性灵①，而庸夫徒赏其迹象；山川云物②，高人以之助学识，而俗子徒玩其光华。可见事物无定品，随人识见以为高下，故读书穷理要以识趣为先。

注释

①性灵：内心世界，泛指精神、思想、情感等。②云物：云气、云彩。

译文

琴书诗画，通达之士用来修身养性，平庸之人却只是接触一下它的表面以此来附庸风雅；山川云物，高明之人用来增长学识，凡俗之人却只会玩赏它外表的艳丽色彩。由此可见，事物并没有品位高低之分，有所区别的只是欣赏之人的学识、见解。所以，人们阅读书籍、探究物理时，首要就要注重提高自己的见识志趣。

解析

《庄子》里记载了这样一个故事：宋国有一户人家，擅长配制一种防止皮肤冻裂的膏药。这户人家祖祖辈辈依靠这个秘方以在水中漂洗蚕茧抽丝为生，虽然能维持生活，却不足以富贵。后来，一个外地客商得知这个秘方，便以一百金的高价买下，并转赠给吴王。

恰巧这时，越国发生内乱，吴王想借口讨伐越国，便命这位客商为统帅。当时正值寒冷的冬季，吴军正是使用这个秘方才避免战士冻伤，使之战斗力增强，大败越军的。后来，吴王鉴于这位客商的功劳，厚赏他大量土地。

同样的秘方，宋国人世世代代只能靠它的帮助漂洗蚕茧，过着贫苦的生活，而精明的客商却因此得到荣华富贵。所以说，同一件事物的效能高低就在于使用对象的见识和眼光，只有眼光独特的人才能发挥事物最大的效用和价值。

原典

美女不尚铅华①，似疏梅之映淡月；禅师不落空寂，若碧沼②之吐青莲。

注释

①铅华：用于打扮擦脸的铅粉。②碧沼：绿色的水池。

译文

美貌女子崇尚自然而不愿浓妆淡抹，好似疏落的梅花映衬着淡淡月光一样，美而不俗；功德高深的禅师不害怕寂寞空虚，犹如碧池中开出的莲花一样，清而不艳。

解析

自然的美是最可贵的。自然界总是以万千姿态呈现在人们眼前，让人们体会到无限的美好。而现实中，那些不加装饰的、不造作的事物，那些流露自然本性和自然情感的人，更能让人体会到最真实的美丽。

李白喜欢出水芙蓉的清新自然、质朴明媚，也推崇纯美自然的事物和人，因此才会留下“清水出芙蓉，天然去雕饰”这样的诗句。毫无雕琢的事物是最美的，同样，毫不造作、真实真诚的人也是最值得欣赏的。人生在世，各有各的禀赋，各有各的奇珍，每个事物都是大自然的杰作。质地平平的粗糙之石，最后成为人们顶礼膜拜的佛像，是因为它坦然接纳了自己。同样，每个人也都有别人所不可比拟的长处，人们只有接纳最真实、最自然的自我，才会找到自己最有价值的一面，才会赢得别人的尊重。

原典

廉官多无后，以其太清也；痴人每多福，以其近厚也。故君子虽重廉介，不可无含垢纳污之雅量；虽戒痴顽[①]，亦不必有察渊洗垢[②]之精明。

注释

①痴顽：痴笨顽劣。②察渊洗垢：明察事理，清洗污垢。

译文

清正廉洁的官吏大多没有后嗣，因为他们太过清正；痴拙的人通常获得很多福气，因为他们为人更接近厚道。所以，君子应该保持清廉耿介的品质，却也应该有含污纳垢、容忍污蔑的度量；虽然要惩戒痴顽之人，也不必过于明察，不容忍一丝污垢。

解析

做人要聪明，但是不要太精明。过于精明的人，处处算计、钩心斗角，反而会遭到别人的厌恶，甚至有可能为自己招来灾祸。真正有大智慧的人，心中如明镜一般，表现出来的却是愚笨，既不斤斤计较，又不处处用心。正所谓大智若愚、大巧若拙，聪明的人懂得如何在适当的时候装糊涂人，做聪明事。

装糊涂人，做聪明事，这是古代大多数人明哲保身的办法，也是我们应该学习的处世哲学。人们常说“聪明难糊涂更难”。我们处理事情的时候，要保持清醒的头脑很难，但是在适当时候装糊涂则更难。

因此，人们为人处事该聪明、清醒的时候，一定要聪明；该糊涂时，一定要假装糊涂。在适当的时候，学会装傻、学会糊涂不仅是聪明的体现，更是一种真正的人生大智慧。这样才能在人际交往中左右逢源，不为烦恼所扰，不为人事所累。如此一来，你也必定会有一个幸福、快乐、成功的人生。

原典

密则神气拘逼①，疏则天真烂漫，此岂独诗文之工拙从此分哉？吾见周密之人纯用机巧，疏狂②之士独任性真③。人心之生死，亦于此判也。

注释

①拘逼：拘束、限制。②疏狂：豪放，不受拘束。③性真：性情直率。

译文

文章过于周密，就会显得神气拘谨、文笔艰涩，太疏则显得单纯自然。这难道只是诗歌文章的精巧、拙劣的分别吗？我见过那些周到细密的人，却只是卖弄技能才学，那些豪放的人却拥有直率的性情。可见人心受不受限制、有心还是无心，在这里就可以判断了。

解析

心机太重的人，心性容易枯暗；率性纯真的人，则能保持心灵的质朴。所以，在现实生活中，那些看上去老气横秋之人，多半心机深沉；而那些简单纯朴的人，则大多率性纯真。

美国一个心理学家曾经做过一个实验，结果表明，凡是对金钱利益过于算计的人，都是生活相当辛苦的人，也是无法获得快乐的人。实际上这些人都是很不幸的，他们中的百分之九十以上都患有心理疾病，甚至是多病和短命。这些人痛苦的时间和深度也比不善于算计的人多了许多倍。

生活中，不乏心机重、工于算计的人，他们每天生活在繁杂琐事之中不能自拔，只能看到眼前的利益。更重要的是，这些爱算计的人把所有的算计都埋在心中，因此心胸常被堵塞，所以更容易忧虑和烦恼。

由此看来，心机太重、算计太多，必然会损伤心灵的健康。其实，人算不如天算，算计太多，并不是好事。所以，我们不妨保持一份率性和纯真，这样不仅可以保持心灵的质朴纯净，更可以获得快乐的人生。

原典

翠筱①傲严霜，节纵孤高无伤冲雅②；红蕖媚秋水，色虽艳丽，何损清修？

注释

①翠筱：指绿色的细竹。②冲雅：典雅、淡雅。

译文

翠绿的细竹傲视严寒风霜，竹节纵然清高孤傲，但是依然不会损害它的冲虚淡雅；火红的芙蕖在秋水中姿态妖娆，色彩虽然艳丽动人，但是也不会损害它的清纯高洁。

解析

人们在修养身心时要像翠竹、红蕖那样，保持淡雅高洁的内心和品质。

外表是朴素还是华丽并不重要，重要的是内心。如果内心能够保持清净，那么不论身处何时何地，都能够活出精彩的自己。可是，人们在这纷纷攘攘的环境中如何保持自己内心的清净呢？

佛家有云：这缤纷五彩的世界，无非是财、色、名、利，如果你心生贪图它的欲望，那么将永远无法获得内心的清净。所以，若人们没有贪恋，不执着于那些所谓的财色名利，就可以抵挡得住诱惑。

原典

贫贱所难，不难在砥节①，而难在用情；富贵所难，不难在推恩②，而难在好礼。

注释

①砥节：磨砺气节。②推恩：广施恩惠。

译文

贫穷而地位低下的人，在生活中磨砺气节并不难，而难在用最真实的感情相待并与“礼”的要求一致；富裕而有地位的人，在生活中经常施恩于人并不难，而难在能一贯地尊重他人、处处以礼待人。

解析

富贵之人高高在上，对他们来说，做到施恩于人是比较容易的事情，难就难在在施恩的过程中不盛气凌人，以及尊重自己所施恩的对象。

《礼记·檀弓》中说，春秋时期，齐国遭遇灾荒，而黔敖在路边准备饮食，施舍给来往的灾民。虽然黔敖舍得家财施舍灾民，但是心中却看不起这些灾民，总是一副高高在上的样子。这时，一个极度饥饿的人穿着破旧的鞋子和衣服昏昏沉沉地走来，黔敖左手拿着食物，右手端着水，傲慢地说道：“喂！来吃吧！”这个灾民十分气愤地说：“我就是因不食‘嗟来之食’才饿成这个样子的！”

“嗟来之食”虽然是对饥饿之人的施舍和帮助，但也是对这些人的侮辱和不尊重。这让人们不禁想起以前的一则报道，一位富豪前往偏远的贫困地区资助那些辍学的贫困儿童，在捐助活动现场，富豪手中拿着大把的百元大钞，但不是递给那些贫困儿童，而是微笑着面对记者的镜头不停地拍照留念。这样的行为不仅刺痛了受助者的自尊心，更刺痛了世人的施恩之心。这样的行为岂是真正的慈善、真正的施恩？

富贵的人即使拿出所有的财产施于他人，也不应该盛气凌人，把财富当成炫耀自己、蔑视他人的资本，这样的人即使施恩再多，也不会得到别人的尊重。

原典

簪缨①之士，常不及孤寒之子，可以抗节致忠；庙堂之士，常不及山野之夫，可以料事烛理②。何也？彼以浓艳损志，此以淡泊全真③也。

注释

①簪缨：古代官吏的冠饰，比喻显达尊贵之人。②烛理：明察事理。③全真：保

全天性。

译文

显达富贵的人，常常不如清贫之人坚守节操、恪守忠诚；身居庙堂之人，常常不如山野农夫会处理事务、明察事理。这究竟是为什么呢？这是因为前者被奢华安逸的生活扼杀了志向，后者由于恬静淡泊而保全了天性。

解析

显达尊贵之人每天过着奢华舒适的生活，而这样的生活不仅麻痹了他们的精神，更消磨了他们的心智。因此，这样的人很难拥有远大的志向和高尚的节操，即使当初有所抱负也让纸醉金迷的生活给消磨掉了。

相反，淡泊清贫的生活却可以磨砺人的意志，激发人的斗志，使人保持浩然正气。自古以来中外不乏甘于淡泊、甘于清贫的人，他们不被世俗所诱惑，因此体会到了淡泊生活的惬意之处。

钱钟书先生在人们纷纷“下海”的时代，甘心坐冷板凳，专心文化研究，著成了学术巨著《管锥编》。当电视台想要付酬给他时，他却婉言谢绝：“我都姓了一辈子钱了，难道还迷信钱吗？”美国一所著名大学邀请他讲学，半个月酬金四十万美金，他也断然拒绝。事后他说：“他们研究生的水平还不如我们的高中生，怎么能听得懂国学？我不能糟蹋中国文化。”

原典

雍荣旁边辱等待，不必扬扬①；困穷背后福跟随，何须戚戚②。

注释

①扬扬：得意的样子。②戚戚：悲伤的样子。

译文

当人们获得荣耀恩宠时，要懂得荣誉旁边就是羞辱在等待着，所以千万不要扬扬得意；当人们身处困厄贫穷时，要明白福祸相依的道理，所以何必因为身处困境而悲伤呢？

解析

所有荣华恩宠的旁边都有耻辱在等待，所以得意时不必扬扬自得；所有苦难贫穷的后面也总有福气跟随，所以在失意时也不必悲戚忧伤。

《晏子春秋》中有这样一个故事：晏子是齐国的宰相，有一天他乘坐马车外出，经过闹市时，马夫的妻子站在门口看见马夫高高地坐在驷马大车上，神气地挥着马鞭，得意地吆喝着。

马夫回到家之后，妻子对他说："晏子虽然身长不到六尺，却是一国堂堂宰相，闻名诸侯。今天我看他坐在马车上，低头沉思，态度谦虚；而你虽然身长八尺，却不过是一介马夫，竟也扬扬自得、趾高气昂。我岂能和自以为是的人过日子！"事后，马夫很是惭愧，以后也开始注意检点自己的言行了。

晏子身为宰相，正是春风得意之时，然而却处处谨慎谦卑，这是真正的宠而不惊。车夫仅是依仗晏子的声名，却不知轻重、扬扬得意，与晏子形成了鲜明的对比。

宠辱不惊，去留无意。人们应该正确看待人生的宠辱，做到宠辱不惊，以平常心待之。

原典

古人闲适处，今人却忙过了一生；古人实受处，今人又虚度了一生。总是耽空逐妄，看个色身①不破，认个法身②不真耳。

注释

①色身：佛教语。色，指一切可以感知的事物，即人的肉身。②法身：佛教语，不生不灭，无形而随处现形，也称为佛身。

译文

古人追求悠闲自在的生活，今人却汲汲于名利，忙忙碌碌地过了一生；古人实实在在地享受了生活的乐趣，今人却追求物质，虚度一生。今人总是因为被虚幻的目标所迷惑，所以不能看破虚幻的肉身，不能认清不生不灭的法身。

解析

现代人总是沉湎于空洞的幻想，追求那些虚无的目标，因此才不能看破世间的纷扰，更无法回归自然天成的本性。

现在的人们总是处在忙忙碌碌之中，忙于追求事业的成功，忙于追求物质的满足，慢慢地便陷入纷纷扰扰的快节奏生活中无法自拔。中国人自古就懂得一张一弛、张弛有道的道理，但在现实生活中，很少有人懂得如何用张弛之道处理自己的生活。所以洪应明才会提醒人们，不要被那些虚幻的目标所迷惑，要认清人生中最真实的东西，要学会享受生命的美好。

约翰·列侬曾说："当我们正在为生活疲于奔命的时候，生活已经离我们而去。"因此，我们不妨放慢自己的生活节奏，慢慢地欣赏身边的风景，只有这样，你才能享受到别有一番滋味的人生。

原典

芳草无根醴无源①，志士当勇奋翼；彩云易散琉璃②脆，达人当早回头。

注释

①芳草无根醴无源：芝草，即灵芝，古人认为是瑞草，服用之后可以成仙。醴，甘甜的泉水。②琉璃：原指一种有色半透明的玉石，后指一种釉料，多加在陶器、瓷器的表层。

译文

珍贵的灵芝没有根本，甘甜的泉水没有源头，所以有志之士应当勇往直前，展翅高飞，不应该拘泥于出身的高低；彩云虽然美丽但是容易消散，琉璃虽然晶莹剔透但是脆薄易碎，所以贤达之人应当及早醒悟，回头是岸，不要沉迷于那些无法长存的虚幻之中。

解析

在民间有一则广为流传的联语，即"醴泉无源，芳草无根，人贵自勉；流水不腐，户枢不蠹，民生在勤"。意思是告诫人们不要在乎出身的高低，要想出人头地，成就一番非凡的事业，就要拥有敢于进取、自强不息的精神和毅力。

而这则联语出自三国时期著名的学者虞翻。虞翻被吴主孙权流放到遥远的南方，他给弟弟写信，请他替儿子寻一门亲事，并特别叮嘱不必高攀名门大姓，“远求小姓，足以生子”就可以了。当时，门第观念甚重，无论是结交朋友还是与人联姻都极其重视门第，而虞翻却认为一个人要想出人头地，要靠自己出众的才学，以及自身的奋斗和努力，并不在于他是否出身名门。正所谓“扬雄之才，非出孔氏之门”。精通《易经》的虞翻才因此告诫自己的弟弟和儿子：“天之福人，不在贵族，芳草无根，醴泉无源。”

一个人的处境就算再糟糕，如果他能够拥有自强不息的精神，能够持之以恒地努力，也仍旧可以成就强大的自己。命运往往掌握在自己的手中，如果你不能付出努力，那么即使天资过人、出身名门，最后也会一事无成。

原典

少壮者当事事用意而意反轻，徒泛泛作水中凫[①]而已，何以振云霄之翮[②]？衰老者事事直忘情而情反重，徒禄禄为辕下驹[③]而已，何以脱缰锁之身？

注释

①水中凫：凫，野鸭，比喻没有远大志向的人。②翮：鸟翎的茎，即翎管，指鸟的翅膀。③辕下驹：指车辕下不熟驾车的幼马，比喻没有见过大世面的人，后来常用于自谦。

译文

年轻力壮的人，对待所有事情都应当尽心尽力，然而有些人却漫不经心，这样的人只能像水面上的野鸭一样，目光短浅，怎能振翅高飞到云霄之中呢？年老力衰的人，对待所有事情都应当无牵无挂，然而有些人却被世事牵绊，难以割舍，这种人只能做车辕下的马驹，繁忙劳苦，怎能挣脱束缚获得自由之身呢？

解析

人们在年轻力壮时，由于血气方刚、精力充沛，因此做事时容易心浮气躁、马虎从事，所以年轻人应该脚踏实地、尽心尽力地做好每一件事。如果这时人们不懂得约束自己的行为，做什么事情都浅尝辄止，即使拥有再高远的志向，也不可能有展翅高飞的一天。

而人在年老体衰的时候，由于身体机能逐渐减退，做什么事情都会有力不从心的感觉。人们常说“壮士暮年，雄心不已，老骥伏枥，志在千里”，但这不过是人们心中的理想状态而已。试想，一位年过半百的老人，怎能如青壮年一般精力充沛，也许这些人不老的也只有那雄心壮志而已吧？这也无怪乎赵王会发出“廉颇老矣，尚能饭否”的疑问了。

所以，对于老年人来说，学会放弃、不逞强才是最聪明的选择。孔子说“君子有三戒”，其一就是“及其老也，血气既衰，戒之在得”。如果人们在年老之时还不懂得克制自己的欲望、学会放手，而是变本加厉地贪婪，拼命争名、夺位、挣钱，这样不仅违背了养生之道，也会造成晚节不保的后果。

原典

帆只扬五分，船便安；水只注五分，器[①]便稳。如韩信以勇略震主被擒，陆机以才名冠世见杀，霍光败于权势逼君，石崇死于财赋敌国，皆以十分取败者也。康节云：“饮酒莫教成酩酊，看花慎勿至离披[②]。”旨哉言乎！

注释

①器：欹器，古代一种倾斜易覆的盛水器，水少水满都会倾倒，只有水位正好才能竖立。②饮酒莫教成酩酊，看花慎勿至离披：语出北宋邵雍的《安乐窝》。酩酊，大醉的样子。离披，落花纷纷下落的样子。

译文

扬帆只扬起一半，船只就可以顺利前行；注水只注入一半，欹器便可以保持平衡。韩信因为功高震主而被擒处死，陆机因为才华出众而被杀害，霍光因为权势显赫而逼得国君不得不杀他，石崇因为富可敌国而身首异处，他们都是因为做事不懂得适可而止才招来祸患的。邵雍说：“饮酒不要喝得酩酊大醉，看花千万不要看到落花纷飞。”这话真是意味深长啊！

解析

孔子到鲁桓公的宗庙里参观，看到一件奇形怪状、倾斜易覆的盛水器皿，注入很少的水就会倾斜，水量达到一半就会端正，水满之后就会翻倒。这便是古人使用的欹器，古人常常将它放在座位的右边，以提醒自己做人做事不要太虚空，也不要太满，保持中正则最好。

《淮南子》中说：“夫物盛而衰，乐极则悲，日中而移，月盈而亏。”为什么世界上有许多的聪明人反被聪明误了呢？为什么不少功盖天下的功臣往往没有一个好结局呢？为什么好多富有四海者最后却没能守住富贵呢？正所谓物盛则衰、物极必反。任何事物达到鼎盛之后，就将走向衰亡；发展到顶端之后，必将向相反的方向转变。韩信勇略太高、陆机才名太大、霍光权势太盛、石崇财赋太多，正是因为他们不懂得持中戒满、适可而止的道理，才招来了杀身之祸。

所以，孔子告诫人们，为人处世的一大智慧便是“持中戒满”。为人处事应该像扬帆起航那样，“只扬五分”才能平安行驶；应该像欹器一样，“只注五分”才能保持平衡，避免倾覆。

原典

附势者如寄生依木，木伐而寄生亦枯；窃利者如蛲虫[①]盗人，人死而蛲虫亦灭。始以势利害人，终以势利自毙。势利之为害也，如是夫！

注释

①蛲虫：人肠中的寄生虫。

译文

依附权势的人犹如寄居树木的寄生虫一样，树木被砍伐时它的生命也就枯竭了；窃取利益的人犹如人肠中的寄生虫一样，它所依附的人死亡后它也就灭亡了。所以，开始用权势利益陷害他人的人，最终也会因为权势利益而葬送自己的性命。这就是权势利益的危害啊！

解析

人们常说“背靠大树好乘凉”，所以聪明的人懂得借助别人的力量来达到自己的目标。事实也确实如此，生活中，很多人就是因为善于借势，从而得到别人的帮助而获得了成功。所以，人们在交朋友的时候，都希望能够结交地位高且成功的人。

其实，善于借势是古人为人处事的大智慧，但是借助别人的力量不等于完全依附别人。然而，很多人却误解了借势的含义，他们为了取得事业上的成功，或是得到所谓的富贵权力，不惜放下尊严，甘心依附于权贵之人，犹如摇尾乞怜的哈巴狗一样趋奉左右。这样的人为了找到向上攀爬的阶梯，可谓无所不用其极。也许，他们会取得事业上的成功，也可能会显赫一时，但是不会长久，一旦他们所依靠的大树倒下了，那么他们也就难以生存了。

“附势者如寄生依木，木伐而寄生亦枯”，那些趋炎附势的人不会得到美好的结果。《菜根谭》中反反复复强调这样的观点，就是为了警诫人们，所以现代人也应该多加品味其中的哲理。

原典

失血于杯中，堪笑猩猩之嗜酒；为巢于幕上①，可怜燕燕之偷安。

注释

①为巢于幕上：燕子在随时可能撤走的帐幕上筑巢，比喻处境非常危险却一味地偷安。

译文

因为贪图美酒而遭到猎人捕杀后取血，猩猩如此好喝酒，真是让人觉得可笑；燕子在随时都会撤走的帐幕上筑巢，只图苟安而不计长远，真是让人觉得可怜。

解析

有一篇《猩猩嗜酒》的寓言，讲述了这样一个故事：山里的猩猩非常喜欢喝酒，每每嗅到庄户人家喝酒，就会在房舍周围徘徊。猎人为了捕到猩猩，便投其所好，在路旁摆下美酒和大大小小的酒杯引诱它上钩。猩猩明知这是个圈套，却经受不住美酒的诱惑，先用小杯，后用大杯，最后更加肆无忌惮，直至烂醉如泥。这时猎人便可不费吹灰之力将其擒获。

正所谓"夫猩猩智矣，恶其为诱也，而卒不免于死，贪为之也"。贪念使人智昏，贪念使人心狂。如果人们一味地贪图利益，不能抑制自己的贪欲，任它发展，就会给自己带来灾祸。

法国杰出的启蒙哲学家卢梭说："十岁时被点心、二十岁时被恋人、三十岁时被快乐、四十岁时被野心、五十岁时被贪婪所俘虏。人到什么时候才能只追求睿智呢?"人生在世，有着各种各样的欲望，适当的欲望可以刺激人们的进取心，但是如果人们被贪婪所俘虏，成为欲望的奴隶，就会像嗜酒的猩猩一样，下场可悲。

原典

鹤立鸡群，可谓超然无侣矣。然进而观于大海之鹏①，则渺然②自小；又进而求之九霄之凤，则巍乎莫及。所以至人常若无、若羞，而盛德多不矜③不伐④也。

注释

①鹏：传说中最大的鸟。②渺然：弱小的样子，微小的样子。③矜：骄傲、骄矜。④伐：夸耀自己。

译文

鹤立鸡群虽然可以显示出自己高超出众，没有可与之做伴的了，然而和大海之中的鹏鸟相比，就会发现自己的渺小；再进而与高飞云霄的凤凰相比，就会发现自己根本无法企及凤凰的高度。所以超凡脱俗的人常常虚怀若谷，品德高尚的人从不因自己的才华而骄傲自夸。

解析

古语云："满招损，谦受益。"做人要懂得谦虚低调，不能骄傲自满、夜郎自大，否则会造成大错，令人追悔莫及。

《庄子·秋水》中说：秋水按时到来，百川注入黄河，河道陡然宽阔，站在岸边，看不清对岸牛马的样子。河伯欣然而喜，认为自己是天下最美大的河流了。他乘兴顺流东行，来到海边，遥望东方，茫茫无尽。河伯的笑容凝固在脸上，双眼迷离地望着海神若，叹息着说："俗语说：'听过上百条道理，就认为天底下没人比得上自己了'，说的就是我啊。"

常言道："人外有人，天外有天。"河伯"望洋兴叹"，在浩瀚无边的大海面前感到了自己的渺小。聪明的人应懂得向比自己优秀的人学习，以弥补自己的不足，从而促进自己的成长和进步。

然而，生活中，并不是所有的人都能够认识到自己的不足，他们常常在自己的领域小有成就就开始骄傲自满。那些自以为是的人，只不过是坐井观天的青蛙罢了，看到的只是有限的天空，不会有更大的作为。

原典

贪心胜者，逐兽而不见泰山在前，弹雀而不知涤井在后。疑心胜者，见弓影而惊杯中之蛇①，听人言而信市上之虎。人心一偏，遂视有为无，造无作有。如此，心可妄动②乎哉！

注释

①见弓影而惊杯中之蛇：即杯弓蛇影，形容疑神疑鬼、妄自惊吓。②妄动：轻率行动、胡乱行动。

译文

贪心过盛的人，追逐野兽时常常看不见前面的泰山，弹射鸟雀时常常忽略背后的深井；疑心过盛的人，看见弓影就以为杯中有蛇，听到别人的谈论就相信闹市中有老虎。所以，人心一旦偏颇，即使看到也当作没看到，没有的事情也会臆造出假象。如此说来，人心难道可以妄动吗？

解析

疑心过重的人，经常杯弓蛇影、疑神疑鬼，他们整天提心吊胆、小心翼翼，害怕别人接近自己，也不敢接近他人。更有甚者，一件微不足道的小事，一个下意识的手势，一句无心的话语，都会使他猜疑不已、惴惴不安。

其实，猜疑是一种严重的心理疾病，它就像人性中的毒舌，稍不注意，就会腐蚀人们的思想，使人们丧失心智。正如培根所说："猜疑之心犹如蝙蝠，它总是在黄昏中起飞。这种心情是迷惑人的，又是乱人心智的，它能使你陷入迷惘，混淆敌友，从而破坏人的事业。"

猜忌多疑是人与人之间交往的大忌，它不仅使人陷入惶恐不安的紧张状态，更会破坏人们之间的信任和真诚，使人陷入孤立无援的境地。所以，不妨放下对别人的猜疑和戒备，拿出自己的真心和真诚，这样你才会获得信任和真诚，同时你的心灵也将获得解放和自由。

原典

蛾扑火，火焦蛾，莫谓祸生无本①；果种花，花结果，须知福至有因。

注释

①无本：没有本源，没有本始。

译文

飞蛾扑火，就会被火焰烧焦，因此所有的灾祸都有其本源；种下种子才能开出花朵，开出花朵才能结成果实，因此所有的福气都是有原因的。

解析

世间任何事情的发生，都有其必然的原因。

佛家信奉因果循环，认为万事万物有因必有果，善因有善果，恶因有恶果。佛家也用此来劝诫世人多行善事，少做恶事，这和《菜根谭》中这段话的意思大同小异。

英国有一个名叫弗莱明的贫苦农夫，生活在荒郊的茅屋里，一天他从沼泽中救出一个男孩。第二天，男孩的家人特意前来致谢，表示愿以重金答谢救命之恩，但是被弗莱明拒绝了。后来，男孩的父亲为了报答弗莱明，将他的儿子送到了最好的学校，与自己的儿子一起接受最好的教育。被救的男孩就是英国最伟大的首相丘吉尔，而弗莱明的儿子便是因发现青霉素而闻名世界的亚历山大·弗莱明。

二战期间，丘吉尔因为视察非洲而感染肺炎，无药可治。弗莱明亲自飞往非洲，用青霉素治愈了他。丘吉尔十分感激弗莱明，而他却说："这次是你的父亲救了你。"这便是种善因得善果的最典型事例。

原典

车争险道，马骋先鞭，到败处未免噬脐①；粟喜堆山，金夸过斗，临行时还是空手。

注释

①噬脐：自啮腹脐，比喻后悔不及。

译文

在险峻的道路上行车却还要你争我抢地通过，骏马已在飞奔却还要鞭打它使其更快，等到翻车落马的时候就后悔莫及了；粟米堆积如山，黄金用斗称量，然而临死之时却两手空空，所有的金银财宝都带不走。

解析

任何人都不甘心自己是一名弱者，好胜心强的人更不甘心落于他人之后，勇于进取，这有利于个人的进步和成功。但是好胜心过强却并不是件好事。

生活中总有很多这样的人，他们凡事非争个我高你低、论个你输我赢不可，事事处处都喜欢超过和压倒别人。其实，当一个人特别在意输赢高低的时候，其潜意识里是不自信的，越是内心不能肯定自己，就越倾向于从行为上攻击对方，战胜对方从而获得满足感。

好胜心太强的人，往往求胜心切，心中产生一种非要压倒对方的思想，以至于好斗逞强、不择手段。这样的人，为了所谓的胜利，往往会弄虚作假，以不正当的手段去攫取荣誉，以满足自己的虚荣心。这就像在险峻的道路上争抢一样，一不小心就会翻车落马，造成严重的后果。所以，人们要正确看待自己的好胜心，不要让其发展成为逞强斗狠的心理。适当地节制自己的好胜心，才能让它成为自己成功路上的推动力。

原典

花逞春光，一番雨，一番风，催归尘土；竹坚雅操，几朝霜，几朝雪，傲就琅玕①。

注释

①琅玕：指似珠玉的美石，比喻珍贵美好的事物。

译文

鲜花在春天的阳光下争芳斗艳，然而经过一阵风吹雨打之后，便归于尘埃土壤；翠竹在严冬中坚持高雅的情操，即使经过几多风霜雨雪，依然能如琅玕般傲然挺立。

解析

《易经•乾卦》的第一句话就是“天行健，君子以自强不息”。自强而后才有外援，自立而后才有天助。竹子历经霜雪之后，仍能傲然琅玕，靠的就是其自立的品质。

《文子•上德》说：“怨人不如自怨，求诸人不如求之己。”南宋孝宗皇帝到一处寺庙游览，看见所有的人都向观音像求助，就问随游的净晖法师：“人持念珠念观音，观音持珠又念谁?”净晖回答说：“仍念观音。”孝宗追问何故，净晖答：“求人不如求己。”

在遇到困难的时候，与其到处寻求别人的帮助，不如把眼前的困难当成人生的一种磨炼，将厄运视为命运的一种挑战。所有的困难和厄运不过是成功路上小小的绊脚石，不足以阻拦人们去化解困难。只要你坚定信心，积极寻求解决问题的办法，终究会有雨过天晴的一天。

求己者贵，知足者富。任何时候命运都掌握在自己手中，世界上能够解救自身的人只有自己。自立自强是一种对待困难的积极态度，更是对人生的一种鞭策。如果缺少了自立自强的精神，就永远也驶不到成功的彼岸。

原典

富贵是无情之物，看得至重，他害你越大；贫贱是耐久之交，处得至好，他益你反深。故贪商於而恋金谷者，竟被一时之显戮；乐箪瓢[1]而甘敝缊[2]者，终享千载之令名。

注释

①箪瓢：盛饭用的箪和盛水用的瓢，代指饮食。②敝缊：敝，破。缊，旧絮。代指破旧的衣服。

译文

富贵是没有情义的事物，你越是看重它，它对你的伤害越大；贫贱是持久友好的朋友，你越是与它交好，它对你的帮助越大。所以，楚王因贪图六百里商於之地、石崇因贪恋金谷园而终因一时的显贵而招来杀身之祸；而安于一箪食、一瓢饮的颜回，以及乐于清贫而甘心贫苦的人，最终会享有千年的美名。

解析

贫穷的生活可以磨炼人的意志，使人养成吃苦耐劳的品质，更可以激发人们努力拼搏的奋斗精神。所谓"穷人的孩子早当家"，贫困使人知道创业艰难，所以会倍加珍惜财物，不挥霍浪费，不暴殄天物。所以，自古以来的圣人都把安贫乐道作为自己修身养性的重点，并引以为傲。安贫乐道才是人生成功的垫脚石，用这样的态度对待人生中的困难和贫苦，那么苦是一时的，快乐则是一生的。

孔子说："饭疏食饮水，曲肱而枕之，乐亦在其中矣。不义而富且贵，于我如浮云。"箪瓢敝缊的生活虽然贫苦，却不违背道义，所以君子乐在其中。如果富足尊贵的生活只能通过违背道义的方式来获得，那么君子誓死不会如此。所以，能够真正做到“不戚戚于贫贱，不汲汲于富贵”的人，才是真正的君子、真正的强者。

穷且益坚，不堕青云之志。真正的强者不会被贫穷压倒，他们会把眼前的困境当成人生的磨炼和动力，努力改变自己的现状，从而成就一番大事业。

原典

鸰恶铃而高飞，不知敛翼[①]而铃自息；人恶影而疾走，不知处阴而影自灭。故愚夫徒疾走高飞，而平地反为苦海；达士知处阴敛翼，而巉岩[②]亦是坦途。

注释

①敛翼：收拢翅膀，比喻隐蔽锋芒。②巉岩：险峻的山岩。

译文

鹡鸰因为厌恶哨声而振翅高飞，殊不知，只要它收拢翅膀，哨声自然就会停止；人们厌恶影子而快速奔跑以摆脱影子，殊不知，只要待在阴暗的地方，影子自然就会消失。因此，愚笨之人徒然疾走高飞，反而使原本很好的处境变为苦海；通达之士懂得置身阴暗、收拢翅膀，反而将险峻山岩变成平坦大路。

解析

《庄子·渔父》中说：有个人厌恶自己的影子和脚印，于是便飞速奔跑，一心想要甩掉它们。可是，无论他步子迈得多快，影子始终跟随着他，他跑得越远，身后留下的脚印就越多。不明就里的人，自以为摆脱不了这些影子和脚印，是因为自己跑得还不够快，于是就拼命地奔跑，越跑越快，最后力气用尽，气绝身死。

有一个成语叫作“形影不离”，即在有光照的地方，身体和影子是不可能分离的。但是如果在阴暗的地方，影子就会自动消失。同时，只要你停止奔跑的脚步，那么所谓的脚印也就不会存在了。而愚蠢的人却不懂得这个浅显的道理。

现实生活中有很多寓言中所描述的那样的人，他们盲目地追求那些虚幻的美丽，为了躲避虚幻的痛苦而徒然疾飞高走，殊不知这样的行为反而会给他们带来更多的痛苦。我们都知道，当手里握着一把沙子的时候，越是攥紧拳头，沙子就越会从手中流失，只有在停止用力，沙子才会保留下来。所以，有时候你越是苦苦追求，越容易失去，只有停住脚步才可轻而易举地获得。

原典

秋虫春鸟共畅天机，何必浪①生悲喜？老树新花同含生意，胡为妄别媸妍②？

注释

①浪：徒然、白白地。②媸妍：指丑与美、坏与好。

译文

秋日的鸣虫，春天的啼鸟，同样舒畅地释放天赋性灵，人们又何必因此徒然生悲喜之情呢？苍老的树木，新生的花朵，同样蕴含着无限的生机，人们又何必因此判别美丑好坏呢？

解析

自古以来，中国文士大多有伤春悲秋、感物伤怀的传统，暮春飘零的落花，夏日萎谢的花朵，深秋悲鸣的蟋蟀，冬日凋零的落叶，都成了文人志士抒发自己内心情感、感叹世事不公的意象。即使是享有“诗豪”美誉的中唐大诗人刘禹锡，虽能唱出“自古逢秋悲寂寥，我言秋日胜春朝”的异调，也不免发出“沉舟侧畔千帆过，病树前头万木春”的感慨。

其实，秋虫春鸟都在享受着造物主赋予它们的灵性，老树新花都在展示着自然赋予它们的生机。花开花落、虫嘶鸟鸣都不过是自然现象而已，人们由此产生的悲喜之情、好恶之念不过是庸人自扰而已。

无论是面对自然界的花开花落，还是人世间的悲欢离合，人们都不应该过多地产生悲喜之情。泰然一些，坦然一些，淡然一些，不以物喜，不以己悲，学会以坦然、平和的心境体会人生中的变化，不被外物左右自己的心情，才能看到更美丽的色彩。

原典

多栽桃李少栽荆[1]，便是开条福路；不积诗书偏积货，还如[2]筑个祸基。

注释

①荆：本义为一种灌木，泛指山野丛生的多刺灌木。②还如：恰似、好比。

译文

多栽种桃树李树，少栽种荆棘，这是为自己开辟了一条福路；如果不懂得积累书籍、学习知识，只知道积累珠玉钱物，就好比为自己构筑了灾祸的基础。

解析

多栽桃李少栽荆，就是说与人相处要多铺路少砌墙，多交朋友少树敌人。人们常说："朋友多了路好走。"在现实生活中，朋友是一个人生命中最宝贵的财富。当你遇到困难时，朋友会向你伸出援手；当你需要鼓励时，朋友会为你加油；当你受到挫折时，朋友会给你信心；当你获得成功时，朋友会为你喝彩。所以，一个人如果没有了朋友，就会寸步难行。而且，如果再多些敌人，那么你的人生之路恐怕就荆棘遍地了。

正所谓"多一个朋友多一条路，多一个敌人多一堵墙。"即使是漂流在荒岛上的鲁滨孙，也要有"星期五"的陪伴和帮助，才能安然度过那段艰苦的日子。所以，人们在为人处事的过程中，要多一些宽容，多给人以恩惠，这样才能维护良好的人际关系，才能促进人生和事业的发展。千万不要轻易得罪别人，更不要到处树敌，否则会堵住你的生存之路，为你的人生埋下一颗定时炸弹。当你与别人发生冲突的时候，不妨试着退一步；当别人得罪你的时候，不妨学会宽容一些。学会将敌人化为朋友，你的人生之路才能越来越好走、越来越宽阔。

原典

万境一辙[1]，原无地著个穷通[2]；万物一体，原无处分个彼我。世人迷真[3]逐妄，乃向坦途上自设一坷坎，从空洞中自筑一藩篱。良足慨哉！

注释

①一辙：同一车轮碾出的痕迹，比喻相同的方向。②穷通：困厄与通达。③迷真：迷失真性。

译文

万般境界如出一辙，原本就没有办法说个清楚明白；万事万物如出一体，原本就没有办法分出彼此你我。但世人却迷失真性只知追求虚妄的事物，这就像在平坦道路上自我设置一道障碍，在空旷的原野上自我构筑一道藩篱一样，真是令人感慨啊！

解析

每个人只有充分认识自己才不会迷失本性、失去方向。

寺庙中新来的小和尚问方丈："方丈，我初入佛门，先做什么呢?"

方丈微笑地说："先认识一下寺里的人吧。"

第二天，小和尚来见方丈说："方丈，我已经见过所有的师兄了，下面我该做些什么?"方丈却说："不对，你还没有全都认识，继续吧。"

第三天，小和尚再次来到方丈面前，胸有成竹地说："方丈，这次我真的全部都认识了。"方丈依旧摇摇头说："还有一人，而且这是对你最重要的人。等你认识了他之后再来见我吧。"

小和尚十分疑惑，明明自己已经全部认识了，为什么方丈说还有一人呢？他找遍了整个寺庙，也没有找到方丈所说的那个人。

忽然有一天，小和尚在水井里看到了自己的影子，顿时豁然开朗。

认识别人远比认识自己更容易，所以很多人都不能正确地认识自己。希腊神话中，狮身人面的斯芬克斯每天都会在路上问路过的行人："有一种动物，早上四条腿走路，中午两条腿走路，晚上三条腿走路，这是什么动物?"一开始没人能回答对这个问题，因此他们就成了斯芬克斯的食物。现在我们当然知道这个答案就是：人。其实，这个问题十分简单，只是那些人被自己迷惑了而已。

人们只有真正地认识自己，才能认识更为广阔的世界，从而实现更加远大的目标。

原典

大聪明的人，小事必朦胧[1]；大懵懂[2]的人，小事必伺察。盖伺察乃懵懂之根，而朦胧正聪明之窟也。

注释

①朦胧：模糊不清楚，这里是糊涂的意思。②懵懂：糊涂、迷糊。

译文

真正聪明的人，在小事上必定糊涂；真正糊涂的人，反而在小事上斤斤计较。这大概就是，在小事上斤斤计较，正是导致大事上糊涂的根源；在小事上糊涂，正是能够在大是大非上明察的基础。

解析

有句话说"吕端大事不糊涂"，即做人做事要在大是大非面前保持清醒的头脑，而对于生活中的小事却不必斤斤计较、事必躬亲，最好是能装糊涂便装糊涂。

吕端是宋朝时期著名的宰相，平时在朝堂上很少高谈阔论，平时有些不拘小节，所以很多人都认为他是一个糊涂的人。但是在遇到国家大事时，吕端却一改常态，决不马虎，表现出少有的大智大谋。因此，宋太宗称赞他道："吕端小事糊涂，大事不糊涂。"

真正聪明的人，懂得抓大放小，不会在细枝末节上花费太多精力；而真正糊涂的人，自以为聪明，却总是在鸡毛蒜皮的小事上纠缠不清。事无巨细、事必躬亲是目光短浅、心胸狭窄的表现，这样的处事方式和为人原则，势必影响对大事的判断与决策。

孔子有弟子三千，其中有两人同时步入仕途，分别担任县令。其中一人，事无巨细、事必躬亲，两年下来已骨瘦如柴，但每日仍有做不完的事，然而却一直毫无建树，最后积劳成疾，不治而终。另一人则潇洒得多，自己只处理一些重大的事件，鸡毛蒜皮的小事都交由手下去办，因此既得到了下属的支持，又提高了办事效率。其结果也与前人截然不同，天天过得悠闲自在，尽情地享受着人生之乐。

小事糊涂、大事不糊涂是一种大智若愚的表现，只有真正做到如此的人，才能成就大事。

原典

大烈①鸿猷②，常出悠闲镇定之士，不必忙忙；休征③景福④，多集宽洪长厚之家，何须琐琐⑤？

注释

①大烈：伟大的功业。烈，功业。②鸿猷：重大的计划。③休征：休，美善、福禄。吉祥的征兆。④景福：洪福、大福。⑤琐琐：卑微细小的样子。

译文

丰功伟业与重大的计划，经常出自从容自在、镇定自若之人，所以人们没有必要总是匆匆忙忙、疲于应付；吉兆和福运，也经常降临于心胸宏阔、宽厚仁慈之家，所以人们又何必斤斤计较那些琐碎小事呢？

解析

那些成就人生伟业的人，不会像普通人那样整天忙忙碌碌、疲于应付，而是活得悠闲自在，即使遇到重大的变故，也能镇定自若、从容处之。

提起“悠闲镇定”，人们总会想到东晋宰相谢安。淝水之战，东晋军队以寡敌众、以弱应强，与前秦大军展开殊死决战。所有人都为这场实力悬殊的激战担忧不已，当东晋军队大获全胜的捷报传到都城建康时，谢安正与客人下棋，看完捷报之后，他依然气定神闲，继续与人下棋。急于得知战果的客人询问时，谢安才平和地说道：“孩子们把敌人打得大败。”其气度和心胸不得不令人佩服。

有悠闲镇定的大气度，方能做成大事情；有从容淡然的心胸，方能享受洪福。司马懿兵临城下，诸葛亮气定神闲地在城楼上抚琴，毫无畏惧之色，勇退魏军保住了城内民众的性命；航海遇到风暴时，张融脸上丝毫没有惊慌失措的神色；混乱的逃兵互相用刀砍杀、用箭射击，可庾亮的脸色一点儿也没有改变，反而嘲笑逃兵射箭不准。这样的沉着、镇定才是大英雄、大丈夫的本色，这也许才是那些英雄值得后人称赞的地方，也是普通人所不能企及的地方。

原典

贫士肯济人，才是性天[①]中惠泽；闹场能学道，方为心地[②]上工夫。

注释

①性天：天性，指人的自然本性。语出《礼记·中庸》："天命之谓性。"②心地：佛教语，指心，即思想、意念等。

译文

贫寒的人却肯全力救济他人，这才是源于天性真情的恩泽；热闹场中却能用心学道修身，这才是修身养性的真功夫。

解析

虽然说人人都有慈悲之心，但是富贵之人能够资助别人似乎并不是难事，而贫寒之士却肯全力帮助别人就十分难得了。因为济人施惠，必然意味着自己财物的减少，而所费之资对于富人而言，可能是九牛一毛，但对于贫士来说，却有可能直接影响其生活、生存。所以，只有拥有一颗高贵而慈悲之心的人才能做到。

东汉末年有位高士名叫司马徽，他虽有济世之才，却不愿意为世所用，甘心过着隐居山林的生活。有一年的养蚕时节，邻居前来向他借用供蚕结茧的簇箔，当时他没有多余的，竟将自己养的蚕全都倒掉后把簇箔借给了邻居。旁人十分不解，就问他："普通人只有在别人紧急、自己和缓的情况下，才会作出损害自己救济别人的事情。如今你又何必非把自己的簇箔撤下来给他，使自己造成无谓的损失呢？"

司马徽微笑着说："这个人以前从来没有求助过我，如果我不答应他，势必会让他感到羞愧，怎能因为吝啬财物而让人羞愧呢？”司马徽在自己条件有限的情况下，还顾忌别人的感受，对财物丝毫不吝啬，不愧为当世奇士。

原典

人生只为欲字所累，便如马如牛听人羁络①，为鹰为犬任物鞭笞。若果一念清明②，淡然无欲，天地也不能转动我，鬼神也不能役使我，况一切区区事物乎？

注释

①羁络：原指马络头，这里是控制的意思。②清明：清察明白。

译文

人生如果被欲望牵累，就如牛马一般，只能任由别人控制；如同鹰犬一样，只能任由别人鞭杖。如果人们心中有清明的念头，做到淡泊名利，无欲无求，那么天地也不能改变我的心志，鬼神也不能役使我的身体，更何况一些微不足道的事物呢？

解析

如果人们被欲望牵绊，就会如同牛马、鹰犬一般，毫无自由可言，只能听任别人的控制和鞭笞。然而，世间之人难免被欲念牵绊。孔子曾经感慨地说：“我就没见过一个刚强的人。”有人说：“申枨刚强。”孔子说：“申枨也有欲望，怎么能够真正刚强呢？”申枨是孔门“七十二贤”之一，精通六艺，率性刚直，后来避世隐居，授徒讲学，被人们尊称为“申子”。就连申枨这样一个德高望重的人，在孔子看来都不能因完全摒弃私欲而做到真正的刚强，何况芸芸众生呢？

“壁立千仞，无欲则刚。”千仞峭壁之所以能巍然屹立，是因为它没有世俗的欲望。人只有做到淡泊无欲才能达到大义凛然的境界。人心不足，欲壑难填，欲望越多，心灵的羁绊就越多，烦恼也就越多。“若果一念清明，淡然无欲，天地也不能转动我，鬼神也不能役使我，况一切区区事物乎？”人们只有领悟到这一点，才能活得轻松，过得自在，遇事想得开、放得下。

人们常说知足常乐，只有学会将心中的欲念放下，你才能放下心中的羁绊和烦恼，这样一来，即使手中拿着再重的东西也不会牵绊你的心。欲望越小，牵绊越小，获得的幸福才会越多。人贵知足，只有满足于你所拥有的，你才会收获更多的幸福和快乐。

原典

贪得[1]者身富而心贫，知足者身贫而心富；居高者形逸而神劳，处下者形劳而神逸。孰得孰失，孰幻孰真，达人当自辨之。

注释

①贪得：贪求财物或权益。

译文

贪求物质利益的人生活富有但内心贫瘠，懂得满足的人生活贫困但内心充实；身居高位的人身体闲逸但精神疲惫，地位低下的人身体劳顿但精神闲逸。孰得孰失，孰幻孰真，通达事理的人应当自己辨别。

解析

《庄子》里有这样一则寓言：树木被拿来做斧头的柄，反过来又被人用来砍伐树木；油脂被用来点火，结果却把自己烧光；桂树因为有食用价值，而被人砍了吃掉；漆树有防腐功能，被人用刀割。

世界上的任何事物都有其两面性，有得就有失，有利就有弊，得与失、利与弊都是相对的。所以，人们要正确地看待得失，不要患得患失。人们常说："得之我幸，失之我命。"当你得到之时，要懂得珍惜自己所得到的一切；当你失去之时，也不要懊恼，苦苦纠缠。有时候，好事也可能变成坏事；相反，坏事也可能变成好事。孰得孰失，孰幻孰真，关键在于你用什么样的心态来对待。

《论语·阳货》中说："其未得之也，患得之；既得之，患失之。苟患失之，无所不至矣！"如果一个人总是患得患失，那么所有的东西都将失去。

原典

众人以顺境为乐，而君子乐自逆境中来；众人以拂意[1]为忧，而君子忧从快意[2]处起。盖众人忧乐以情，而君子忧乐以理也。

注释

①拂意：不如意。②快意：称心如意。

译文

大多数人以处于顺境为乐，而君子的快乐却来自逆境中；大多数人因为不如意而忧愁，而君子的忧虑却是在称心如意时产生的。那是因为大多数人的忧愁快乐源于自己的情感，而君子的忧愁快乐源于义理。

解析

大多数人的快乐、忧愁之情都源于个人的得失和成败，而君子的忧是家国之忧，乐是家国之乐。

范仲淹对当时的弊政不满，积极推行新政，却被守旧派陷害，被贬至偏远之地。然而，他被贬之后，抛开个人的不幸，仍心系国家大事，在登岳阳楼之时，以“先天下之忧而忧，后天下之乐而乐”的感慨抒发自己为祖国的前途、命运担忧的情怀。范仲淹认为，古代的仁人志士不因外物好坏或自身得失而或喜或悲，所以当世人也不应该太注重个人的得失，应该做到“居庙堂之高则忧其民，处江湖之远则忧其君”。

这种博大的胸怀和崇高的境界，只有真正的君子才会具有。古今多少英雄志士，为了国家的兴盛、天下的安康而不懈奋斗，这样的精神和境界值得后人赞赏和效仿！

原典

谢豹覆面[1]，犹知自愧；唐鼠易肠[2]，犹知自悔。盖悔愧二字，乃吾人去恶迁善之门，起死回生之路也。人生若无此念头，便是既死之寒灰，已枯之槁木矣，何处讨些生理？

注释

①谢豹覆面：谢豹，传说中的一种虫子，见到人便两脚遮面，好像害羞的样子。

②唐鼠易肠：唐鼠，传说中的一种老鼠，一日三次吐肠，所以又名易肠鼠。

译文

谢豹用脚覆盖脸面，好像是懂得自我羞愧的样子；唐鼠一日三吐其肠，好像是懂得自我懊悔的样子。“愧”、“悔”二字是人们去除恶念、保存善念的大门，起死回生的道路。一个人如果没有羞愧、悔恨之念、那么就如同已经灭了的冰冷灰烬、已经枯朽的树木一样，怎么还能有生存的希望呢？

解析

《孟子》说：“无羞恶之心，非人也。”如果一个人连羞愧、悔恨的念头都没有，那么就如同灭去的灰烬、枯槁的树木一样，根本没有任何生存的希望了。

“小错不改，酿成大错。”生活中，每个人都有可能犯这样那样的小错，有人认为这些小错都是微不足道的，因此常常忽视。其实不然，即使是一个小错，如果不加以改正，任其发展的话，最后也会付出惨痛的代价。楚文王因改过而成就了他的英名，也造就了楚国的强盛；而有着“西楚霸王”之称的项羽却因为不能勇于承认自己的错误，刚愎自用，最终落得个乌江自刎的下场。

佛教中有“放下屠刀立地成佛”、“苦海无边回头是岸”的警句，世俗中则有“浪子回头金不换”的名言。由此可见，一个人即使犯了错，只要能够真心悔过、痛改前非，就不失为一个聪明之人。聪明的人知错就改，糊涂的人有错就瞒。当你发现自己做错事情的时候，如果能够停下脚步，反思自己的行为，及时回头，那么就有从头再来的希望；如果仍然一意孤行、一错到底，那么最后只会落得一败涂地的下场。

原典

异宝奇琛①，俱是必争之器；瑰节琦行②，多冒不祥之名。总不若寻常历履，易简行藏，可以完天地浑噩之真，享民物和平之福。

注释

①异宝奇琛：琛，珍宝，即奇珍异宝。②瑰节琦行：美玉般的节操，高尚的行为。

译文

奇珍异宝是令人喜爱的宝物，却容易成为人们互相抢夺的对象；美玉般的节操和行为，虽然令人羡慕，却容易招来不祥的名声。所有奇特的事物和行为总不如平平常常的东西那般，可以保全天生的淳朴，享受万物的幸福。

解析

春秋时期，鲁国的镇国之宝岑鼎遭到齐国的觊觎；战国时期，赵国的无价之宝和氏璧遭到秦国的垂涎。鲁国和赵国都因为拥有无价的珍宝而招致别国的嫉妒，险些为自己招来灾祸。所以，所谓的珍宝并不一定是福气的象征，只有普普通通、平平常常的东西，才能享受真正的平和。

人生也是如此。人生辉煌固然是一种幸运，但是平淡何尝不是另外一种独特的际遇呢？所以，人们不必特意追求最炫目的人生，也不必苦苦追求富贵荣华，随遇而安、保持最初的平淡和真实，才能收获一个丰美的人生。

人们常说，平平淡淡才是真。苍生繁华，如梦似幻，就像一台歌剧一样，那些轰轰烈烈、世事繁华只不过是一场奢侈的梦而已，等到落幕的时候，所有的一切都将走向平淡。

人生一世，即便能够轰轰烈烈，也不会持久，平淡才是最后的绝唱。在竞争日益激烈、诱惑日趋纷繁的社会里，固守节操、甘于平淡并非易事，但是人们只有如此，才能保持最自然的本性，收获最平常的幸福。

原典

福善不在杳冥①，即在食息起居处牖其衷②；祸淫不在幽渺，即在动静语默间夺其魄。可见人之精爽③常通于天，天之威命即寓于人，天人岂相远哉！

注释

①杳冥：指天空高远之处，这里为渺茫、神秘莫测之意。②牖其衷：牖，通

“诱”，即开导、教导。牖其衷，引申为显露、暴露。③精爽：精神。

译文

上天赐福给淳朴善良的人，并不在神秘莫测之处，而是在日常生活的点滴中；上天降祸给淫逸过度的人，并不在精深微妙之处，而是在平常的行为举止之中。可见人的精神总是与上天相通，上天的权势全部寄托在人身上，天和人的距离难道遥远吗？

解析

福善与祸淫不会无端而至，所有的福祸都源于人们日常生活中的所作所为。平时积善的人，自然会获得福气；而平时为恶的人，也会遭遇祸患。

东晋时期的陈遗是当时著名的大孝子，平时对母亲的照顾更是无微不至。陈遗的母亲喜欢吃锅底焦饭，陈遗在吴郡做主簿时，常常随身带个口袋，每次做饭时都会特意把焦饭放在布袋中储存起来，回家带给母亲。后来，吴郡突然遭到叛军侵袭，太守立即率兵前往镇压。这时，陈遗已经储存了好几斗焦饭，来不及送回家。后来，官军遭遇惨败，军队溃不成军，逃入深山之中，没有粮食吃，大多数人都被饿死，唯有陈遗靠着焦饭活了下来。人们知道这件事情之后，都认为这是上天对于他孝心的奖赏。

古人经常说“举头三尺有神明”，又说“人在做，天在看”，并且坚信人的精神魂魄总是与上天相通，虽然这其中不免带有迷信色彩，但是警世意味却值得我们深思。“天”无所不在，无所不知，客观公正，赏罚分明，根据人的善恶为其降下福祉或灾祸。所以，《菜根谭》劝谏人们要多行善事，平时多多注意自己的言谈举止，以免招来灾祸。

闲适

原典

昼闲人寂，听数声鸟语悠扬，不觉耳根尽彻；夜静天高，看一片云光[1]舒卷[2]，顿令眼界俱空。

注释

①云光：从云层的缝隙中漏出的日光。②舒卷：舒展和卷缩。

译文

白天清闲无事时到人声寂静之处去，听几声鸟儿宛转悠扬的鸣叫，不由得耳根都完全清静了；宁静的夜晚，看月光似水、云卷云舒，顿时人的眼界都变得空旷了。

解析

在昼闲人寂时听几声鸟儿鸣叫，在夜静天高处看几片云光舒卷，细听大自然的歌曲，闲看大自然的美景，让自己的心灵接近最自然的本性，享受生活中的安宁，此情此景多么令人心旷神怡。

喧哗的尘世，繁忙的劳作，使身处闹市中的我们很难有真正静下心来的时候。然而，现在快节奏的生活更需要人们将自己置身于宁静之中，沉淀自己早已浮躁不堪的心灵。在繁忙的工作之余，假如能够远离世俗物欲的纷扰，享受须臾的宁静，去感受心灵的宽舒和从容，当你的心不再浮躁时，那些所谓的烦恼也就抛到九霄云外了，那么你的生活就会变得更加轻松与快乐。

虽然人们经常被喧闹包围，但是都应该有一颗向往宁静的心。一篇清新淡雅、明丽婉转的散文，蓝蓝的天空飘着的几朵淡淡的白云，阳台上刚刚冒出的鲜绿幼芽，都可以让你摒弃杂念，聆听心的吟哦。抓住了生活中的片刻宁静，即使你没有看破红尘的领悟力，也能不为纷繁所扰，不为世俗所侵，让宁静的心灵永远滋润着自己平凡的生活。

原典

世事如棋局，不著①的才是高手；人生似瓦盆，打破了方见真空②。

注释

①著：通“着”，即落下棋子。②真空：佛教语，指一种超出一切色相意识界限的境界。

译文

世间万事，犹如一盘难以预料的棋局，冷眼旁观却不着棋子的人才是高手；人生在世好似瓦盆，只有等到人死时被打破的一刹那，才能领悟到人生的真正境界。

解析

世事难料，就如同棋局一般瞬息万变，没有人能够真正地了如指掌，成为永远的赢家。只要身处凡尘之中，就没有谁能说自己永远正确，永远处在不败之地。只有冷眼旁观的人才是真正的高手，因他能不沾世事，可是世界上哪有永不沾染凡尘俗事的人呢？

《红楼梦》中有这样一首诗：“一局输赢料不真，香销茶尽尚逡巡。欲知目下兴衰兆，须问旁观冷眼人。”在世俗的这盘棋上，为了名、为了利，多少人陷入无休止的争夺之中，那些所谓的输赢胜利、财色名利也成了人们苦苦追求的东西。而人们之所以无法摆脱那些虚幻的物质欲望，是因为他们身在这棋局之中。只有那些“冷眼旁观”的人才能跳出棋局，摆脱利害得失的纠葛。这也正是“不识庐山真面目，只缘身在此山中”的道理。

人们常说，“当局者迷，旁观者清”。唯有看透世事的人，才能彻底领悟人生中何是虚幻的东西，何是真正具有价值的东西，也才能作出正确的选择。

原典

龙可豢①，非真龙；虎可搏，非真虎。故爵禄可饵荣进之辈，必不可笼淡然无欲之人；鼎镬②可及宠利之流，必不可加飘然③远引之士。

注释

①豢：豢养，比喻收买利用。②鼎镬：鼎和镬，古代两种烹饪器具，也指古代的酷刑。③飘然：轻松闲适的样子。

译文

可以被人豢养的龙不是真龙，可以面对面地搏斗的虎不是真虎。因此，名利富贵只能诱惑那些贪图荣华富贵之辈，却不能笼络淡泊名利、无欲无求之人；鼎镬之刑只能加害那些追求恩宠利禄之流，却不能加害超脱尘世、远离名利的高士。

解析

真龙绝不会被人豢养，真虎绝不会被人捕捉，真正的君子绝不会被功名利禄所诱。所以，爵禄之饵只能钓到那些欣羡功名富贵的小人，而鼎镬之刑绝对施加不到超脱尘世、逃离名利的高人身上。

春秋时期，楚国人老莱子为了逃避乱世，与妻子来到蒙山，过着隐居躬耕的生活。楚王得知老莱子是当世的贤才，便亲自登门拜访。当时，老莱子正在编织畚箕，楚王说："保卫国家的大事，诚望能够托付给先生。"老莱子见楚王态度诚恳，便答应了为国效力。他的妻子知道后，便说道："我听说，当权者可以用酒肉喂饱一个人，就可以用鞭杖鞭打他；可以用高官厚禄收买一个人，就可以用铁斧砍掉他的脑袋。我绝不能受制于人。"说完，她把老莱子编好的畚箕扔在地上，愤然离去。老莱子觉得妻子说得十分有道理，深感惭愧，便与妻子一同离去。后来，老莱子和妻子到人们找不到的地方隐居起来，再也没有出来过。

人们应该摆脱的不是凡尘俗事，而是追求名利之心。如果没有一种对世事的淡然心理，即使身处深山，也不能超凡脱俗。如果身在红尘中，而心早已出世，居于白云之上，又何必"入山唯恐不深"呢？

原典

一场闲[1]富贵，狠狠[2]争来，虽得还是失；百岁好光阴，忙忙过了，纵寿亦为夭。

注释

①闲：无关紧要。②狠狠：拼命、拼尽全力。

译文

一场无关紧要的富贵荣华，即使拼尽全力得到了，也会因此失去更为宝贵的东西；活到百岁高龄可谓是高寿，然而却在忙忙碌碌中虚度大好光阴，没有真正享受到生活的乐趣，又和早夭的人有何区别？

解析

孔子说："富与贵是人之所欲也，不以其道得之，不处也。"如果那些所谓的富贵荣华，需要费尽心机、拼尽全力才能得到，即使最后如愿了，也会失去更多的东西，结果还是得不偿失。

然而，世人对金钱与名利的追求却是"执迷不悟"、"前赴后继"的，但是拥有了财富并非就拥有了一切。生活中我们会遇到很多这样的人，他们用一生的精力打拼出万贯家财，内心却贫乏得一无所有。人生在世，除了名利、富贵之外，还有很多重要的东西。健康、快乐、幸福才是最真的，假如你得到了世界上最多的财富，却失去了健康和快乐，那么拥有那些财富还有什么意义呢？

一本名为《商道》的韩国小说中有这样一句话："生生死死生复死，积金候死愚何堪。几为闲名误一身，脱人傀儡上苍苍。"为了所谓的大富大贵而累垮自己的身体，真是愚蠢之极的行为。世间有很多值得人们追求的东西，放眼望去，屈原"苏世独立，横而不流"，追求的是不随波逐流的高洁品行；谭嗣同"我自横刀向天笑，去留肝胆两昆仑"，追求的是牺牲自我而换得国民的觉醒……唯有这样舍弃财富而追求精神自由的人，才是真正的高士。

原典

高车[1]嫌地僻，不如鱼鸟[2]解亲人；驷马喜门高，怎似莺花[3]能避俗。

注释

①高车：达官贵人乘坐的高大的车，借指显贵的人。②鱼鸟：鱼和鸟，泛指隐逸的人。③莺花：莺啼花开，泛指春天的景色。

译文

达官贵人乘坐高大的车，趾高气扬而嫌弃僻静的地方，远不如鱼鸟般的隐逸之人更容易亲近；乘坐驷马大车而喜欢奔走于高门楣的人，怎比得上沉浸于春色之中的隐逸之人懂得脱离世俗的纷扰。

解析

“驷马高车”总是高高在上，而“鱼鸟莺花”却总是愿意亲近他人。做人要像鱼鸟一样，即使取得再高的成就也不会傲慢无礼。只有保持谦卑的态度，平易近人，才能受到人们的欢迎。

美国第三届总统托马斯·杰弗逊说：“每个人都是你的老师。”杰弗逊出身贵族，他的父亲是美军上将，母亲是名门之后。当时的贵族很少与平民百姓来往，并且很看不起平民百姓。然而，杰弗逊却并非如此，他的朋友并非全是社会名流，还有很多普通人，如园丁、农民、仆人等。他不仅乐于和平民百姓交朋友，更向各行各业的普通工人学习他们的长处。正是杰弗逊这种平易近人、低调谦卑的姿态，才使得他成为美国最伟大的总统之一。

俗话说：“低调做人，高调做事。”做人不要太过张扬，更不能以高高在上的姿态对待他人，保持低调的姿态才是人生的大智慧。大海是何等的波澜壮阔、气吞万里，但是它却永远保持低调的姿态，始终把自己放在最低的位置上，因此才能容纳百川。

原典

红烛烧残[1]，万念自然灰冷；黄粱梦破，一身亦似云浮[2]。

注释

①烧残：燃烧将尽。②云浮：如云一般容易飘散，形容短暂。

译文

红烛燃烧殆尽，经历过美好之后，心中的欲望自然就会变得冷淡；黄粱美梦醒来，人们经历了沧桑之后，心中的欲望才会像浮云一样，慢慢飘散。

解析

“黄粱梦”的典故众所周知，它比喻世间的富贵荣华如同梦境一样，梦醒之后，所有的一切都将转眼成空，以此劝谏人们不要过于追求那些虚幻的财富。

“黄粱梦”出自唐代沈既济的《枕中记》。开元年间，有一位姓卢的青年来到邯郸，住在一家客栈里，道人吕洞宾恰巧也住在这里。卢生向吕洞宾抱怨自己贫困的处境，希望能够建功立业、出将入相。吕洞宾给了他一个枕头，告诉他枕着它便可以如愿以偿。这时，店主人正在蒸黄粱饭，而卢生很快就进入了梦乡。梦中，他被加官晋爵，娶娇妻，子孙满堂，可谓是尽享荣华富贵，最后八十高龄时寿终正寝。这时，卢生突然醒来，才发现一切只不过是一场梦，自己仍在客栈之中，主人灶上的黄粱饭还未蒸熟。最终，卢生在吕洞宾的点化之下，终于顿悟“宠辱之道，穷达之运，得丧之理，死生之情，不过如此”。

所有的富贵荣华都不过是黄粱美梦而已，即使苦苦追求而得到，死后也带不走半分，所以人们还不如及早醒悟。

原典

千载奇逢[①]，无如好书良友；一生清福，只在碗茗炉烟[②]。

注释

①千载奇逢：奇逢：意外奇特的相逢或遇合。此句形容极其难得。②碗茗炉烟：茗，泛指茶。炉烟，熏炉或香炉中的烟。

译文

遇到千载难逢的奇事，不如读一本好书、交一位良友；一生的清闲之福，只在品一碗清茶、焚一炉轻烟。

解析

“文人七件宝，琴棋书画诗酒茶”。对于一个文人来说，手中一碗清茶，案上一炉青烟，品读一本好书，结交一位知友，这是最平常不过的生活，却比千载难逢的奇事还要珍贵许多。

古今中外的名士无不挚爱读书，都德说：“书籍是最好的朋友。当生活中遇到任何困难的时候，你都可以向它求助，它永远不会背弃你。”而培根则把书籍比喻成在时代的波涛中航行的思想之船，它可以将历史中最珍贵的东西传承下来。不仅如此，读书也是古人修身养性的主要方法之一，宋代诗人陆游在医学不发达的时代能活到八十五岁，这也许与他平时爱读书不无关系。他曾经多次在诗中提到读书的益处：“读书有味身忘老”、“病需书卷作良医”。

一本好书凝结着当世当人的智慧和品格，不仅对阅读者的思想品格有促进作用，更要求阅读者有足够的人生阅历和欣赏水平。人们常把书籍比喻成精神食粮，它可以慰藉人们受伤的心灵，可以为人们播下快乐的种子，更可以消除人与人之间的障碍。在繁忙之余，多读一些书籍，会让你受益匪浅。

原典

兴来醉倒落花前，天地即为衾枕①；机息②坐忘磐石上，古今尽属蜉蝣。

注释

①衾枕：棉被和枕头，泛指卧具。②机息：平息心思、止息心机。

译文

兴致来时，醉倒在落花之前，以天为被地为枕；心意停止时，坐在厚重的石头上，达到物我两忘的境界，古今世事全都如同蜉蝣一样微不足道。

解析

人生在世要经历无数纸醉金迷的诱惑和世态炎凉的考验，原本纯净天真的心早已被尘世所污染。人生在世不过几十年，不能因为无所事事而虚度光阴，更不能因为贪图物质享受而追求浮华奢靡。正因为如此，才显示出纯净内心的难能可贵，所以古人才想要找寻心灵的平静和最初的本性。

那么究竟如此才能回归人最初纯洁真实的本性呢?

这里作者为人们描绘了一幅美丽的画面：天为衾地为席，兴致来了酣醉卧倒在飘落的花瓣面前，尽情地畅饮，与天地之间的交流却畅通无阻，自然也能体味到真正的禅机。平息心中所有的心念和计谋，忘却世间所有的纷扰，当达到物我两忘的境界时，才能感到所有凡尘琐事都是如此的微不足道。

当人们洗去尘世的铅华之后，便可寻找到心灵的一方净土，便可拥有醉卧花下的闲适和洒脱。当你的身心感到疲惫之时，放下所有的尘事，静坐在庭院之中，或是品尝一盏清香的茗茶，或是倾听一曲悠扬的乐章，心灵便会得到尽性的舒展。

原典

蓬茅①下诵诗读书，日日与圣贤晤语②，谁云贫是病？樽罍③边幕天席地，时时共造化氤氲④，孰谓醉非禅?

注释

①蓬茅：蓬草和茅草，比喻低微、贫贱，常用作自谦之词。②晤语：见面交谈。③樽罍：两种盛酒的器具，泛指酒杯。④氤氲：古代指阴阳二气交会和合之状，这里指浓烈的气味。

译文

在蓬居茅舍下诵读圣贤之书，相当于每天都与圣贤沟通畅谈，谁能说贫穷是一种病？以天为幕，以地为席，尽情酣饮，时时刻刻都与大自然气息相通，谁能说醉酒不是参悟禅理?

解析

虽然居于蓬居茅舍下，却能诵读圣贤之诗书，在精神上与圣贤沟通，这样的人物质上或许是贫穷的，但精神上一定是富有的。

孔子的弟子原宪被人们推崇为安贫乐道的典范，据《庄子·让王》中记载：原宪居住在鲁国，居住的地方环境十分恶劣：矮小的房屋仅用土墙围起，用茅草覆盖屋顶，用蓬草织成门户，用桑条来做门轴，用破瓮当作窗口，用粗布烂衣堵塞屋顶的漏洞，地上一片潮湿。然而即使身处这样的环境，原宪依然正襟危坐、奏乐高歌。

孔子的另一个弟子子贡乘着高头大马、穿着华丽的衣服前来拜访，原宪则头戴桦木皮做的帽子，脚踩没有跟的鞋子，拄着藜木手杖前去迎接。子贡惊讶地说："先生得了什么病啊?"原宪不卑不亢地说："我听说，无财谓之贫，学而不能行谓之病。我原宪今天只是贫，并非病。"

原宪这种安贫乐道的精神鼓舞了后世许多清贫失意的士子，他们虽然物质条件窘迫、生活贫寒，但是仍拥有高尚的精神，谁能说是一种病患呢?

原典

昂藏①老鹤虽饥，饮啄犹闲，肯同鸡鹜之营营而竞食？偃蹇②寒松纵老，丰标自在，岂似桃李之灼灼③而争艳?

注释

①昂藏：气宇轩昂的样子。②偃蹇：挺拔高耸的样子，也指傲慢、骄傲的样子。③灼灼：鲜明的样子。出自《诗经·周南·桃夭》："桃之夭夭，灼灼其华。"

译文

气宇轩昂的老鹤虽然饥饿，仍会保持高贵的姿态，饮水啄食依然从容安闲，怎肯像家鸡野鸭那样来回奔跑争抢食物？挺拔高耸的寒松纵然苍老，高耸直立的风姿依然存在，哪里会像桃花李花那样争妍斗艳?

解析

真正的君子拥有高贵的品格，不管遇到什么样的情况，遭遇什么样的挫折，都会洁身自好，绝不会与小人同流合污。这正是孟子所提倡的“穷则独善其身”。

春秋时期，晋国发生政变，后来的晋文公重耳逃亡出城，以躲避祸乱。介子推与狐偃、壶叔等人追随重耳在外流亡十九年，历经艰难险阻。最后，重耳最终回到了晋国，成了高高在上的晋文公。之后，狐偃等人主动请赏，一些没有跟随晋文公的小人也乘机邀功请赏。介子推对狐偃、壶叔等人追逐荣华富贵的行为甚是鄙夷，悄然离开，隐居绵山，成了一名不食君禄的隐士。后来，晋文公求人心切，下令三面烧山，想逼他出山，他却宁愿烧死也不愿出山。介子推宁死不出仕，以死来维护自己的高风亮节以及不与小人同流合污的气节，实在是令人敬佩啊！

儒家主张人们要有社会责任感，当自己得志时，要兼顾天下百姓，为天下鞠躬尽瘁、死而后已；而在不得志时，更要洁身自好，注重品德的修养，绝不能随波逐流，更不能同流合污。这才是君子应该拥有的高尚人格和情操。

原典

吾人适志于花柳烂漫之处，得趣于笙歌[1]腾沸之处，乃是造化之幻境，人心之荡念也。须从木落草枯之后，向声稀味淡之中，觅得一些消息，才是乾坤的橐籥[2]，人物的根宗。

注释

①笙歌：泛指奏乐唱歌。②橐籥：古代冶炼时用以鼓风的风箱，比喻本源。

译文

人们在万物欣欣向荣之时舒适自得，在轻歌曼舞之处得到乐趣，其实这些只不过是自然界转瞬即逝的幻景，是人心中无尽的欲望。人们只有在树叶凋落、百草枯黄之后，在声音沉寂、滋味淡薄之中寻到的人生真谛，才是天地的本源、人与物的本质。

解析

寻得人生的真味，是一门很深的学问。花柳烂漫、笙歌艳舞，很容易扰乱人们的心智，如果沉浸其中很可能被俗情物欲所累。《菜根谭》中强调只有在树叶凋落、百草枯黄之后，在声音沉寂、滋味淡薄之中才能脱离外界俗物的牵绊，获得天与地的本源、人与物的本质。

鲁迅先生为了在纷扰之中找出一点闲静来，只能借助美好的事物来寻求安慰、解除苦闷。百草园中那“碧绿的菜畦，光滑的石井栏，高大的皂荚树，紫红的桑葚”使他忘怀了社会的不公，那“树叶间长吟的鸣蝉，低吟的油蛉，会弹琴的蟋蟀”给他带来了童年的快乐。虽然他身处纷扰之中，但是内心却渴望宁静的生活，从而保持了心中的那份美好。

《老子》中说：“致虚极，守静笃，万物并作，吾以观复。夫物芸芸，各复归其根，归根曰静，是谓复命；复命曰常，知常曰明。”意思是说，人的心境本来是空明宁静的，只因为私欲和外界活动的干扰，心灵才闭塞不安。人们只有排除一切杂念，保持内心的宁静和澄明，心无杂念，才能以更明了的目光去观察大千世界，从而体察到事物的真相。

原典

静处观人事，即伊吕①之勋庸，夷齐②之节义，无非大海浮沤③；闲中玩物情，虽木石之偏枯、鹿豕之顽蠢，总是吾性真如④。

注释

①伊吕：商朝伊尹辅佐商汤，西周吕尚辅佐周武，两人是功勋卓著的人，后世并称为“伊吕”。泛指辅弼重臣。②夷齐：叔齐、伯夷为商末孤竹君之子。武王灭商建周之后，伯夷、叔齐耻食周粟，逃隐于首阳山，采集野菜而食之，后饿死。后以“夷齐”泛指有气节的高士。③浮沤：水面上的泡沫，比喻变化无常的世事。④真如：佛教语，指宇宙的本性。

译文

安静之处观察人间世事，即便如伊尹吕尚般的功勋、伯夷叔齐般的节操义行，也不过是大海中的泡沫，转瞬即逝；清闲之中玩味人情世事，虽如树石般枯竭、麃鹿豕彘般顽劣愚蠢，但全部都是真我本性的体现。

解析

这段话意在劝诫那些名利之心过于炽热的人，要学会看空一切，不要汲汲于名利。

这与道家的无为不争似乎有着异曲同工之妙。《道德经》说："天之道，利而不害。圣人之道，为而不争。"老子主张不争，不与天争，不与物争，不与人争，即要求人们要顺乎自然的发展趋势，不可强求。

为而不争是君子之道。南北朝时期，傅昭历经宋、齐、梁三朝，可谓是当时为官的典范。当时朝代如走马灯般更替，社会动荡不安，官场更是混乱无序。傅昭能够保持自己的名声和地位，恰是他不争名利、看淡一切的结果。

当然，这段话也略有消极之意。人生在世，自当成就一番事业，努力拼搏实现自己的价值，这样才不至空活一世。尤其是在竞争如此激烈的社会中，如果一事无成便空谈看淡一切，不思进取，那么显然是不合适的。人们能够懂得知足、知止，才算是真正聪明的人。

原典

花开花谢春不管，拂意事休对人言；水暖水寒鱼自知，会心①处还期独赏。

注释

①会心：领悟、领会。

译文

花谢花开是花儿自己的事情，春天对此并不理会，所以遇到不如意的事情，也不必向他人诉说；水暖水寒，只有游鱼自己知道，所以遇到高兴的事情，还是独自品味吧。

解析

花开花谢是花儿自己的事情，春天并不多加理会，故而在你不如意的时候，即使向别人诉说，也无济于事，所以又何必增加别人的烦恼呢？水暖水寒，只有鱼儿自己知道，旁人不可能感同身受，所以当你遇到高兴的事情时，还是独自体味吧。在我们看来，这似乎有些冷漠，但也许正是因为他曾经感受过生活的冷漠，所以才会发出这样的感慨吧！

这个世界也许有很多令人不满的地方，也有很多冷漠的人，但世界大体上还是美好的。李白因为“花间一壶酒，独酌无相亲”而感慨，于是“举杯邀明月，对影成三人”；王维因为“兴来每独往，胜事空自知”而惆怅，却能“偶然值林叟，谈笑无还期”。李白的天真热情让人感觉亲切，王维的超然随意让人心生仰慕，这些不正是最好的证明吗？

但事情总有正反两面，正如我们常说的：如果你将快乐分享给别人，那么就会获得加倍的快乐；如果你将痛苦倾诉给别人，那么你的痛苦就会减半。所以，人固然要自立自强，但是更要懂得与人分享快乐，倾听别人的声音，因为只有这样，人与人之间的关系才不会越来越冷漠，世界才会变得越来越美好。

原典

闲观扑纸蝇[①]，笑痴人自生障碍；静观[②]竞巢鹊，叹杰士空逞英雄。

注释

①扑纸蝇：扑撞捕蝇纸的苍蝇。②静观：暗中观察。

译文

悠闲时观看扑撞捕蝇纸的苍蝇，笑愚痴的人平白为自己设置障碍；暗中观察争夺巢穴的喜鹊，感叹英雄豪杰也不过是自逞英雄。

解析

许多时候，人们就像扑撞捕蝇纸的苍蝇一样，被惯性思维困在自己设定的框框之中无法自拔。如果不能跳出这样的框框，即使撞得头破血流也不会找到出路。

有一个故事讲的是一位艺术家一直想找一块檀香木来雕刻圣母像，可是他苦苦寻觅却一无所获。就在近乎绝望之时他做了一个梦，梦中被吩咐用一块普通的、烧火用的橡木雕刻圣母像。这位艺术家醒来后恍然大悟，最后用一根最普通的木材雕刻出了他人生中最得意的杰作。

其实，雕刻的价值不在于使用什么样的木材，而在于雕像的艺术价值。开始时，这位艺术家困在寻找檀香木上而忽视了最重要的工作——雕刻，险些使自己的巧妙构思毁于一旦。生活中，很多人一心想找到檀香木来雕刻，因此错过了许多宝贵的机会。人们在做事情的时候，如果能转换一下思维、角度，也许就会获得更多的机会。

做事时，唯一能限制你的就是你头脑中的框框，你的外部世界永远反映你的内心世界。熟悉的习惯、熟悉的思路、熟悉的道路永远也不会有奇迹发生。不要让思维定式困住自己，换个角度思考问题，或是跳出固定的思维模式，也许会令你豁然开朗。

原典

看破有尽身躯，万境之尘缘自息；悟入[1]无怀境界，一轮之心月[2]独明。

注释

①悟入：佛教语，指觉知并证入实相之理。②心月：佛教语，指明净如月的心性。

译文

看破有穷尽的肉身，才能止息尘世因缘的纷扰；清除内心的私心杂念，心性才能如明月般自然清明。

解析

《坛经》中说："不悟，即佛是众生；一念若悟，即众生是佛。故知一切万法尽在自身心中，何不从于自心，顿现真如本性。"禅宗讲究顿悟，如果不能够顿悟，那么佛就和普通众生无异，而如果修行者在一念之间转变，就可以成为佛。而这其中的关键就在于人是否能够保持内心本质的清净，只有始终保持清净的人，才能真正顿悟世界的本质，悟到真正的禅理。

《菜根谭》所说的“看破有尽身躯”、“悟入无怀境界”，是说要看破生死、以心为禅，才能悟到真正的禅理。

古人认为人的身体死去之后，其精神依然会存活在这个世上，所以道德高尚的君子经常为了寻求自己的理想而置生死于度外。人固有一死，或重于泰山，或轻于鸿毛，正因为古今中外的仁人志士能够看破生死，才会为了国家大义和民族气节而忘却个人的生死。所以，文天祥在国家破败、身陷囹圄之时，仍发出“人生自古谁无死，留取丹心照汗青”的豪言；谭嗣同在慷慨赴死之时，更发出“我自横刀向天笑，去留肝胆两昆仑”的壮语。

原典

土床石枕冷家风，拥衾①时魂梦亦爽；麦饭豆羹②淡滋味，放箸处齿颊犹香。

注释

①拥衾：半卧时用被子裹护身体。②麦饭豆羹：指粗茶淡饭。

译文

以土为床，以石为枕，尽管家中冷风直吹，却可以拥着被子安然入睡，美梦不断；磨麦做饭，煮豆为羹，滋味虽然清淡，可即使放下筷子也能唇齿留香。

解析

四面漏风的房屋中虽然只有土床石枕，但依然能做美梦；虽然农家的麦饭豆羹滋味清淡，余味却最悠长。古人认为，唯有在风平浪静之时，方能见人生之真境；唯有在味淡声稀之处，方能识心体之本然。所以那些高尚的君子，即使身处清贫困难的环境中，依然可以享受生活的快乐，获得内心的从容。

陶渊明虽在仕途上无法实现自己的理想抱负，却返璞归真，酒一壶，田一亩，茅屋三两间，却也休闲自在。虽然他归隐山林是为生活所迫，但也能真正地追求最本性的自我。陶渊明辞官归里，过着“躬耕自资”的生活，与妻子安贫乐贱，“夫耕于前，妻锄于后”。而他的田园诗则成为其生活的写照，如逢丰收，则“欢会酌春酒，摘我园中蔬”；如遇灾年，则“夏日抱长饥，寒夜列被眠”。即使如此，陶渊明依然乐此不疲，在清贫苦难的生活中寻觅乐趣，因此也为后人留下了许多脍炙人口的诗篇。

能在清贫苦难中活得从容快乐，这何尝不是一种难得的人生境界？

原典

谈纷华[①]而厌者，或见纷华而喜；语淡泊而欣者，或处淡泊而厌。须扫除浓淡之见，灭却欣厌之情，才可以忘纷华而甘淡泊也。

注释

①纷华：繁华富丽。

译文

谈论起繁华富丽而厌烦的人，遇到繁华富丽时或许会充满喜悦之情；谈论起清贫朴素而羡慕向往的人，过上清贫朴素的生活或许就会嫌弃憎恶。人们只有荡清心中对浓艳淡泊的成见，彻底消灭欣喜厌恶之情，才可以真正忘却繁华富丽，甘于贫寒朴素。

解析

忘纷华而甘淡泊，说起来容易，可是真正做到却难上加难？有人嘴上说着厌恨繁华富丽，心中却对此羡慕不已；有人整天标榜自己淡泊名利，却过不了清贫平淡的生活。这不得不说是莫大的讽刺。

东晋谢灵运被罢官后，毫不顾惜官场名利之事，而是寄情于山水。为了便于行走，他特意设计了登山用的木屐和“曲柄笠”。这种斗笠有个弯曲的柄，可以紧挂在脖颈上，既能遮蔽阳光，又可以避免被风吹掉，十分方便。

上虞山中有位名叫孔淳之的隐士，认为这种斗笠像达官贵人出行仪仗中的曲柄伞，于是讥讽谢灵运："你既然向往归隐山林的生活，怎么舍不得放弃官员的曲柄伞呢?"谢灵运反问他："莫非你就是那个厌恶影子、忘不掉影子的人?"

谢灵运制作斗笠是为了方便行走，而在孔淳之的眼中却成了达官贵人的曲柄伞，可见真正放不下权贵和尘世的人恰恰是孔淳之啊！所以说，人们想要真正做到忘却繁华富丽，甘于清贫朴素，就必须荡涤净尽心中对浓艳淡泊的成见，把欣喜厌恶的情感彻底消灭，否则所谓的淡泊、寡欲也不过是沽名钓誉而已。

原典

鸟惊心，花溅泪[①]，怀此热肝肠，如何领取得冷风月。山写照[②]，水传神[③]，识吾真面目，方可摆脱得幻乾坤。

注释

①鸟惊心，花溅泪：语出唐代杜甫《春望》："感时花溅泪，恨别鸟惊心。"②写照：用图画或文字描绘人物形象。③传神：让山水反映真实的人品和精神。

译文

因为鸟啼而伤心，因为落花而流泪，人们怀有感时伤事之心，怎么能够领略清风明月的冷清呢？山川写照，流水传神，人们在山水之间认识自己的本性，才能够彻底摆脱那些虚幻的牵绊。

解析

唐朝中期，叛军攻下了都城长安，昔日繁华的长安萧条破败，俨然成为一片废墟。春鸟春花本来是美好的象征，却激起了杜甫对国破家亡的悲怆之情。"感时花溅泪，恨别鸟惊心。"国破家亡，就连春花春鸟都为之落泪惊心。杜甫虽然有着强烈的爱国之情、悲天悯人之心，但是在洪应明看来，却是能够入世而不能出世的表现，并非明智之人。

东晋大画家顾恺之画作的精妙之处在于让山川反映形象、让流水传达精神，通过外在的形象表现事物最本质的神韵。这可谓作画之人最高的境界，但是洪应明认为这也不是他的追求，他所追求的是在山水之间看破尘世的虚幻，通过外物领略大自然和人的本性。

《菜根谭》中的“鸟惊心，花溅泪”和“山写照，水传神”，非关诗画，非关艺术，其实表现的是作者对自己要求不为鸟惊心，不因花落泪，冷眼旁观世事的变换和人情的冷暖。

原典

富贵得一世宠荣，到死时反增了一个恋字，如负重担；贫贱得一世清苦，到死时反脱了一个厌字，如释重枷。人诚①想念到此，当急回贪恋之首，而猛舒愁苦之眉矣。

注释

①诚：果真、如果。

译文

富贵的人享受了一辈子的恩宠荣耀，到死时反而增加了对世间的留恋，犹如担负着沉重的担子一样；贫穷的人受了一辈子的清贫困苦，到死时反而摆脱了对世间的厌倦，如同打开了沉重的枷锁一样。如果人们能够认识到这一点，就应该及时消除贪婪的念头，舒展紧锁的眉头。

解析

杜甫在《丹青引》一诗中留下的“富贵于我如浮云”的感慨，千百年来一直为人们所称道，尤其是那些虽然清贫却品行清高的文人，更是将它作为自己的座右铭，以激励自己淡泊名利，不为富贵所累。

子曰：“饭疏食饮水，曲肱而枕之，乐亦在其中矣。不义而富且贵，于我如浮云。”孔子只要有粗菜淡饭可以充饥，有白水可以解渴，枕着弯曲的胳膊可以睡觉，就能体味到人生最大的乐趣。南怀瑾先生认为，这段话是《论语》中最优美、最真挚的，因为它形象地表现了孔子安于清贫、毫无欲念的高尚情操。

当然，孔子视如浮云的富贵是那些不义之财或由不正当手段获得的财富，若凭自己的心血与汗水而获得名与利、富与贵，又有何不可呢？

原典

人之有生也，如太仓①之粒米，如灼目之电光，如悬崖之朽木，如逝海之巨波。知此者如何不悲，如何不乐，如何看他不破而怀贪生之虑？如何看他不重而贻虚生②之羞？

注释

①太仓：古代京师储谷的大仓。②虚生：虚度一生、白活。

译文

人生在世，如同大粮仓中的一粒米，如同转瞬即逝的闪电，如同悬崖边的枯木，如同奔流入海一去不返的波涛。人们明白了这个道理，如何能不悲哀？如何能不安乐？即然如此，为什么还不能看破人生的虚幻，为什么仍然过分眷恋生命？为什么还不能看重人生的价值，以致留下虚度此生的羞惭？

解析

人生犹如粮仓一粟，犹如转瞬即逝的闪电，犹如奔流入海一去不复返的波涛，是如此的渺小、如此的短暂。明白了这个道理的人应该看破人生的虚幻，不要过分地贪恋生命，更应该看重生命的价值，不过于留恋从前。只有这样，等到生命结束的时候，才不会因为虚度年华而羞愧。

自古以来，很多人都因为贪恋生命、惧怕死亡而活在忧虑之中。但是庄子却说：“大块载我以形，劳我以生，佚我以老，息我以死。”他把生死看成自然、平常之事，死亡不是坏事而是人生的好事。而且人的生老病死本是不可改变的自然规律，即使你再恐惧也无法改变。

“人最宝贵的东西是生命，生命对于我们只有一次。一个人的生命应当这样度过：当他回首往事的时候，他不因虚度年华而悔恨，也不因碌碌无为而羞愧。”所以，人们应该懂得珍惜生命，最大限度地发挥自己的价值，否则岂不是白活一世？

原典

鹬蚌相持[1]，兔犬共毙[2]，冷觑来令人猛气全消；鸥凫共浴，鹿豕同眠，闲观去使我机心顿息。

注释

①鹬蚌相持：即“鹬蚌相争，渔人得利”，比喻双方相持不下，而使第三者从中得利。②兔犬共毙：即“兔死狗烹”，比喻敌人灭亡后，功臣也被统治者杀害了。

译文

鹬蚌相争，渔人得利；狡兔死，走狗烹。冷眼旁观，历史的教训让人心中的勇猛气概全部消除。海鸥和野鸭一起游泳，野鹿和野猪一起安眠，闲中静观这些景象，人们心中的虚伪狡诈顿时平息。

解析

“鹬蚌相争，渔人得利”、“鸟尽弓藏，兔死狗烹”，人们总是为了自己的利益而拼命争执，最后却落得两败俱伤、枉送性命的下场。争斗之心只会让人们陷入无休无止的结怨、成仇、争斗之中，不仅对他人有害，对自己也有害。所以，人与人之间应该多一些宽容和谅解，平息争斗之心才能享受平凡生活的乐趣。

安徽桐城有一条著名的古巷，名叫六尺巷，它因清代文华殿大学士张英礼让宽容的事迹而得名。张英的家人与邻居在宅基问题上发生了争执，双方互不相让。张英的家属便写信给他，希望他能为家人撑腰。张英得知消息后，挥笔写下一诗：“千里家书只为墙，让他三尺又何妨。长城万里今犹在，不见当年秦始皇。”意在劝诫家人不妨退一步，以维护邻里之间的和气。张英的诗让家人很惭愧，于是便将垣墙拆让三尺。邻居一看十分感动，也把围墙向后退了三尺。就这样，不仅两家的争端平息了，还留下了一条巷子，以供村民通过。后人为了赞扬张英的豁达与礼让，把它命名为“六尺巷”。

恶意的争斗只会招来祸患，退让、宽容才能获得更广阔的空间。

原典

迷[①]则乐境成苦海，如水凝为冰；悟则苦海为乐境，犹冰涣作水[②]。可见苦乐无二境，迷悟非两心，只在一转念间耳。

注释

①迷：执迷、执着。②冰涣作水：涣，涣散、离散。即“涣然冰释”，像冰遇热立即融化，比喻嫌隙、颖虑等完全消除。

译文

如果人们执迷不悟，快乐极地就会成为苦难海洋，犹如水凝结成冰一样；如果人们觉悟之后，苦难海洋就会成为快乐极地，犹如冰融化成水一样。可见苦难、快乐并不是截然相反的两个境界，执迷觉悟并不是截然相反的两种心态，只在于人心的转变。

解析

愚公移山说的是人要有坚持不懈的精神，精卫填海说的是人要有锲而不舍的韧劲，因此人们需要有执着的精神才能成就一番事业。但是，做人不能过于执着，否则本该快乐的事情也会变成痛苦的折磨，只有及时醒悟才能体味到人生的快乐。快乐和痛苦本是一线之隔，是苦是乐，是迷是悟，全在人的一念之间。

美国著名浪漫主义小说家赫尔曼•麦尔维尔创作了一篇名叫《白鲸》的小说。故事发生在 19 世纪，亚哈是捕鲸船“裴廓德”号的船长，在一次捕鲸过程中，他被凶残聪明的白鲸莫比•迪克咬掉了一条腿。之后，亚哈带着疯狂的复仇心理，发誓要杀死莫比，他疯狂地追杀莫比，甚至失去了理智。经过三天追踪，亚哈终于找到了莫比，他虽然用鱼叉击中了莫比，但是船却被白鲸撞破，全部船员落入大海，除了水手实玛利以外无一人生还。亚哈一心想着杀死莫比复仇，谁知却把自己和全部船员推向了死亡的深渊。

其实，生活并不需要那些无谓的执着，执迷不悟只会让你遍体鳞伤，学会放弃，懂得舍弃才能让你的生活更加圆满。也许这样会留下一些遗憾，但是有时候遗憾也是生活的一部分。

原典

遍阅人情，始识疏狂之足贵；备尝世味，方知淡泊之为真①。

注释

①为真：本义为官员由暂时代理转为正式任命，这里指修养身心的真谛。

译文

经历了人情冷暖、世态炎凉，才认识到旷达闲逸的弥足珍贵；尝遍了人世间的酸甜苦辣，才知道了恬淡寡欲的真谛。

解析

“疏狂”、“淡泊”不仅是一种修养，更是一种为人处世的态度。其实，想要做到真正的旷达、淡然，并不是一件十分容易的事情，它需要人们有将功名利禄、地位权势、欲望置之度外的决心。

道家素来提倡“见素抱朴”、“少思寡欲”，因为他们认为过多的欲望会使人失去内心的宁静和本性的真实。老子说：“五色令人目盲，五音令人耳聋，五味令人口爽，驰骋田猎令人心发狂，难得之货令人行妨。”一切外界的事物都会扰乱人们的心智，损伤人们的德行，束缚人们的心灵，使人们失去人性的本真。圣人只有拥有天地的博大胸怀，不计功名利禄，才能成就真正的自我。

庄子也认为，声名、利禄，能让人神志勃乱；容貌、举止，足以束缚人的心灵；欲望、憎恶，则不利于人们修行。但是如果这些东西不在人们的内心动荡，那么人们就能心神端正、内心宁静，从而达到空灵的境界。所以，想要做到返璞归真，就必须少思寡欲、恬然淡泊、清净无为、顺其自然。

原典

地阔天高，尚觉鹏程①之窄小；云深松老，方知鹤梦②之悠闲。

注释

①鹏程：即“鹏程万里”，比喻前程远大。②鹤梦：比喻超凡脱俗。

译文

人们只有认识到天地的高远和宽广，才会知道大鹏展翅高飞万里是如此的渺小；人们只有体会到云雾的深远、松树的长寿，才会知道超凡脱俗的仙鹤是何等的悠闲。

解析

“孔子登东山而小鲁，登泰山而小天下”；“不畏浮云遮望眼，只缘身在最高层”。人们所站的高度决定了视野，基点越高，视野就越宽广，这是千古不变的规律。同样，一个人能走多远，很大程度上取决于他的目光有多远；一个人境界有多高，很大程度上取决于他的眼界有多宽。所以，做人要有远大的理想和抱负，因为只有站得高才能看得远。

雄鹰展翅翱翔，它的视野是浩瀚无比的天空；骏马疾风般奔驰，它的视野是广袤无边的草原。而枝头扑棱的麻雀，它的视野永远高不过树枝；拉磨的驴子永远绕着磨盘转，它的视野只在斗室之间。人们嘲笑坐井观天的青蛙，讥讽目光短浅的麻雀，其实人生也是如此。所谓“视野所极，心之所止，行之所为”，没有开阔的眼界，就难以达到崇高的境界，更难作出惊天动地的业绩。

“欲穷千里目，更上一层楼。”人们应该站得高一些，看得远一些，眼界开阔一些，境界高一些，这样才能树立更远大的抱负，实现更伟大的目标。

原典

两个空拳握古今，握住了还当放手；一条竹杖①担风月，担到时也要息肩②。

注释

①竹杖：竹制的手杖。②息肩：歇肩。

译文

用两个空拳来把握古今之事，即使得到了也应该懂得放手；用一根竹杖挑起清风明月之美景，但不可迷恋，该歇肩时也要歇肩。

解析

一个青年背着一个大包裹千里迢迢地前来拜访禅师，希望得到点化。他说：“大师，我是那样的孤独、痛苦和寂寞，长途跋涉到这里，鞋子破了，双脚割破，手掌受伤……为什么我还找不到心中的阳光呢？”

禅师反问道：“你的大包袱中装了什么？”

青年说：“它是我人生中最重要的东西，里面包含了我每一次跌倒时的痛苦，每一次受伤后的哭泣，每一次孤寂时的烦恼……”

禅师听完之后，把他带到河边，坐船过河之后，说：“你把船背走吧！”青年十分惊讶地说：“它那么沉，我怎么背得动？”

禅师微笑着说：“不错，过河时船是有用的，过了河之后，我们就应该放下它赶路，否则它就会成为我们的包袱。那些痛苦、孤独、烦恼对人生确实有警醒作用，但是如果不能放下，就成了沉重的包袱。”

生活中，很多人像那位青年一样，有太多放不下、舍不得的东西，所以他们的生活才会如此的疲惫、痛苦。人生在世数十载，本承受不了那么多沉重的东西，如果事事不能放下，恐怕会寸步难行。放下不是放弃，是为了更好地拥有，只有放下过去才能拥有明天，只有放下痛苦才能重新收获快乐。

原典

阶下几点飞翠落红①，收拾来无非诗料②；窗前一片浮青映白，悟人处尽是禅机。

注释

①落红：落花，出自唐代戴叔伦的《相思曲》：“落红乱逐东流水，一点芳心为君死。”②诗料：作诗的材料。

译文

台阶下飘落的翠叶落花，收拾起来不过是作诗的材料而已；窗前交相辉映的青山白雪，到处都是悟禅的契机。

解析

飞翠落红，浮青映白，在有些文人骚客眼里，或许是伤春悲秋、抒发愁怀的景致，但洪应明却认为它们是作诗的材料、悟禅的契机。自然界中的景物本无悲喜之情，只不过因人们内心的动荡而有所不同。如果你用积极乐观的心态看待外界事物，那么即使飘落的红花也是美丽的；如果你用悲观消极的心态看待事物，那么即便繁花似锦也丝毫没有生机。

俗话说：有什么样的心态，就有什么样的思维；有什么样的思维，就有什么样的行为；有什么样的行为，就有什么样的人生。生活并不总是光明和美好的，也存在着困难、痛苦和失败，悲观消沉的情绪只会让情况越来越糟。积极的人能够在每次忧患中看到机会，而消极的人则只会在每次机会中看到忧患。有了积极进取的人生态度，你才可以创造闪亮的人生。

虽然你不能主宰生命的长度，但是你可以决定生命的高度；虽然你不能左右月亮的阴晴圆缺，但是你可以改变自己的心情；虽然你不能预知未来，但是你可以珍惜今天，活出自己的精彩。只有打起精神、积极面对，你才有扭转局面、赢得未来的希望。这就是积极的人生态度！

原典

忽睹①天际彩云，常疑好事皆虚事；再观山中古木，方信闲人②是福人。

注释

①忽睹：不经意间看到。②闲人：清闲无事的人。

译文

不经意间看到天边转瞬即逝的彩云，常常怀疑美好的事物都是虚幻的；仔细观察山林中的参天古木，才相信只有清闲之人才拥有真正的福气。

解析

在《逍遥游》中，庄子为人们讲述了这样一个故事：庄子的朋友惠施对庄子说："我有一株大樗树。主干臃肿不正，不符合绳墨取直的要求；树枝弯弯曲曲，也不适应角尺取材的需要。虽然就生长在路旁，却没有一个木匠看得上它。"惠施用樗树讽刺庄子之言大而无用，没人会听。然而庄子却说："你拥有大树却担忧它没有用处，为什么不把它种在空旷的地方，这样你就可以悠然自得地在树下休息了。这棵树虽然派不上什么用场，却也不会被人砍伐。所以无用才是最大的用处啊！"

有用的树木因为能够满足人们的需要，反而被人们砍伐，寿命自然不会长远；而无用的大树却能够自然生长，得以长寿。人生也是如此，只有清闲的人才能享受真正的福气。庄子用"无用"的樗树来阐释无为而无不为的道理，人生只有不妄为、不强求，拨开繁杂的琐事，摆脱缚人的尘网，才能消弭灾祸，增加福气。懂得随遇而安、顺其自然，才能获得人生的真谛，才能守住生命的本性，这便是庄子无用的生存之道。

原典

东海水，曾闻无定波，世事何须扼腕；北邙山①，未省留闲地，人生且自舒眉。

注释

①北邙山：即邙山，在洛阳之北。东汉、魏、晋时王侯公卿的墓地，后借指墓地，暗示人难免一死。

译文

从来没有听说东海之水风平浪静过，又何须为世事的反复无常而扼腕叹息呢？北邙山上从来没有留下空闲之地，既然人们都终究难免一死，人生在世为什么不暂且舒展眉头呢？

解析

“谁家第宅成还破，何处亲宾哭复歌。昨日屋头堪炙手，今朝门外好张罗。北邙未省留闲地，东海何曾有定波。莫笑贱贫夸富贵，共成枯骨两如何。”北邙山上已被坟墓挤得不留一块空地，烟波浩渺的东海何曾有过风平浪静的时候？唐代诗人白居易感叹世事无常，就连人间世事、沧海桑田都是变化无常的，何况是富贵贫贱呢？所以，人们又何必为了名利而扼腕不已，为了得失而愁眉不展呢？

世事变化不是人们能够左右的，死亡的降临也不会被人们所主宰。既然如此，人们为什么要为自己无法改变的事情而痛苦不已呢？其实，面对这些，最好的办法就是学会坦然接受。人们只有看开人生才能心宽，只有心宽才能减少烦恼；看开失败才能重新振作，走向成功；看开名利才能不抱怨得失，获得快乐；看开生死才能知足，淡然地享受生活。

星云大师说：“我们的心如大海，蕴藏无限的能源宝藏，能否挖出海底最珍贵的宝藏，就在于你够不够‘宽心’。”宽心是一种人生智慧，也是人们获得幸福的关键。

原典

天地尚无停息，日月且有盈亏，况区区人世，能事事圆满，而时时暇逸①乎？只是向忙里偷闲，遇缺处知足，则操纵②在我，作息自如；即造物不得与之论劳逸，较亏盈矣。

注释

①暇逸：闲散安逸。②操纵：收与放，引申为控制、掌握。

译文

天地尚且没有停止运转的时候，日月尚且会有阴晴圆缺的时候，何况微不足道的人世，怎么可能事事都圆圆满满、时时都闲散安逸呢？人们只要能在忙碌之中抽出一点空闲时间，只要能在遭遇缺憾之时懂得满足，就能把人生操纵在自己手中，把工作和休闲安排得适当从容，这样一来，即便是造物主也不能与人争论计较了。

解析

苏东坡在中秋团圆之时，不能与家人相见，因此不得不用“人有悲欢离合，月有阴晴圆缺，此事古难全”来安慰自己。自古没有事情能够十全十美，如果人们一味地追求圆满和安逸，就会陷入悲观失望中而难以自拔。

孔子说：“百日之劳，一日之乐，一日之泽，非尔所知也。张而不弛，文武弗能；弛而不张，文武弗为。一张一弛，文武之道也。”每天都紧张地工作就是文王、武王那样的圣贤也不能做到，而只放逸享乐却不努力做事，文王与武王也是不屑的，所以只有劳逸结合、一张一弛才是真正的为人处事之道。

人们应该在繁忙之中偷得一些空闲的时间，在遇到不顺和缺憾的时候学会满足，劳逸结合，知足守分，这样才可以把命运把握在自己的手中。

原典

霜天①闻鹤唳，雪夜听鸡鸣，得乾坤清纯②之气；晴空看鸟飞，活水观鱼戏，识宇宙活泼之机。

注释

①霜天：霜，这里暗指深秋。霜天即深秋的天空。②清纯：清正纯洁。

译文

“深秋天空听闻野鹤清唳，飞雪夜晚听见村鸡啼叫”，只有从中才能获得大自然清正纯洁的气息；“晴朗天空看见鸟儿飞翔，流动水中观赏鱼儿嬉戏”，只有如此才能见识宇宙天地的生机。

解析

从霜天鹤唳、雪夜鸡鸣中感受大自然的清纯之气，从晴空鸟飞、活水鱼戏中体味宇宙天地的活力生机。人们只有真正地贴近大自然才能净化自己的心灵，只有欣赏赏心悦目的景致才能感悟人生的真谛。

古人喜欢寄情于山水之间，以对事物的喜爱厌恶之情来表达自己对人物的赞扬或是对社会的不满。就像周敦颐在《爱莲说》中所说的："菊，花之隐逸者也；牡丹，花之富贵者也；莲，花之君子者也。"每种花都有不一样的风采，自然也象征着不一样的品行。所以，归隐山林、不问世事的陶渊明以菊花自喻，而不愿与世俗同流合污的周敦颐则以莲花明志。

正所谓"醉翁之意不在酒，在乎山水之间也"，古人欣赏美丽的景致、赞叹菊莲的品行高雅并不仅仅是感叹景物的美妙，而是希望它们能使自己的心灵得到净化，使自己内心得到醒悟，达到物我一体、物我相忘的境界。

原典

闲烹山茗听瓶①声，炉内识阴阳之理；漫②履楸枰③观局戏，手中悟生杀之机。

注释

①瓶：古代比缶小的陶器，用以煎茶。②漫：这里指随便、随意。③楸枰：棋盘，古时多用楸木制成，因此而得名。

译文

闲暇之时烹煮茗茶，从砂瓶的水沸之声中认识阴阳相生的道理；随意之中观看棋盘，从棋局中领悟生死的玄机。

解析

智者说：一花一天国，一沙一世界。人生的真理往往蕴藏在平淡无奇的生活之中，而真正有智慧的人往往可以从微不足道的生活细节中悟出为人处事的大智慧。

人们经常可以躲开一头大象，却躲不开一只小小的蚂蚁。那是因为人们总是关注那些所谓重要的事情，而忽视生活中的细节。生活对每个人都是公平的，它会将一些重要的信息隐藏在看似无关紧要的事物之中，如果你缺少足够的信心，就会与机遇和成功失之交臂。

"天下大事必作于细，天下难事必作于易。"天大的事情都需从小事做起，天大的难事都会从容易开始。所以，人们只要善于发现，善于观察思考，就可以在小事中获得大智慧，在细节中学会为人处事的方法。

原典

芳菲园圃看蜂忙，觑破几般尘情世态；寂寞衡茅[1]观燕寝[2]，引起一种冷趣幽思。

注释

①衡茅：简陋的茅草屋。②燕寝：这里指燕子安然入睡。

译文

在花草繁茂的园林中看蜜蜂辛辛苦苦地采蜜，可从中看破俗世的世态人情；在简陋的茅屋前看燕子安然入睡，不禁激起了心中的清冷幽深之情。

解析

蜜蜂辛辛苦苦地忙碌一生，到头来不过是白忙一场，反而为他人做了“嫁衣裳”。无怪乎晚唐诗人罗隐会留下“不论平地与山尖，无限风光尽被占。采得百花成蜜后，为谁辛苦为谁甜”这样的诗篇。诗人的本意是赞扬蜜蜂的勤劳，而在洪应明的眼中，则是告诫人们看破尘俗的人情和世间的百态，不要像蜜蜂一样陷入无休止的忙碌之中。

相对于蜜蜂辛苦的一生，燕子的从容闲适则是洪应明甚为推崇和羡慕的。而现实生活中，人们总是为了生活而陷入忙碌之中，而这忙碌的生活也许会给人带来物质上的满足，却使得内心更加空虚、寂寞。既然我们无法在生活中得到快乐和满足，那我们又是在“为谁辛苦为谁忙”呢？我们不妨学一下寂静简陋的茅屋前的燕子，以闲适的心态看待世事，安然地生活，工作之余到郊外散散心，或是与朋友去旅旅游，也许那些远离的幸福和快乐才会渐渐回来。

原典

会心不在远，得趣不在多。盆池拳石[1]间，便居然有万里山川之势；片言只语内，便宛然见千古圣贤之心，才是高士的眼界，达人的胸襟。

注释

①盆池拳石：盆池，埋盆于地，引水灌注而成的小池。拳石，指园林假山。盆池拳石，形容空间十分狭小。

译文

能引起心意相通的事物不一定在遥远的地方，获得乐趣也不一定求多。即使在园林的池塘假山之间也能领略到万里山川的气势，只言片语之间也能见识到圣贤的崇高思想。这才是高明之士的眼界、通达之人的胸襟。

解析

现在每逢假期，很多人都会跑到名山大川游玩，仿佛只有如此才能领略到真正的美景。其实，会心不在远，得趣不在多，即使附近庭院中不大的池子、拳头大的石头，也可以让人领略到山谷烟霞的美丽景色。其关键就在于你是否有一颗欣赏美景之心，是否有放松身心之意。

东晋简文帝司马昱有一日到华林园游玩，看到园林中树木葱郁、溪水清澈，不禁对身边的人说："令人心有所悟的地方，并不一定是远方的美景。这里林木蔽日，流水潺潺，仿佛使人置身于濠水、濮水之间，觉得花鸟鱼虫都愿意主动与人亲近了。"简文帝置身于豪华的皇家园林之中，却领略到了庄子濠梁观鱼、濮水垂钓的悠然之情。所以，"会心之处不在远"，只要人们的心意与自然相通，释放自己的率真性情，那么随处都是佳境，随时都有乐趣。

生活中，人们总是忽略眼前的美景，而一味地想要寻找远山远水，这样舍近求远的做法实在令人可笑。《陋室铭》中说："山不在高，有仙则名；水不在深，有龙则灵。"只要你肯用心体会，小桥流水其实也是一种别样的美。

原典

心与竹俱空①，问是非何处著脚？念同山共静，知忧喜无由②上眉。

注释

①空：虚空，内无所有。②无由：没有门路，没有办法。

译文

如果人们的内心与翠竹一样虚空，那么世间的是是非非又如何落脚呢？念头就像高山一样保持幽静，那么忧愁喜乐就无法爬上眉头了。

解析

古人说："琴棋书画养心，梅兰竹菊寄情。"自古，梅、兰、竹、菊就是君子高洁品质的象征。梅，有"雪舞长天彻地寒"的傲骨；兰，有"清芬一世落尘埃"的清远；菊，有"笑傲寒临叙暮秋"的清贞；而竹则有"直视苍天傲暑寒"的气节。尤其是竹的虚心劲节受到了古今文人志士的赞赏和效仿。它坚劲挺拔，气势冲霄，不管是刚刚出土的嫩芽，还是高志凌云的劲竹，都保持着同样的虚心有节。"未曾出土先有节，及至凌云尚虚心"，这正是对竹的高尚气节和精神最形象的描绘。

清代著名文人郑板桥十分喜爱翠竹，一生创作了大量有关翠竹的画作和诗篇，以表达对翠竹高洁的倾慕之心。在他的笔下，竹是坚忍不拔的君子，"咬定青山不放松，立根原在破岩中；千磨万击还坚劲，任尔东西南北风"；也是虚心有节的高者，"虚心竹有低头叶，傲骨梅无仰面花"。

做人当如翠竹一般谦虚有节、挺拔不屈，有了这样的品格，人们才能犹如翠竹一般，在人生和事业的道路上步步高升。

原典

趋炎[①]虽暖，暖后更觉寒威；食蔗能甘，甘余便生苦趣。何似养志[②]于清修，而炎凉不深；栖心于淡泊而甘苦俱忘，其自得为更多也。

注释

①趋炎：喜暖，靠近火焰，比喻趋炎附势。②养志：保存志气，比喻保持不慕富

贵的志向。

译文

靠近火焰虽能使人温暖，但是短暂的温暖之后会更加感到严寒的威力；嚼食甘蔗能够品尝甘甜，但是品味甘甜之后就会生出一些苦味。因此，哪里比得上培养不慕荣利的志向、坚守坚贞的操行，更能让世态炎凉都远离自己呢；应寄心于淡泊之中，忘却人间的甘甜苦涩，如此一来，才能获得更多的心得。

解析

嚼食甘蔗，固然可以品尝甘甜的味道，但是以后就会生出一些苦味。一般人们吃甘蔗的时候都会先吃甜的部分，而东晋大画家顾恺之却恰恰相反，每次吃甘蔗的时候，都会先从上端吃起，因为甘蔗的下端比上端甘甜，这样从上到下，越吃越甜。有人对他的行为十分不解，问其缘由，顾恺之回答说："渐入佳境。"

生活中有甘甜也有苦涩，当然还少不了平淡如水，所以人们不能只想着品尝甘甜的味道。否则，当你遇到平淡的生活或是苦涩的日子时，就会觉得更加难熬。只有能够适应苦涩的味道、平淡的生活，才会渐渐体会美好和幸福。如果人们一味地追求甘甜美好的生活，就会使自己的欲望越来越大，那么在获得的时候也会失去更多。

原典

席拥飞花落絮，坐林中锦绣团裀①；炉烹白雪清冰，熬天上玲珑液髓②。

注释

①团裀：裀，坐垫。团裀，圆形的坐垫。②玲珑液髓：比喻犹如琼浆玉液般美味的饮品。

译文

在树林中席地而坐，置身于落花柳絮之中，如同坐在锦绣坐垫上一样；炉火上烹煮着晶莹的雪花、寒冷的冰水，犹如熬制天上的琼浆玉液。

解析

席地而坐，置身于漫天飞舞的落花、随意飘落的柳絮之中；独坐家中，品尝用雪花冰水炮制的茗茶，这样的情景是多么浪漫、多么惬意，身处此情此景之中，所有的烦恼和忧愁都会随着清风烟消云散。

这样的生活虽然看上去清苦，但是其美好的意境却是古时墨客骚人所向往的，也令生活在现代的人们羡慕的。人人都向往宁静淡雅、超凡脱俗的生活，但并不是所有的人都能够达到这样的境界。现实生活中，人们总是面对很多物质诱惑，事业的成功、官运的亨通，甚至家庭和爱情的甜蜜都是一种羁绊，这些使得人们无法静下心来享受真正悠闲清净的生活。

然而，正因为如此，人们更应该耐得住寂寞、稳得住心神，只要你肯仔细品味生活、品味自然，就会享受到超凡脱俗的生活。

原典

逸态①闲情，惟期自尚，何事外修边幅②？清标傲骨③，不愿人怜，无劳多费胭脂。

注释

①逸态：清秀美丽的姿态。②边幅：指人的仪表、衣着。后用“不修边幅”来形容不讲究服饰、仪表的整洁。③清标傲骨：清标，俊逸出众的品行。傲骨，高傲不屈的风骨。

译文

清秀美丽的姿态、悠闲散淡的心情，期望的只是自我欣赏，又何必刻意修饰外表呢？俊逸出众的品行、高傲不屈的风骨，不需要别人的怜悯，也就不需梳妆打扮、刻意修饰自己了。

解析

俗话说：“女为悦己者容。”其实，并非只有女子如此。人们经常为了取悦别人而改变自己，就连古时志士都难以脱俗而愿“为知己者死”。而《菜根谭》则说，君子应该保持清秀美丽的姿态、悠闲散淡的心情，自我欣赏，不必为了取悦他人而刻意修饰；应该保持俊逸出众的品行、高傲不屈的风骨，不应该为了惹人怜爱而掩饰自己的本真性情。

南宋李唐是著名的山水画家，画风清新秀丽，与当时浓墨重彩、富丽堂皇的画风格格不入，可谓直成一派。最初，李唐生活比较贫苦，以卖画为生，可是当时人们都崇尚艳丽辉煌的画作，所以他的画作很少有人欣赏。李唐不禁自我解嘲道：“云里烟村雨里滩，看之容易作之难。早知不入时人眼，多买胭脂画牡丹。”

真正的君子可以坦然面对自己，即使穷困潦倒也不会自惭形秽、自怨自艾，更不会取悦他人。古人不为五斗米而折腰，为了气节可以舍弃生命，更何况是形象呢？

原典

天地景物，如山间之空翠[①]，水上之涟漪，潭中之云影，草际之烟光，月下之花容，风中之柳态：若有若无，半真半幻，最足以悦人心目而豁人性灵[②]，真天地间一妙境也。

注释

①空翠：空旷葱郁。②性灵：泛指精神、思想、情感等，这里是性情的意思。

译文

天地间的景物，如山间的空旷葱郁、水中的微波、潭水中的云影、草原上的云霭、月光下的花容、微风中垂柳的婀娜姿态：这些景致若有若无、若真若幻，却最能够愉悦人心，豁达人们的性情。这真是天地之间玄妙的境界啊！

解析

大自然的景物，无论是山间之空翠还是水上之涟漪，无论是潭中之云影还是草际之烟光，无论是月下之花容还是风中之柳态，都让人感到赏心悦目、心旷神怡。亲近自然不仅可以使人忘却心中的烦恼，更可以愉悦人的心灵。

清晨，抛开闹市的纷纷扰扰，暂别职场的你争我夺，独自一人或是邀请三五好友，踏进远山，步入山林，顿时山野之间的灵气就会将你团团包围。泥土的香气、花儿的娇艳、鸟儿的鸣叫无不沁入心扉。体察山川云物的情致，仿佛可以领略苏东坡在竹林漫步的清闲，也可以体味王维在深林中抱琴独奏的愉悦。

城市林立的高楼使得天空都变得暗淡，而野外的鲜花绿草则使天空更加蔚蓝、空气更加清新。“深林人不知，明月来相照”，让我们摆脱约束，徜徉在山绿如碧、山清如镜的大自然中，感受生活的无限情趣。

原典

乐意①相关禽对语，生香②不断树交花，此是无彼无此的真机；野色更无山隔断，天光常与水相连，此是彻上彻下的真境。吾人时时以此景象注之心目，何患心思不活泼，气象③不宽平？

注释

①乐意：快意、高兴。②生香：散发香气。③气象：气度。

译文

“鸟禽相互对话使得快乐意境彼此相连，树木交互花蕊使得香气连绵不断”，这正是自然界不分彼此、和谐友好的关键；“山岳隔断不了原野的景色，天空的光辉经常与水面相连”，这正是贯通天地的真正美境。如果人们时常领略这样的景物，何愁心思不活泼、气度不宽广？

解析

这一段话是说人们应该亲近自然，融入自然。水天一色的景物，不仅可以使人心情开朗，更可以使人气度宽宏。大自然就是那么神奇、那么玄妙，处处都充满着神秘和美丽：春天里百花争艳，生机盎然；夏日里树木葱茏，苍翠欲滴；秋天里天高气爽，硕果累累；冬日里银装素裹，白雪皑皑。但是，不管是姹紫嫣红还是秋风瑟瑟，都为人们呈现了一幅美丽的风景画。

当你感到疲惫之时，置身于自然界的美景之中，用心去感受，你的身心自然会得到放松，灵魂自然会得到净化，一切不快和烦恼都会随风而逝，这就是大自然给予人们最无私、最美好的馈赠。

大自然是人类的摇篮，也是人类最终的归宿。走进大自然，聆听大自然的声音，生活会变得更加精彩、更加有意义。

原典

鹤唳雪月霜天，想见屈大夫①醒时之激烈；鸥眠春风暖日，会知陶处士②醉里之风流。

注释

①屈大夫：屈原，是楚国上大夫，所以称为屈大夫。②陶处士：即陶渊明。处士，本义为有才德而隐居不仕的人，后亦泛指未做过官的士人。

译文

野鹤清唳、雪夜明月、严霜之天这样的景物，似乎让人想象到屈原在众人皆醉而其独醒时的慷慨激昂；沙鸥休眠、春风和畅、温暖日光这样的景象，足以让人领悟到陶渊明醉卧山林的风流潇洒。

解析

东汉著名隐士严子陵与光武帝刘秀是同窗好友，年少时具有很高的名望。王莽专权时，多次请他担任朝廷高官，他都坚持不出仕，甘愿隐姓埋名避居山野。刘秀当了皇帝之后，思贤若渴，到处寻找严子陵。最后，得知严子陵披着羊皮隐居在齐国某个地方钓鱼后，刘秀再三劝说，严子陵依然推辞，隐居富春山。“富春烟雨，一蓑一笠人归隐。”严子陵甘心归隐山林、平淡处世的高风亮节让后世无数文人赞叹不已。

古来高士素来向往远离尘世的隐逸生活，更爱亲近自然、追求本性，以彰显自己对闲散、淡泊、清高人生信念的追寻与坚守。在平淡的生活中，古人与自然融合沟通，与尘世的纷扰和诱惑全然隔绝，倾听自然，感受自然，从而固守自己的高尚节操，获得心灵的平静和安乐。

原典

黄鸟[1]情多，常向梦中呼醉客；白云意懒，偏来僻处媚幽人[2]；栖迟蓬户，耳目虽拘，而神情自旷；结纳山翁，仪文虽略，而意念常真。

注释

①黄鸟：一种说法是黄莺，另一种说法是黄雀。②幽人：幽隐之人，隐士。

译文

黄鸟多情，常常想要叫醒在睡梦中的醉酒客人；白云疏懒，偏偏来到僻静的山林取悦隐居的高士。

解析

陈继儒的《小窗幽记》中有这样一句话："幽景可人呼醉客，鸟儿多情云妩媚。"其中所描绘的情境正与本文契合。多情的黄鸟鸣唱出优美的乐章，将醉酒的客人从睡梦中叫醒；而隐居在深山远林的隐士，则静静地欣赏天上疏懒的白云。这一切在人们眼前呈现出一种闲适、惬意的美丽意境。如此诗情画意的美景也彰显了作者向往恬淡、闲适生活的愿望。

古人喜欢禅意的恬淡和闲情，在清闲的午后，看着小桥流水潺潺而过，看着天上白云静静飘过，可以享受一种超然物外的感觉，以及云卷云舒的随意洒脱。在享受大自然的美丽和惬意时，人们可以卸下生活的负担、抛弃心中的烦恼，闭上双眼，尽情地倾听大自然的低吟浅唱。只有这时，人们才可以回归最淳朴的心态、最简单的生活，而这恰恰是生活中最可遇而不可求的。

原典

栖迟蓬户，耳目虽拘，而神情自旷；结纳山翁，仪文[1]虽略，而意念常真。

注释

①仪文：礼仪。

译文

在简陋的蓬草屋中栖息，虽然听力和视野受到限制，但是神态、心情却豁达开朗；与山中老翁结交，虽然不懂得礼仪，但感情却是真挚的。

解析

古人有云：人莫踬于山，而踬于垤。这里作者以“栖迟蓬户”、“结纳山翁”为乐，这与古人甘于清贫、甘于淡泊的品质相得益彰。一个人只有守住清贫、甘于清贫，才能心地无私、纤尘不染。所以，宋朝曾巩曾言“富贵不足慕也，贫贱不足忧也”，《红楼梦》也警示人们要“守得贫，耐得富”。

甘于清贫是一个人道德修养的体现，也是一个人立身处世的原则。在灯红酒绿的侵蚀下，人们只有守得住清贫、耐得住寂寞，才能在这物欲横流的社会中保持最纯真的本性。

原典

满室清风，满几①月，坐中物物②见天心；一溪流水，一山云，行处时时观妙道。

注释

①几：古人席地而坐时有靠背的坐具，后来指几案、案桌。②物物：各种物品，各样事物。

译文

寂静的深夜，一个人独坐家中，满室清风，满案月色，无不让人悟见天地的真意；悠闲之时，行走在山林中，一溪流水，一山云雾，每时每刻都让人领略到大自然的精妙。

解析

寂静的深夜，一个人独坐在几案前，窗外徐徐清风吹来，空明的月色透过门窗洒落在几案上，所有的事物都可以让人品味到天地的真意；行走在山林之中，溪中流水潺潺，山间云雾缭绕，人们每时每刻都能领悟到大自然的神秘和奥妙。

这里所描绘的景物，都富有空灵的诗意禅境，人们只有用闲适的眼睛去看，用宁静的心灵去体会，才能略其中的奥妙。清风明月是一种意境，也是情怀，苏东坡在《前赤壁赋》中云：“惟江上清风，与山间之明月，耳得之而成声，目遇之而成色，取之不尽，用之不竭，是造物者之无尽藏也。”李白在《襄阳歌》中云：“泪亦不能为之堕，心亦不能为之哀。清风朗月不用一钱买，玉山自倒非人推。”苏东坡、李白虽然郁郁不得志，却能寄情于山水，正是因为他们有了“明月清风自在怀”的高洁情怀，才创作出脍炙人口、流芳百世的诗篇。

而现代人生活中的诱惑实在太多了，人们对物质欲望的追求也永无休止。虽有大好的时光，却在争名夺利之中虚度，这样的人又怎能知晓清风明月、高山流水的乐趣呢？

原典

炮凤烹龙①，放箸时与齑盐②无异；悬金佩玉，成灰处共瓦砾何殊？

注释

①炮凤烹龙：炮，烧。形容菜肴极为丰盛、珍奇。②齑盐：酸菜和盐，代指贫穷。

译文

烹煮龙凤般极为丰盛珍奇的菜肴，等到吃完放下筷子时，与食得粗茶淡饭没有什么差别；活着时佩金戴玉，等到人死成灰时，这些金玉之器与瓦砾又有什么不同？

解析

人们不应过分追求物质上的享受，不要太过在意身外之物。凡是贪图物质享受的人，通常会为了得到更多的物质而选择不择手段地钻营名利，甚至摆出一副卑躬屈膝的态度。这样的人不会具有高尚的品德，精神世界也不会充实。

苏东坡一生清心寡欲，直到暮年还保持节俭的生活习惯。他曾经写过一则警策小品来提醒自己不要贪图享受。其中有一条就是要求自己每天都只吃一点肉，即使家中来了客人，也不能铺张浪费。

在物欲横流的社会中，人们对于物质的追求越来越高，有些人为了为了贪图物质享受甚至作出违背道德和法纪的事情。因此，《菜根谭》劝诫人们在生活中不要过分追求美味佳肴，也不要太看重身外之物。

原典

扫地白云来，才著工夫便起①障；凿池明月入，能空境界自生明。

注释

①起：开始。

译文

“刚扫清地面，白云又会飘来”，正如人旧的烦恼刚刚除去，新的烦恼又开始了；“开凿池塘，明月自然就会照入”，只要空无妄念，自然就会澄明如镜。

解析

禅宗经常把人心比作镜子，认为人心犹如明镜一般，只有时常清除上面的尘埃，才能保持明亮光洁。正如南北朝时期著名的禅宗神秀大师所言：“身是菩提树，心如明镜台。时时勤拂拭，勿使惹尘埃。”这是禅宗很高的境界，人心本是空的、明亮的，只是外界的俗事使它蒙上了一层尘埃，人们只有去除心中的杂念，扫除心中过分的欲望，才能抵抗外界的各种诱惑，达到修身的最高境界。

洪应明的“扫地”与北宗禅神秀所说“时时勤拂拭，勿使惹尘埃”的修身之法相似，然而他却认为即使把地面扫除干净，仍会有白云遮蔽天空之时，人们很难时时都看见皎洁的月色。最好的办法就是“凿池”使“明月”自然映照水中。修心的时候，人们只要找到心中的一点灵明，就可以使心体敞开，达到心体明亮如镜的境界。

原典

造化唤作小儿[①]，切莫受渠[②]戏弄；天地丸为大块[③]，须要经我炉锤。

注释

①造化唤作小儿：造化小儿，对于命运的一种戏称。出自《新唐书·杜审言传》：“（杜）审言病甚，宋之问、武平一等省候何如，答曰：‘甚为造化小儿相苦，尚何言？’”②渠：代指他。③大块：大自然、天地。

译文

命运之神就像小孩子一样顽劣，千万不要被他戏弄；天地本是一个巨大的泥丸，任凭我们精心锤炼成自己希望的样子。

解析

意大利有一则寓言：在威尼斯城的一座小山上有一位智者，他可以解答人们所有的难题。有个聪明的小孩想要捉弄一下这位智者，就捉了一只小鸟来到山上，对智者说：“听说你无所不知，那么你知道我手中的鸟是活的还是死的吗?”智者微笑着说：“这完全取决于你。如果我说他是活的，你会马上捏死它；如果我说它是死的，你就会放了它。你要知道，你的手掌握着它的生死。”

不错，那只鸟的生死掌握在小孩的手中，而我们每个人的命运也掌握在自己的手中，而不是“命中注定”。也许命运会给人带来幸福和成功，但是它给人们带来更多的则是挫折和困难。生活中，很多人会被这些挫折和困难打倒，但是只要你把命运掌握在自己手中，那么即使面对再艰难的人生，也会充满希望和成功。

雨果曾说过：“所谓活着的人，就是不断挑战的人，不断攀登命运险峰的人。”面对生活中的困难和挫折，人们不应该做一个受命运摆布的弱者，而是应该做一个掌控命运的强者。只要你能做自己的主人，充满信心和毅力，就可以把天地当成锤炼的对象，改造成自己希望的模样。

原典

想到白骨黄泉，壮士之肝肠自冷；坐老[①]清溪碧嶂，俗流之胸次[②]亦开。

注释

①坐老：指长时间静坐。②胸次：胸间，指胸怀。

译文

想到人死之后化成白骨、归于黄泉，即便是豪壮之士的意气也会冷淡下来；长时间静坐在清澈溪流、青绿山峰之前，即便是庸俗浅陋之辈的心胸也会逐渐开阔。

解析

洪应明认为，修养身心就是要做到断绝欲念、回归自然，只有这样才能使心性彻悟。

豪情壮志也好，庸俗杂念也罢，都源于人们对生命、物质的追求，但是如果能够想到人死之后一切的欲望和物质都会烟消云散，那么所有沸腾的欲望和豪情自然就会冷却下来。洪应明在这里用“坐老”的方式来修养自己的身心，白云蓝天下，青山绿水旁，人们置身其中，毫无市井之气的打扰，没有丝毫的喧闹，心中的杂念自然可以清除。

禅宗始祖达摩祖师曾在少林寺九年，终日面壁静坐，双眼不看外界之物，双耳不听外界之声，苦心修炼，最终悟得天地之间的真谛。“坐老”是禅宗修心时的最高境界，但是只要心性自然，不一定非要“坐老”，即所谓“行亦禅，坐亦禅，语默动静体安然”。

原典

夜眠八尺，日啖二升，何须百般计较？书读五车[①]，才分八斗[②]，未闻一日清闲。

注释

①五车：即“五车书”，出自《庄子·天下》：“惠施多方，其书五车。”后用

"五车书"形容学问渊博。②才分八斗：出自宋朝无名氏《释常谈·八斗之才》："文章多，谓之'八斗之才'。谢灵运尝曰：'天下才有一石，曹子建独占八斗，我得一斗，天下共分一斗。'"后用"八斗才"比喻才高。

译文

睡觉只占八尺床榻，吃饭只需二升粟米，人们又何必千方百计地追求更多无用的东西呢？有些人学富五车、才高八斗，却没有听说他们享受不了一天的清闲。

解析

《庄子·养生主》中说："吾生也有涯，而知也无涯。以有涯随无涯，殆已；已而为知者，殆而已矣!"意思是说，人的生命是有限的，而知识却是无限的，人们固然要吸取更多的知识以丰富自己的内心，但是如果以有限的生命来追求无限的知识，势必导致自己身心疲惫，甚至危及生命。

庄子认为养生之道要顺其自然，不要过分追求外在的物质，即使对于知识也是如此。即便是学富五车、才高八斗，但是如果违背养生之道、违背自然法则，那也是不可取的。

同样，为人处事之道也是如此。世界上的物质和财富是无尽的，人们不应过分追求，量力而行、顺其自然才是最好的选择。曾有一位攀登珠穆朗玛峰的登山者，当他快要到达顶峰的时候，却选择了止步。很多人都为他感到惋惜，有人问他："你距离顶峰只有一步之遥，为什么要放弃呢?"这位登山者十分自豪地说："我已经尽了最大的努力，不是我不想登上顶峰，而是我知道，这已经是我的极限了。"

很多人一味地追求所谓的最高峰，却不知道自己的极限在哪里。但是他们更不知道，如果过分地超越自己的极限，那么等待自己的只能是毁灭了。人生道路上，努力达到最高峰是值得赞许的，但是量力而行、不冒进逞强才是王道。

概论

原典

君子之心事，天青日白①，不可使人不知；君子之才华，玉韫②珠藏，不可使人易知。

注释

①天青日白：即青天白日，比喻高尚的品行。②玉韫：韫，蕴藏、包含。出自《论语·子罕》："有美玉于斯，韫匮而藏诸，求善而沽诸。"比喻隐藏才华。

译文

道德高尚的君子，心地就像青天白日一样光明正大、坦坦荡荡，不应该让别人不知道；修养高深的君子，才华就像隐藏的美玉珍珠一样，不能轻易让人知晓。

解析

"君子坦荡荡，小人长戚戚。"真正的君子，坦诚无私，无惧无畏，就像青天白日一样，没有什么不可告人的心思。真正的君子既不会欺骗他人、算计他人，也不会做违背良心之事。他们拥有宽广的胸怀，既不会计较个人的利害得失，又能容纳别人的错误和过失。

"路漫漫其修远兮，吾将上下而求索。"屈原一生尽心尽力，坦荡为国，最后却因为耿直谏言而被陷害，但是他依然能够"众人皆醉我独醒，举世浑浊我独清"。尽管他身在浑浊的世间是孤独的，但他的心却是坦荡无私的。最后，为了警醒世人，他怀抱着一颗忠君爱国之心，投身汨罗江。他宁死也要捍卫忠心的坦荡心胸，是何等的高尚！

人生在世必须面对各种问题，但是任何人都要心胸坦荡，只有这样才能跨越各种障碍，才能不斤斤计较，才能不被世俗的杂念左右自己的思维、不被名利蒙蔽自己的心灵。

原典

耳中常闻逆闻之言，心中常有拂心之事，才是进德修行的砥石①。若言言悦耳，事事快心，便把此生埋在鸩毒②中矣。

注释

①砥石：磨石，这里指磨炼、教训。②鸩毒：毒酒、毒药。

译文

如果一个人耳边经常听到刺耳难听的话，心中经常想着不顺心的事情，那么就像是在砥石上进行磨炼一样，可使道德品行得以提高；如果每句话都顺耳好听，每件事都顺心如意，那么就如同把自己置身于毒酒之中一样。

解析

古人说：“良药苦口利于病，忠言逆耳利于行。”忠诚的劝告虽然听起来刺耳，让人感觉不舒服，但是有利于人们改正错误。生活中，很多人都喜欢听奉承、赞美的话，殊不知，当人们因为别人的夸奖而得意扬扬、放浪形骸时，无形中就增加了自己的缺点，削弱了奋发向上的斗志。当人们自我陶醉而不知危险时，就等于饮鸩止渴而毁掉了自己的生命。

自古以来，历史的舞台上演绎了一幕又一幕因不纳忠言而惨遭失败的悲剧。隋炀帝不纳忠言，沉溺酒色，倒行逆施，最终导致民不聊生，怨声载道，烽烟四起，最后国家灭亡；蔡桓公讳疾忌医，不听扁鹊的劝告，最后病入膏肓，丢掉了性命。忠言也许没有华丽的辞藻，没有赞美的用心，却能够帮助人们认识身上的缺点，提醒人们注意即将面临的危险，从而使人们及时逃离危险。

平心而论，逆耳的未必是忠言，但忠言常常逆耳，但由于人性的弱点，很多人未必能够将逆耳忠言听进去。这就要求人们要正确认识自己，拥有听从别人劝告的勇气和心胸，能够从善如流，吸取众人的智慧，这样才能避免失误，从而成就事业。

原典

疾风怒雨①，禽鸟戚戚；霁月光风②，草木欣欣。可见天地不可一日无和气③，人心不可一日无喜神④。

注释

①疾风怒雨：即狂风暴雨。②霁月光风：霁，雨后天晴。指天气晴朗，风和日丽。③和气：古人认为是由天地间阴气与阳气交合而成之气，万物由“和气”而生。此处引申为祥瑞之气。④喜神：喜气洋洋的神态，比喻愉快的心情。

译文

狂风暴雨之中，飞禽走兽都会惶惶不安；风和日丽之时，花草树木都会呈现欣欣向荣的景象。由此可见，天地之间不可一天没有祥和之气，人心之中不可一天缺少愉快欢欣的情趣。

解析

人们常说，外界景物可以影响人们的心情。看到风和日丽、生机勃勃的景象时，心情自然会豁然开朗；看到阴雨连绵、秋风瑟瑟的景象时，心中自然会滋生悲凉的情绪。但是，人的心情是由自己的内心决定的，只要你拥有一颗乐观、豁达的心，不论处在什么样的环境中都会拥有快乐、幸福的心情。所以，人们要时常保持开朗的心情、乐观的心态，这样才能拥有快乐的人生。

可在生活中，很多人总是沉浸在悲伤之中，不是哀叹自己已经失去的，便是惋惜自己得不到的，最后把自己弄得痛苦不堪，从而忘却了眼前的美好。人们只有乐观地面对每一天，才能从痛苦之中解脱出来，才能获得真正的幸福。正如张爱玲所说：“善待自我，无论风沙将会如何肆虐，一阵夜雨之后，所有的树木都会吐绿，所有的桃花都会绽放……”

生活就像一面镜子，你对它微笑，它就会对你微笑；你对它哭泣，它自然也会对你哭泣。与其在悲伤痛苦之中煎熬，不如快乐地生活，享受生活中最普通、最简单的幸福。

原典

醲

注释

①醲肥：醲，形容酒味醇厚、浓烈肥美。②真味：美妙可口的味道，比喻人的自然本性。③神奇卓异：指才智超凡。④至人：道德修养达到完美无缺的人。

译文

醇厚、肥美、辛辣、甘甜等并非食物味道的本原，本原的味只是淡；才智过人并非最高境界之人的表现，最高境界的人只是平平常常。

解析

“真味是淡，至人如常”包含了为人处世的大智慧。山珍美味固然可口，但是时间长了也让人难以下咽，只有那些粗茶淡饭才是最有益于身体的美味佳肴。做人也是如此，才华出众固然令人羡慕，但是那些在平凡中坚持自己的梦想，为了自己的理想而奋斗的人，才是最值得人们敬佩的。

生活中，有无数这样平凡的人，他们在平凡的岗位上做着平凡的工作，但是始终如一、坚持不懈，他们虽然没有过人的才华、崇高的理想，但却散发着独特的光芒。

春秋战国时期，齐国储君在路上与孟子相遇，便问道：“齐王对先生推崇备至，总是派人探望，想必先生一定有与众不同之处吧?”孟子却回答说：“哪有什么不同啊！尧舜也不过和平常人一样！”

在孟子看来，所有的人都是一样的，即使圣人也和平常人没有什么区别。一个人应该有超凡脱俗的人生态度，即使是圣人也应该有一颗平常之心，因为只有在平凡之中才能保留人最纯真的本性，才能显出英雄本色。

原典

夜深人静，独坐观心，始知妄穷而真独露[1]，每于此中得大机趣[2]；既觉真现而妄难逃，又于此中得大惭愧[3]。

注释

①妄穷而真独露：妄，不法、非分。真，佛教语，与“妄”相对，指脱离妄见而达到的涅槃境界。②机趣：机，细致。趣，境地，即隐微的境地。③惭愧：羞愧。

译文

夜深人静，一个人独坐反省自己的内心时，才发现当虚妄之杂念都消散之后，本性才能自然流露出来，只有这个时候，人们才能体会到人生的真谛。然而，当真情流露的时候，同时也发现自己的虚妄之念并没有真正全部消除，因此又感到羞愧不安。

解析

圣人之心经常静如止水，而凡人的心则常常因为外界的诱惑产生波澜。人们只有将萦绕在心头的妄念清除，才能排除一切私心杂念，领悟人生的真谛。而只有夜深人静的时候才是修养身心的最佳时机。

寂静的夜晚，独坐窗前，没有了外界的打扰，内心得到彻底的释放，心神随着思维无限地扩大，与大自然逐渐融合，如同空中的明月，明澈透亮，无欲无求。当人们静下心来，心中潜在的意识被唤醒，自己的本性就会自然流露出来。那时，人和天地便是一体的，所有的私心杂念也随之消除了。此时，人的心是最纯洁、最无私的。

遗憾的是，现代都市的夜晚越来越明亮、喧闹，人们似乎再也找不到静观月色的宁静之地，也因此没有了静夜观心的机会。人们在真情流露的时候，尚且难以发现自己的私心杂念有没有消除，更何况身处闹市之中呢？所以，人们还是少一些妄念、多一些无私，远离喧闹、亲近自然为好。

原典

恩[①]里由来生害，故快意[②]时须早回头；败后或反成功，故拂心处切莫放手。

注释

①恩：恩惠、好处。②快意：心情舒畅，称心如意。

译文

身在恩泽之中，往往会招来无辜的祸患，所以一个人称心如意、志得意满时要懂得尽早回头；遭遇失败反而会使一个人走向成功，所以一个人遇到困境、挫折之后千万不要轻易放弃。

解析

古语说：“功高震主者身危，名满天下者不赏。”又说：“知足常足，终生不辱；知止常止，终身不耻。”古今中外无数英雄豪杰的事例告诉我们，做人要懂得“知足常乐，知止不耻”的道理。一个人在春风得意、名满天下之时，如果不能在紧要关头急流勇退，到头来只能以悲惨的结局收场。

人们常常会被权力和富贵腐蚀心性，当获得权位和名利之后，还企图获得更多。辅佐秦始皇完成统一大业的李斯，就是因为贪恋富贵、追求更大的权力才落得身败名裂的可悲下场的。由此可见，在坎坷逆境中坚持不易，在飞黄腾达时放手则更是难上加难。

急流勇退不仅是一种明哲保身的策略，更是为人处事的智慧。聪明的人通常会在自己达到顶峰的时刻选择急流勇退，这样不仅保全了自己，更成就了一生的辉煌。如果不懂得舍弃、退出的道理，一味地贸然前行，就会走下坡路，甚至一败涂地。

原典

藜口苋肠[①]者，多冰清玉洁；衮衣玉食[②]者，甘婢膝奴颜[③]。盖志以淡泊明，而节从肥甘丧矣。

注释

①藜口苋肠：藜，灰菜；苋，苋菜。这两种都是野菜，泛指穷人所食的粗劣菜蔬。②衮衣玉食：衮衣，古代帝王及王公所穿的礼服，泛指华服美食。③婢膝奴颜：也作奴颜婢膝，形容谄媚讨好、卑躬屈膝。

译文

忍受得了粗茶淡饭的人，大多品行高尚、操守清纯；追求华服美食的人，多半会谄媚讨好、卑躬屈膝。这大概是因为高远的志向需要在淡泊无欲中才能体现出来，而清纯的节操往往在贪图物质享受中逐渐丧失。

解析

甘于淡泊的人，往往具有冰清玉洁的操守；而锦衣玉食的人，大多是卑躬屈膝、阿谀奉承的人。只有淡泊才能使人保持高尚的气节和操守，只有淡泊才能使人清心寡欲，从而树立更加高远的志向。一个人若每天都沉醉于锦衣玉食的生活中，又怎能忍受贫苦的生活，又怎能不被物质诱惑呢？如果一个人连最基本的诱惑都抵挡不住，又怎能奢求他不向权贵屈服、不向权力低头呢？

人们只有甘于淡泊才能抵挡住各种诱惑。孟子多次进见齐宣王，但是并不谈论治国之道。孟子的学生十分不解，孟子解释说：“我只是要先清除他的功利之心、霸道之心。”功利之心永远存在人们的心中，孟子明白如果不能使齐宣王内心淡泊、清净，那么其就会在诱惑中迷失自己，连修身养性都做不到，又何谈治理国家呢？

真正远大的志向需要在淡泊无欲之中才能体现出来，人们要对名利富贵保持一颗平常心，剔除各种物欲，这样才能使自己保持最本真的自我、最纯洁的节操。

原典

面前的田地①要放得宽，使人无不平之叹；身后的惠泽要流得长，使人有不匮之思②。

注释

①田地：这里指心胸、心田。②不匮之思：匮，缺乏。比喻永恒的恩泽。出自《诗经·大雅·既醉》："孝子不匮，永锡尔类。"

译文

人生在世，为人处事要心胸宽广，这样才能使身边的人不因不平而产生怨言；人死之后，留给子孙万代的恩泽要深远，这样才能使后代永远怀念先人的恩泽。

解析

俗语说"争一世而不争一时"，又说"争一时也要争千秋"。但是，无论是争一时还是争一世都不是明智的选择。一个心胸狭窄的人，凡事都斤斤计较，必然会招致他人的不满，自己的生活也不会快乐。而心胸宽阔的人，懂得宽容他人，不仅会赢得别人的尊重，更会赢得完美的人生。心中总是装着仇恨的人，人生也是痛苦的，只有放下心中的仇恨，以宽容之心对待他人，纠缠在心中的心结才会解开，才会重新获得快乐。

俄国作家屠格涅夫说："不会宽容别人的人，是不配得到别人宽容的，但谁能说自己是不需要宽容的呢?"对朋友宽容，可以赢得友谊；对敌人宽容，可以消除障碍，赢得一个朋友；对自己宽容，则可以赢得美好的人生。宽以待人是最珍贵的品德，只有多为别人着想，才能做到心底无私、眼界开阔，从而获得成功的人生。

清代学者张潮说："律己宜带秋风，处事宜带春风。"在生活中，应多一些宽宏大量，少一些斤斤计较；多一些理解和容思，少一些抱怨和记恨。

原典

路径①窄处，留一步与人行；滋味②浓的，减三分让人食。此是涉世一极乐法。

注释

①路径：道路。②滋味：味道。

译文

在道路狭窄的地方，要留出一步余地让别人行走；遇到滋味浓厚的美食，要懂得留出三分量让别人品尝。这才是人生在世获取最大快乐的方法。

解析

《世说新语》中说：西晋人顾荣在洛阳为官，有一次他应朋友之邀参加宴会，席间一道烤肉味道十分鲜美，仆人露出垂涎欲滴的神色，顾荣便把自己的烤肉分给仆人吃，结果遭到了朋友的嘲笑。之后，匈奴人大举入侵，洛阳沦陷，王公士民纷纷逃亡，顾荣也在其中。在他逃难之时，总是有个人随身保护他，顾荣一问才知道这人便是当年分到烤肉的仆人。

顾荣只是在席间分给那个仆人一道美味的烤肉，却得到贴身保护、脱离险境的报答。这正得益于他懂得分享的智慧。分享需要豁达的心胸、坦诚的态度，只有这样你的人生才能充满力量。把你的痛苦与人分享，你的痛苦将会减少一半；把你的快乐与人分享，你的快乐将会增加一倍。学会分享，你的心胸会更加宽广，人生会更加幸福。这就是分享的魅力。

原典

作人无甚高远的事业，摆脱得俗情①便入名流；为学无甚增益的工夫，减除得物累②便臻圣境③。

注释

①俗情：世俗中不高雅的情感，这里指人们的利欲之心。②物累：内心受到物欲等杂念的牵累。③圣境：至高的境界。

译文

做人并不一定要干出什么高尚远大的事业，只要能够摆脱世俗的诱惑，便可跻身达士名流的行列；学习并没有特别的秘诀，只要能够减除外界的干扰，静下心来，就可达到超凡入圣的境界。

解析

一个人如果为物欲所累，心中自然就会滋生许多非分之想，这样人生便会偏离原来的轨道，渐行渐远。

成就非凡的事业、拥有远大的理想固然重要，但是如果心中有过多的妄念，那么这些所谓的理想也就成了好高骛远的目标和不切实际的想法。现实中，有太多的人梦想着建立丰功伟业，跻身名流达士的行列，正因为如此，他们忽视了内心的修养，被物质控制了自己的思维，从而成为一个俗不可耐的物欲奴隶。

未必人人都能像圣人一样，做到无欲无求，但却可以适当地控制自己的欲望，避免成为物欲的奴隶。不为物欲所累，清除灵魂深处的俗念，消除萦绕心头的欲望，自然就会成为与众不同的人。

原典

宠利①毋居人前，德业毋落人后，受享毋逾分外，修持②毋减分③中。

注释

①宠利：恩宠和利禄。②修持：修，涵养。指品德修养。③分：分毫。

译文

追求恩宠利禄时不要抢在他人之前，德行功业不要落在他人之后，物质享受不要超出自己的本分，品德修养不要降低分毫。

解析

古人云：“德业常看胜我者，则愧耻自增；福禄常看不如我者，则怨尤自息。”人人都有攀比之心，只不过君子的攀比之心在于德业、修为高于他人，名利、享受低于他人。而庸俗之人则恰恰相反，这些人一心追求名利和享受，生怕别人超过自己，却独独忘记了品德修养的提高。

东汉初期，冯异追随刘秀打天下，作战勇敢，善于谋略，为东汉王朝的建立立下了汗马功劳。但是冯异为人谦卑，从不居功自傲，每当刘秀论功行赏时，他都独自退坐于大树之下，从不参与功名座次的争夺，因此获得了“大树将军”的雅号。这正是对“德在人先，利居人后”的崇高境界的最好诠释，这也是人们成就大事的一个最基本的标准。

名利不在人前，功业不落人后，享受不超出本分，品德不降低标准，这是古代君子对自己的要求，也值得现代人借鉴。只有不争功、不逐利，“吃苦在前，享受在后”，才能得到最后的幸福。

原典

处世让一步为高，退步即进步的张本[①]；待人宽一分是福，利人实利己的根基。

注释

①张本：指文章的伏笔，也指为事态的发展预先做的安排。

译文

为人处世，懂得退让一步才是真正的高明，退步正是为更进一步所做的准备；待人接物，学会宽容一分才是真正的福气，与人方便正是为日后方便自己打下的基础。

解析

生活中难免有不如意，若能忍耐一下，退一步，也许就能峰回路转、柳暗花明。忍一时风平浪静，退一步海阔天空。为人处事时懂得以退为进的哲学，才是具有大智慧的人。

小草面对狂风暴雨，选择了退让，于是雨过天晴之后，又焕发了盎然生机；河流面对险峻的高山，选择了退让，于是成就了蜿蜒曲折的美丽。退让并不是懦弱的表现，也不是屈服的表现，而是一种向前的策略。人们在跳远的时候，总会先向后退几步，然后再加速奔跑，这样才能跳出更远的距离；同样，人们在跨越鸿沟时，总是先退后几步，再纵身一跃，这样才能成功地到达对面。

俯身是为了积蓄力量，退后则是为更好地前进做准备。漫漫人生路上，如果不讲究策略，一味地横冲直撞，恐怕会撞得头破血流。适当地退让，采取迂回策略，不仅可以让你规避不必要的危险，更可以让你少走很多弯路，更快地到达目的地。人生在世，必须学会退让，如此才能体味到人生的真谛。

原典

盖世的功劳，当不得一个矜①字；弥天②的罪过，当不得一个改字。

注释

①矜：骄傲、自负。②弥天：满天、滔天的意思。

译文

即使建立了丰功伟绩，如果有一点骄矜的念头，所有的功劳最终也会化为乌有；即使犯下滔天的罪行，如果能够有悔过之心，也可以重新再来。

解析

《尚书·大禹谟》说："汝惟不矜，天下莫与汝争能；汝惟不伐，天下莫与汝争功。"意思是说，如果你能够不骄矜，那么天下没有人能与你一争高下；如果你能够不自我夸耀，那么天下没有人能与你争功。即使建立再超凡的功绩，也要懂得谦虚自持，切勿骄矜夸耀，这样才得以长久。相反，如果依仗自己的功劳骄矜自傲、胡作非为，那么不仅不能功业长久，还会招来灾祸。

明朝开国名将蓝玉，勇猛善战，屡立战功，可谓名震天下，被明太祖朱元璋誉为"西汉之卫青，唐朝之李靖"。朱元璋因其战功显赫，对其礼遇有加，然而蓝玉却居功自傲，日渐骄横霸道，甚至连其家眷、子弟也仗势欺人，横行霸道。最终，蓝玉的所作所为惹怒了朱元璋，以谋反罪将其处死。

古人说"一将功成万骨枯"，任何丰功伟绩都不是一个人能建立的，功勋再显赫的将军也是无数人为其抛头颅洒热血筑就的。如果把所有的功劳都归于自身而肆意妄为，那么所有的功劳都会化为乌有。老子说过："不自伐，故有功；不自矜，故长。"只有做到不自伐、不自矜，才能成就长久不败的功业。

原典

完名美节，不宜独任，分些与人，可以远害全身①；辱行污名，不宜全推，引些归己，可以韬光养德②。

注释

①远害全身：避免祸害，保全生命。②韬光养德：掩饰才华，修养德行。

译文

完美的名声、高尚的操守不应一个人独占，懂得分给他人才能避免祸患，保全生命；耻辱的行为、污秽的名声不要全部推给他人，懂得承担一些才能隐蔽光芒，修养德行，杜绝别人的嫉妒和陷害。

解析

完美的名声是人人都崇尚、追求的，但是一个人不能独占所有的美名，否则就会招致别人的嫉妒和怨恨，导致“木秀于林，风必摧之”的下场；污名是所有人都避之唯恐不及的，但是也不可全部推给别人，自己也要主动承担一些，这样才有助于韬光养晦。

李渊是唐朝的开国皇帝，发动太原起兵反抗杨广的暴政，创立了大唐王朝。当初杨广听信“杨氏当灭，李氏将兴”的传言，肆意残杀朝廷中李姓功臣。李渊生于名门望族，又手握兵权，因此也成为杨广提防和猜忌的对象，逐渐失去了杨广的信任。后来，李渊虽然幸免于难，但是每天仍然提心吊胆。为了避免让杨广抓住把柄，李渊时刻谨慎小心，不敢有丝毫懈怠。当李渊得知李浑、李敏等重臣被杀时，更加惶惶不可终日，为了消除杨广的疑虑，他开始整天不务政事、设宴饮酒，沉迷于享乐之中。

果然，李渊韬光养晦的策略起到了一定效果，杨广并没有对他采取措施，随后命他抵抗东突厥的进攻，并且提拔他为太原留守。正是因为如此，李渊才拥有了招兵买马、发展势力的根据地，为起兵反隋和建立大唐奠定了基础。试想，如果李渊当初不隐蔽自己的光芒，又怎么有施展抱负的机会?

所谓“太高人欲妒，过洁世同嫌”，与其招来别人的猜忌和陷害，不如主动掩藏锋芒，虽然表面上有些狼狈，但又何尝不是最聪明的办法呢？

原典

事事要留个余不尽的意思，便造物①不能忌我，鬼神不能损我。若业必求满，功必求盈者，不生内变，必招外忧。

注释

①造物：指创造天地万物的神灵，即造物主。

译文

无论做什么事情都要留有余地，不能把事做绝，这样一来，即使是造物主也不能嫉恨我，鬼神也不能伤害我。如果凡事都尽善尽美，所有的功劳都力求充盈，那么即使内部不发生变故，也会招来外患。

解析

事盛则衰，物极必反。为人处事应该掌握分寸，凡事不能做得太绝，要懂得给别人留有余地，这样才能留下回旋的空间。

晚清重臣曾国藩在写给弟弟的家书中说：“日中则昃，月盈则亏，天有孤虚，地阙东南，未有常全而不缺者。”以此来劝诫弟弟要懂得月满则亏、物极必反的道理，为人处事不要苛求完美，留有余地才是最大的智慧。随后，曾国藩以“求阙”命名书斋，以警醒自己要注意防盈戒满。此时，正是曾国藩事业蒸蒸日上之时，他却能够有一份求阙心态，在功成名就之时保持警惕，谋求退隐，可谓大智。这也许就是他能够成为“中兴名将”的原因吧。

俗话说：“事不能做绝，话不能说绝。”凡事都应有度有节，如果过分地追求圆满，事情反而会向反方向发展，那么此时就得不偿失了。只有留有余地才能从容地应对，从而进退自如。

原典

家庭有个真佛①，日用有种真道人，能诚心和气，愉色婉言，使父母兄弟间形体两释②，意气交流胜于调息观心万倍矣。

注释

①真佛：真正的智者。②形体两释：形体、身体。形体两释，指人与人的身体、精神之间毫无隔阂、心意相通。

译文

家庭中如果有一个真正的智者，日常生活中如果有一个真正得道的人，那么他在处理问题时便能以诚相待、心平气和、神情愉悦、言辞婉转，使父母兄弟之间毫无隔阂、心意相通，这比那些只会在表面上调息观心之人强一万倍。

解析

修身、齐家、治国、平天下，是古代仁人志士追求的理想境界。《礼记·大学》中说："古之欲明明德于天下者，先治其国；欲治其国者，先齐其家；欲齐其家者，先修其身；欲修其身者，先正其心；欲正其心者，先诚其意；欲诚其意者，先致其知，致知在格物。"由此可见，无论是修身齐家还是经世济民都必须以诚而立，没有真诚的态度，所有的大事都不可能完成。

真诚是世间最宝贵的品德，它可以使你感动他人，从而获得他人的信任和尊重，也可以使你广结善缘，从而在事业和人际交往中立于不败之地。真诚是开启人与人之间心灵大门的钥匙，而虚伪、欺骗则是阻碍人们交往的障碍，所以程颐才会说："以诚感人者，人亦以诚而应；以术驭人者，人亦以术而待。"每个人都希望别人以诚相待，但前提条件是你必须先以诚待人。生活就是一面镜子，如果你真诚地对待他人，收获的自然是诚心和尊重；如果你以虚情假意待人，那么回报你的也将是虚伪和欺骗。

原典

攻人之恶毋太严，要思其堪受①；教人以善毋过高，当使其可从②。

注释

①堪受：忍受、承受。②从：做到。

译文

指责别人的缺点不要过于严厉，要顾忌对方是否能够承受；教导别人行善不能要求过高，应当看他是否能够做到。

解析

俗话说："打人不打脸，骂人不揭短。"在与人交往时，批评、责备要讲究方式方法，不应该过于严厉，否则会适得其反。

每个人都有可能犯错，即使圣人也不例外，人们可以批评他人的过失，但是要稍有保留，最好采用委婉、暗示的方式警醒他人。如果过于严厉、过于露骨，不仅会损害别人的颜面，还会导致双方的关系破裂。

指责别人的过错、教导别人向善，目的都是为了帮助他人改正缺点，方法正确可以达到预期的效果，方法错误则会产生相反的效果。即便是家长教育孩子、上司批评下属也要有分寸，因为每个人都有逆反心理，就像皮球一样，你越是施加压力，它就反弹得越高。在教育他人时，若是能把自己的批评包上一层"糖衣"，他人就会心甘情愿地接受。

原典

粪虫至秽变为蝉，而饮露于秋风；腐草无光化为萤①，而耀采于夏月。故知洁常自污出，明每从暗生也。

注释

①腐草无光化为萤：萤火虫在水边的草根中产卵，到了次年，新生的萤火虫便会从草丛中飞出，所以古人认为萤火虫是由腐草变化而成的。

译文

粪土中所生的小虫是最污秽的了，可是一旦化为蝉却只饮食秋天洁净的露水；腐草本来黯淡无光，可是一旦孕育出萤火虫却能在夏夜中释放点点光芒。由此可见，高洁的东西常常出自污秽之处，光明常常生于黑暗之中。

解析

古人认为，蝉虽然生于污秽之处，但是一旦破茧而出，便能飞向天空，餐风饮露；萤火虫虽然由腐草幻化而成，但是可以点亮夏夜星空。人也是如此，越是清苦的环境越能激起人们奋发图强的斗志。古今中外，多少伟人都是从艰苦的环境中奋斗出来的。

一个人的命运掌握在自己手中，只有靠自己的努力才能改变的命运。两千年前的陈胜发出了“王侯将相宁有种乎”的呐喊，喊出了无数英雄豪杰自强自立的气节和改变自己命运的豪迈之情。所以，一个人不必因自己出身低微而自卑，更不应因身处困境而苦恼。相反，人们应该将这些看成是激励自己成就功业的动力。人本无高低贵贱之分，只要你拥有远大的理想，努力拼搏，就会有改变自己命运的一天。

“将相本无种，人人当自强。”不要一味地抱怨自己出身低微，世界上又有几个伟人出身名门望族？伟人之所以能够成功、受到人们的尊重，并不在于富贵和门第，而在于崇高的品性和可贵的行为。

原典

矜高居傲，无非客气①。降伏得客气下，而后正气伸。情欲意识，尽属妄心。消杀②得妄心尽，而后真心③现。

注释

①客气：发乎血气的生理之性。②消杀：消除、清除。③真心：真实不变的心。

译文

一个人之所以会有骄矜高傲的态度，无非是受生理之性（私欲）的影响，只有清除这种外来的不至诚的血气，浩然正气才会得以伸张；一个人所有的欲望都来源于内心深处的妄念，只要消除这种虚幻的妄念，人的真心、本性自然就会呈现。

解析

荀子在《性恶》中说：人的本性是恶的，而善是后天产生的。人本来就有喜好私利的欲念，如果任其发展，那么人与人之间便会争斗不断。只有抑制这种本性的发展，才能产生谦让、宽容的美德。人本来就有嫉妒、欺骗之心，如果任其发展，那么陷害他人之事便会盛行。只有消除这种本性，才能产生忠厚、真诚的美德。

一个人产生妄念、欲望是正常的，但是如果放任妄心的滋长，那么本性中的嫉妒、仇恨、贪念等有害的念头就会占据人们的心灵，那时人们就会作出违背良心、破坏社会安定之事。所谓“情欲意识尽属妄心”，人们所有的欲望都源于内心深处的妄念。人们不能受这种妄念的驱使，否则就会成为它的奴隶。所以，人们应该控制自己的妄念和欲望，保持浩然正气和真心本性。一个人只要拥有浩然正气，无论是面对巨大的诱惑还是外界的威胁，都会处变不惊、镇定自若。

原典

饱后思味，则浓淡之境都消；色后思淫，则男女之见尽绝。故人当以事后之悔悟破临事之痴迷，则性定①而动无不正。

注释

①性定：心性稳定，恢复本性。

译文

酒足饭饱之后回味美酒佳肴的滋味，所有香浓寡淡的味道都会消失；情欲满足之后再回想性欲的情趣，所有男欢女爱的念头全都断绝了。所以人们应该用事后的悔悟之心，来破除身在事中的执迷不悟，那么心性就能稳定，一切举止行为也就合乎义理了。

解析

酒足饭饱之后再看美味佳肴，即使味道再鲜美也不会引起食欲；欲望满足之后再思性欲的情趣，则不会再兴起任何欲望。所以，人们要经常用事后悔悟的办法，来判断另一件事是否应该开始，这样就会减少错误的发生。

人们常常费尽心机追求某种东西，越是得不到就越是想要得到，等到得到之时，才发觉不过尔尔。真正驱使人们苦苦追求的，并不是事物本身的美好，而是人们心中无法满足的欲望。可是，等到欲望得到满足之后，回想自己苦苦追求的过程，又会感到不值和空虚。那么，人们应如何才能避免无谓的执迷和奢求呢?

面对外界纷至沓来的各种诱惑，过分地贪图享乐反而会使人产生懊悔的念头。人们只要想想文中提及的“酒足饭饱”和“情欲满足”这两种寻常的体验，就不会再为了追求物质欲望而痴迷，更不会因为抵挡不住物质的诱惑而步入迷途。

原典

居轩冕[①]之中，不可无山林的气味；处林泉之下，须要怀廊庙[②]的经纶。

注释

①轩冕：古时大夫以上的官吏的车乘和冕服，代指高官。②廊庙：古时帝王和大臣议事的地方，后代指朝廷。

译文

身居朝廷要职，也要有隐逸山林的淡泊情怀；隐居山林之间，也要有安邦定国的抱负和才能。

解析

对于古人来讲，出仕和退隐永远都是不可调和的矛盾。但洪应明在这里给出了最好的答案，即身处朝廷之中，也要有归隐山林的淡泊情怀；隐居山林之间，也要有安邦定国的抱负和才能。这正是范仲淹所说的“居庙堂之高则忧其民，处江湖之远则忧其君”。

古人提倡“以出世之心，行入世之事”，即使出仕为官，也不应汲汲于名利，执迷于权位，而应该有一颗忧国忧民的真心，留一份淡泊闲适的归隐之趣。而出世归隐之人，也不应仅仅做到“独善其身”，一味地陶醉或是消沉于山林之下，从而惘然不顾国家兴亡、百姓忧愁。诸葛亮少年时期，经历战乱之苦，后来隐居隆中，过着“躬耕垄亩”的生活。但是他却心怀天下，密切关注天下局势的发展，在茅庐之中就为刘备谋划了三分天下、成就霸业的长远大计。

《道德经》说：“小隐隐于野，中隐隐于市，大隐隐于朝。”那些独善其身的隐者只是表面归隐，实则有逃避现实的嫌疑；而那些虽然身处朝廷，却大智若愚，淡然处之，不受权贵和财富诱惑之人，才是真正的隐者。

原典

处世不必邀功①，无过便是功；与人不求感德，无怨便是德。

注释

①邀功：邀，求取。邀功，争夺功劳。

译文

人生在世，不应该处心积虑地争夺功劳，只求无过便是最大的功劳；与人交往，不要奢求别人感恩戴德，只求没有怨恨便是最大的恩德。

解析

在很多人看来，“不求无功，但求无过”的态度，是消极处事、不懂得积极进取的表现，但是从某种意义上讲，却体现了道家无为的思想。其实，“无过便是功”并不是消极的处世态度，而是告诫人们不要强求过多的功劳，应该顺其自然，否则会适得其反。正因为人们不强求、不贪婪，所以才不会被功名利禄所诱惑，作出违背道德和正义的事来。

王阳明是明朝著名的哲学家，也是著名的政治家、军事家，为明朝建立了赫赫战功。正德年间，宁王朱宸濠发动叛乱，王阳明奉朝廷之命前去镇压。他一方面积极备战、调配作战物资，一方面发出讨贼檄文，要求各地将领出兵勤王。面对宁王大军，王阳明为了保护南京的安全，与叛军展开了激战，最终大败叛军，活捉宁王及其文武大臣。王阳明在平定宁王叛乱中立下了巨大功劳，但是他并没有居功自傲，而是将成功平乱的功劳全部归于明武宗。正是因为王阳明不贪图功名，明武宗和军民极其信任和尊敬他。

世间有多少人为了争名夺利而失去了自己的志向，更做出违背道义的事情。这样的人处心积虑地想要扬名天下，最终落得贻笑后人的下场。

原典

忧勤[①]是美德，太苦则无以适性怡情；淡泊是高风[②]，太枯[③]则无以济人利物。

注释

①忧勤：多指帝王或朝廷高官为国事而忧心操劳。②高风：高尚情操，高风亮节。③枯：这里指过分地清心寡欲。

译文

为事业忧心操劳固然是一种美德，但是如果过于辛劳，就会心力交瘁，失去原本的乐趣；淡泊名利是一种高风亮节，但是如果太过于清心寡欲，就对别人和社会没有帮助了。

解析

任何事情都要把握一个“度”，如果超过限度，那么好事也会变成坏事。做事尽心尽力是一种美德，但是事必躬亲、过分劳累，就会把自己搞得心力交瘁，人生也会因此失去原本的乐趣。淡泊名利原本是一种高风亮节，可是如果把握不好尺度，连自己最基本的生活都无法维持，又何谈帮助别人、为国家做贡献呢?

儒家提倡中庸之道，就是告诫人们做事要恰如其分，既不能不足也不能过分，不偏不倚才是“平常之理，乃天命所当然，精微之极致也”。

孔子曾经感叹道：“中庸是至高的品德，是君子应该努力追求的境界。”而远古时期的圣人尧说“允执其中”，舜说“执其两端，用其中于民”，这里的“中”便是中庸的意思，它是一种崇高的道德境界，也是一种人生态度和人生智慧。人生行事，不走极端，把握好分寸，“允执其中”，“从容中道”，平平常常才是最大的智慧。

原典

事穷势蹙①之人，当原其初心；功成行满②之士，要观其末路。

注释

①事穷势蹙：蹙，穷困或精疲力竭的意思。事穷势蹙，情势紧迫，穷途末路。②功成行满：事业有所成就，一切如意圆满。

译文

对于那些陷入困境、走投无路的人，应当体察其当初的本心，体察其当初奋发上进的精神；对于那些功成名就、春风得意的人，要看他是否能长久下去，考虑其是否有美好的结局。

解析

人生在世，成功的光环不可能永远戴在一个人头上，失败的命运也不可能永远降临在一个人身上。所以，人们不能任由“成者王侯败者贼”这种庸俗势利的思想左右自己的判断，对胜者摆出趋炎附势的姿态，对败者作出落井下石的行为。

俗话说，不以成败论英雄，英雄之所以能名垂青史，不在于其成败的结果，而在于其奋斗的过程和人格魅力。邓世昌是清末杰出的爱国将领、著名民族英雄。1894 年，在大东沟海战中，邓世昌指挥“致远”舰奋勇作战，在面临沉船的危机关头，他指挥战舰全力撞向日舰，却因被鱼雷击中，战舰沉没。邓世昌拒绝下属的救助，一心与“致远”舰共存亡，最终壮烈殉国。虽然邓世昌在海战中遭遇巨大失败，但是其勇敢赴难的志气和爱国热情永远让人敬仰。一时的得失并不能决定一个人一生的成败，那些具有超凡个人魅力和卓越能力的人，虽然遭遇了失败，难道就不能被称为英雄吗？那些跌倒了爬起来，顽强探索却没有走到终点的人，难道就不能被称为英雄吗？那些勇于奋斗、顽强拼搏，却被成功拒之门外的人，难道就不能被称为英雄吗？

原典

富贵家宜宽厚，而反忌克①，是富贵而贫贱，其行如何能享？聪明人宜敛藏②，而反炫耀，是聪明而愚懵③，其病如何不败？

注释

①忌克：因心生嫉妒而凌驾于人，泛指为人善妒刻薄。②敛藏：收敛光芒，深藏不露。③懵：本义为心神恍惚，比喻对事物缺乏正确判断，不明事理。

译文

富贵之家应该待人宽厚，但是很多人却刻薄无礼，这种虽处富贵而却表现得却十分贫贱的做法，又怎能保持长久的富贵呢？聪明的人应该收敛光芒、深藏不露，但是有些人却炫耀张扬、锋芒毕露，这种看似聪明而实际却十分愚蠢的行为，又怎能使其立于不败之地呢？

解析

《老子》说："天之道，损有余而补不足。"人们应该效仿天道，富贵之人应该拿出财富资助贫困的人。范蠡可谓千古少有的奇人，他辅佐越王勾践灭吴雪耻之后，功成身退，隐姓埋名，到陶地以经商为生。范蠡在经商上获得了巨大的成功，很快就成了富甲一方的人，自称陶朱公。但是他深知功名财富容易招人嫉妒的道理，在经商期间乐善好施，三次散尽万贯家财，资助身边的贫苦百姓和朋友。司马迁称赞他是"富而行其德者"。

"富而好仁，富而不骄，富而好礼"是儒家提倡的高尚品德，然而在现实生活中，很多人却为富不仁、刻薄吝啬，不仅不能做到乐善好施，反而依仗富贵欺辱他人。这样的人虽然物质上是富有的，内心和灵魂却是空虚、贫穷的，所拥有的财富也不可能长久。真正的富者和君子能够做到"利以养其体，义以养其心"，热心慈善和公益，回报社会和民众，而且也只有这样才能体现自我价值，才能受到人们的赞誉和尊重。

原典

人情反复①，世路崎岖。行不去，须知退一步之法；行得去，务加让三分之功。

注释

①人情反复：指人的情绪欲望反复无常。

译文

人情世故反复无常、变化不定，人生道路崎岖不平、艰险难行。当遇到困难而行不通的时候，要懂得退一步的为人之道；当事业一帆风顺的时候，要懂得谦让三分的道理。

解析

为人处世必须学会谦恭、礼让，若处处都与人一争高下，事事都想显露一手，到最后自己可能会陷入寸步难行的绝境。人情世故反复无常，人生道路艰险难行，当你遇到困境而行不通的时候，不妨退让一步，否则就会落入万丈深渊；当你事业飞黄腾达的时候，若能保持谦虚、礼让的胸襟，就可以为自己消除很多祸患。知退一步之法，明让三分之功，不仅是一种谦让美德，更是一种安身立命的智慧。

清朝著名良臣曾国藩曾经说过：“终身让人道，曾不失寸步。”表面看来谦让他人是一种吃亏的表现，但是从长远来看，自己所得到的东西会远远超过失去的东西。君子应该具有厚德载物、谦卑礼让的美德，这样才能成就丰功伟绩。谦让不是退却，也不是软弱，而是一种豁达、一种从容。用礼让之心来感化他人，以包容之心来打动他人，最终不仅可以化解与他人的恩怨，更可以使自己的心灵得到慰藉和升华。

处世让一步为高，退步是进步的张本。人们只要牢记这句话，就找到了为人处世最好的办法。

原典

待小人[①]不难于严，而难于不恶[②]；待君子不难于恭，而难于有礼。

注释

①小人：泛指无知的人，这里指品行坏的人。②恶：憎恶、厌恶。

译文

对待品行不端的小人，做到正颜厉色并不难，难就难在不轻易得罪他们；对待品德出众的君子，做到恭恭敬敬并不难，难就难在能否谦卑有礼。

解析

生活中，每一个人身边都存在一些小人，他们挑拨离间、爱钻空子，所以人们都极力避免与小人相处，以免给自己招来祸端。有些嫉恶如仇的人对小人十分痛恨，甚至不惜一切想要将其铲除。但是，真正睿智的人却能够理智地对待那些没有大恶的小人。

东汉陈实是一个正直公正的人，有一年他的家乡遭遇灾荒，很多人都流离失所。一天夜里，一个小偷潜入陈实房间，企图偷些钱物，却被他发觉。陈实并没有惊动他，而是将儿孙叫到身边，严厉地说："人要懂得自勉。那些恶人本性并不坏，只是沾染了坏习惯，才作出错误的事情。梁上君子就是这样的人。"那个小偷知道自己被发现，立即下来叩头请罪。而陈实不仅开导他重新做人，还送给他一些钱物。这件事传开之后，很多行品不端的小人都感到惭愧不已，一时间恶行也少了很多。

这件事情体现了陈实坦荡的胸怀和宽容的气度。人们常说对事不对人，但是在生活中却很少有人能够做到如此。很多人经常会因为厌恶某人而批评他所做的事情，并且认为某人所做的事情都是错误的。所以，《菜根谭》才会说：对待品行不端的小人，做到正颜厉色并不难，难就难在对待小人同样具有友好的态度，而非一味地憎恶。

原典

宁守浑噩①而黜②聪明，留些正气还天地；宁谢纷华而甘淡泊，遗个清名在乾坤。

注释

①浑噩：即浑浑噩噩，泛指人最真实朴素的本性。②黜：摒除。

译文

人宁可保持纯洁朴实的本性而摒除后天的聪明狡诈，以便保留一些浩然正气还给孕育本真的大自然；人宁可抛弃世俗的荣华富贵而甘于淡泊恬静的生活，以便留下一个纯洁高尚的美名于天地之间。

解析

一个人立身处世，虽需要有“识时务者为俊杰”的智慧，需要有随机应变、圆滑变通的机智，但是仍应保持最本真的浩然正气和最纯洁高尚的美名。只有拥有不被权势物欲所熏染的本真之性，人们才能在关键时刻彰显最高尚的人格魅力。

正如明代诗人于谦所说：“粉身碎骨浑不怕，要留清白在人间。”人们只要能够保持最本真的天性，那么即使粉身碎骨也不能动摇内心，何况是那些所谓的权势和物质享受呢？苏武流放匈奴十九年，在雪地冰天之中，渴饮雪，饥吞毡，牧羊北海边，但是仍然心系汉室社稷。他历经无数劫难，仍然不辱汉节，而正是因为他有着满腔赤诚，浩然正气才见于天地；正是因为他不贪图富贵荣华，甘心牧羊放逐，万世美名才得以成就。

天地正气存在于每个人的心中，只是有些人自作聪明地将这种正气抹杀了，他们做事时喜欢耍小聪明，喜欢掩饰自己的罪行和狡诈，久而久之，被世间的喧嚣和荣华蒙蔽，也就丢失了最初的本性。

原典

降魔①者先降其心，心伏则群魔退听②；驭横③者先驭其气，气平则外横不侵。

注释

①降魔：降，降服。魔的本意是鬼，此处指修行的障碍。②退听：本义指听从本心的命令，这里指退让、顺从。③驭横：控制强横无礼的外物。

译文

要想制服扰乱人心的魔障，必须首先控制内心的邪恶之念，一旦心中邪念被控制，所有扰乱身心的妖魔都会退却；要想驾驭各种蛮横之举，必须首先控制自己的情绪，一旦情绪不再浮躁，各种蛮横之举也就无法内侵了。

解析

所有的邪恶之念都由心生，只要控制住了心性，各种邪恶之念自然也就消失了；人们在心浮气躁的时候，很容易受到外界的干扰，如果心性平定了，那么所有的干扰也就起不了作用了。这也就是佛家所说的“心生，种种魔生；心灭，种种魔灭”。

恶魔是可怕的，但是心中的魔更可怕，因为人们有时候根本无法看清或不愿看清自己的内心，从而不了解或找不到心魔的所在。这样一来，心中的魔就会阻碍人们的自我修行，使人们看不到人间的真、善、美。心中的魔鬼一旦变大变强，就会吞噬人们的本性和灵魂。

要想扫净自己的内心、扫除心魔，并不是一件容易的事情。明代大儒王阳明就说：“破山中之贼易，破心中之贼难。”要想控制心魔，人们必须认识自己的内心，加强自我完善和心性修养，敢于自审与自省，把产生魔鬼的内心清理干净。如果人们能够做到内心静如止水，那么即使外魔强横，又能起到什么作用呢？

原典

养弟子①如养闺女，最要严出入，谨交游。若一接近匪人②，是清净田中下一不净的种子，便终身难植嘉苗③矣。

注释

①弟子：即子弟，泛指年幼的人。②匪人：泛指行为不正、品行不端的人。③嘉

苗：指生长得特别茂盛的禾苗。

译文

教养子弟就像养育女孩一样谨慎，最重要的是严格约束他往来的关系和交往的朋友。他一旦与品行不端的人交往，就像在良田之中播下一颗坏种子而很难长成好苗一样，终身都难成为有用之材。

解析

所谓“近朱者赤，近墨者黑”，在教育孩子的时候要十分谨慎，不要让其结交品行恶劣的人，因为一旦受那些人言行的影响，将产生十分严重的后果。同样，人们在与人交往的过程中也是如此。

荀子说：“品质高尚的人居住时一定要选择地方，交游一定要选择朋友，这是为了远离歪风邪气而接近仁义道德。”“孟母三迁”的故事妇孺皆知，它讲述的正是这个道理。孟子小时候因为家庭贫苦，最初住在公墓旁，孟子便经常模仿他人埋棺筑墓。后来，孟母搬到了市集上，孟子又学会了小贩的吆喝叫卖。最后，孟母将家搬到了学堂边，孟子在耳濡目染之下，不仅学会了知识，更学会了揖让进退的礼仪。孟子从此拜孔子孙子的学生为师，勤奋学习，终于成了著名的儒家宗师。

“与善人交，如入芝兰之室；与恶人交，如入鲍鱼之肆。”如果一个人的周围都是品德高尚的君子，那么这个人的品行也会高尚无私；如果一个人总是与奸诈和虚伪的人来往，那么久而久之，他的品行也会变得恶劣。所以，人们在与人交往中，要明辨是非，做到“交益友而不交损友”。

原典

欲路①上事，毋乐其便而姑为染指②，一染指便深入万仞③；理路上事，毋惮其难而稍为退步，一退步便远隔千山。

注释

①欲路：泛指欲念、欲望等。②染指：沾染不正当的事情。③万仞：形容极高或极深。

译文

关于欲望，人们不要因为贪图便利而随意沾染，一旦稍有染指，便会堕入万丈深渊；关于义理，人们不要因为畏惧困难而稍为后退，一旦退却一步，就与真理相隔万水千山了。

解析

在追求真理的道路上，人们应该不畏困难，勇往直前，一旦稍有退却，即使是小小的一步，也会与真理相隔万重山。

德国著名的戏剧家说：“人的价值并不取决于是否掌握真理或者自认为真理在握，决定人的价值的是追求真理的孜孜不倦的精神。”通往真理的道路上，总是布满荆棘、充满困难险阻，如果没有坚持不懈、孜孜不倦的精神和不畏艰难、勇往直前的毅力，是永远也不会获得成功的。

古往今来，多少仁人志士为了追求真理而不断探索，甚至不惜牺牲生命也要捍卫真理的尊严。哥白尼为了建立“日心说”，辛勤工作三十年，并与保守势力不断斗争，才使得人们了解了太阳中心论的真相；苏格拉底为了捍卫自己的哲学理论，放弃了逃离监狱的机会，甘愿饮下毒酒而死，为欧洲和世界哲学开创了新纪元。

真理一般都会埋在最深处，所以追求真理也是一件十分漫长而又艰苦的事情，因此绝对不能有丝毫的退缩和畏惧，否则就会与其失之交臂。

原典

念头①浓者自待厚，待人亦厚，处处皆厚；念头淡者自待薄，待人亦薄，事事皆薄。故君子居常嗜好，不可太浓艳②，亦不宜太枯寂③。

注释

①念头：想法或动机，这里是心胸的意思。②浓艳：指丰盛豪华，这里指奢侈无度。③枯寂：吝啬、刻薄。

译文

心胸宽厚的人，不仅要求自己生活丰足，对待别人也优厚，时时处处都讲究气派豪华；欲念淡泊的人，不仅自己过着清苦的生活，也要求别人清苦度日，事事都表现得吝啬小气。可见，君子平时不应该太奢侈无度，也不应该过于吝啬、刻薄。

解析

心胸宽厚固然是一种美德，但是过于宽厚就变成了奢侈无度；欲念淡薄无疑是人格修养的崇高境界，但是过于淡泊就会流于刻薄。所以，人们在日常生活中，要懂得在宽厚与淡泊之间把握好尺度，既不能太奢侈无度，也不应该过于吝啬、刻薄。换句话说，每个人都应当把握这样的原则，既不要太浓艳而成为奢侈，也不要太淡薄而成为寡恩。

每个人都有七情六欲，虽然过多的情欲会使人迷失，但是如果毫无欲念和需求，那么这个人又和行尸走肉有什么区别呢？做人应该把握人生尺度，要甘于平凡却又不能平庸；行事要低调谦虚，但又不消极低沉；生活要讲究质量，但又不奢华；在为人处世方面，既不过于积极热情，也不过于冷漠无情。

正所谓："谦让至伪是奸诈，节俭到吝为贪婪；饰妆超度遭诽疑，淡泊过分落嫌怨；奢侈无度必败业，刻薄寡恩失江山。"因此，为人处世最好的策略就是知节有度、不偏不倚。

原典

彼富我仁，彼爵我义①，君子故不为君相所牢笼②；人定胜天，志一动气，君子亦不受造化之陶铸③。

注释

①彼富我仁，彼爵我义：出自《孟子·公孙丑下》："晋、楚之富不可及也。彼以其富，我以吾仁；彼以其爵，我以吾义，吾何谦乎哉？"意思是别人追求富贵，我则坚守道德；别人追求名利，我则崇尚道义。②牢笼：限制、束缚。③陶铸：烧制陶器

和铸造金属器物，比喻造就、培育。

译文

别人追求富贵我则坚守仁德，别人追求爵禄我则崇尚道义，所以君子不会被君主的功名利禄所束缚；人的力量可以战胜天命，意志可以改变气质，所以君子绝不能受命运的摆布。

解析

孟子在《滕文公下》中说："居天下之广居，立天下之正位，行天下之大道。得志，与民由之；不得志，独行其道。富贵不能淫，贫贱不能移，威武不能屈。"这就是孟子所崇尚的大丈夫气概。而公孙衍、张仪一流虽然可以出将入相，但是这种热衷功名、攀附权贵、善挑争端的人根本称不上是真正的大丈夫。

自古士人都有"学而优则仕"的追求，但是随着阅历的增加和仕途的顺利，原本清贫淡泊的读书人，越来越倾向于追求功名富贵，更有甚者会经不住功名利禄的诱惑而作出趋炎附势、奴颜婢膝之举动。

真正的君子不受富贵名利的诱惑，不受君主爵位利禄的束缚，就连命运造化也不能约束他。在别人都追求名利之时，唯有真正的君子坚守仁德和崇尚道义，为了保持完美的人格，甚至不惜放弃自己的生命。"生亦我所欲也，义亦我所欲也，二者不可得兼，舍生而取义者也。"这种超然物外的境界，才是真正的高风亮节。

原典

立身不高一步立，如尘里振衣①，泥中濯足②，如何超达?处世不退一步处，如飞蛾投烛③，羝羊触藩④，如何安乐?

注释

①尘里振衣：在灰尘之中抖动衣服，尘土会越抖越多，比喻做事适得其反。②濯足：出自《孟子·离娄上》："沧浪之水清兮，可以濯吾缨；沧浪之水浊兮，可以濯吾足。"本义是洗去脚污，比喻清除世尘，保持高洁。泥中濯足，比喻做事白费力气。

③飞蛾投烛：飞蛾赴火，自取灭亡的意思。④羝羊触藩：羊角钩在篱笆上，比喻进退两难。出自《易·大壮》："羝羊触藩，不能退，不能遂。"

译文

立身处世，如果不能站得高远，就如同尘里振衣、泥中濯足一样白费力气、适得其反，怎么能够做到超然物外呢？为人处事，如果不懂得留有余地，就会像飞蛾赴火、羝羊触藩一样，进退两难，自取灭亡，那又怎能身心愉悦呢？

解析

"志当存高远"是古人留下的至理名言，它告诉人们，做人要志存高远，只有确立远大的志向才能有奋发向上的精神，才能有走出困境的毅力，才能实现自己宏伟的志愿。

人们常说"站得高才能看得远"，一个人只有将眼光放长远，不计较眼前的得失，不断进取，才能取得更大的成就。而目光短浅的人始终走不出自己的小圈子，更谈不上到更大的舞台上施展自己的才华。

更何况，"取法乎上，仅得其中；取法乎中，仅得其下"。所以，即使一个人制订了高远的目标，也许只能达到中等的水平；如果制订了中等的目标，那么只能达到低等的水平。如果人生目标短浅鄙陋，那么怎能奢求达到高远的境界呢？当然，拥有远大的理想，确立宏伟的目标，只是一个人迈向成功的开始，如果没有努力拼搏的毅力，那么所有的理想都会变成幻想，再高远的志向也不过是痴心妄想。

原典

学者要收拾精神[①]并归一处[②]：如修德而留意于事功名誉，必无实诣[③]；读书而寄兴于吟咏风雅，定不深心。

注释

①收拾精神：集中散漫的意志。②并归一处：专心致志，研究学问。③实诣：实在造诣。

译文

研究学问一定要集中精神，专心致志。如果修德立志却留意功名利禄，必然不会有什么真正的造诣；读书不注重学术上的研究而是附庸风雅，那么必不会取得精深的心得。

解析

从事学问研究没有捷径可走，只有专心致志、精益求精才能达到最高的造诣。修德立身也是如此。人生不能有半点虚伪之心，只有去除名利之心，专心为之，持之以恒，才能有所得。

古今中外，凡是有真才实学的学者都懂得在学问上下真功夫。而那些只知道吟风弄月、讲求风雅的人，只能学到皮毛而已。北宋著名诗人、政治家欧阳修便是精于学问、勤奋专一的典范。欧阳修幼年时，家境贫困，连笔墨纸砚都买不起。但是他对学问孜孜以求的热情却丝毫没有减弱，他以芦苇为笔，以沙滩为纸，刻苦练字。欧阳修天资聪慧，又刻苦勤奋，最终成就了非凡的文学造诣，许多散文诗作成为千古名篇，他也与韩愈、柳宗元和苏轼合称“千古文章四大家”。

所谓“读书之乐无巧门，不在聪明只在勤”，即使是天才也要勤奋好学，如果一味地附庸风雅，不知道精益求精，就会像天资过人的方仲永一样最终沦为普普通通的“众人”。

原典

人人有个大慈悲，维摩①、屠剑②无二心也；处处有种真趣味，金屋、茅檐非两地也。只是欲闭情封，当面错过，便咫尺千里矣。

注释

①维摩：梵语维摩诘的简称，维摩诘是印度的大德居士，与释迦牟尼为同时期的人，辅佐佛教化世人，被称为菩萨的化身。②屠剑：指屠夫和刽子手。

译文

如果每一个人都有仁慈之心，那么教化世人的维摩诘与屠夫和刽子手在心性上则没有本质的区别；如果世间处处都有真正的情趣，那么金碧辉煌的宫殿和简陋不堪的茅草屋在情趣上也没有什么差别。只是人心被欲念和私情封闭，以至于错过了真正的慈悲和情趣，虽然两者近在咫尺，却似远隔千里。

解析

《般若经》说："心性本净，客尘所染。"每个人的本性都是清净纯洁的，只是受到外界凡尘的污染才变得不净。儒家圣贤孟子也提出了"性本善"的理论，认为"恻隐之心，人皆有之"，"无恻隐之心，非人也；无羞恶之心，非人也；无辞让之心，非人也；无是非之心，非人也"。人类都有对弱者的同情、关怀之心，但是由于种种条件的限制，内心的感受才不能表现出来。

所以，洪应明才会说，教化世人的维摩诘与屠夫和刽子手在慈悲之心上没有本质的区别，唯一的区别就是有的人被欲念和私情蒙蔽了本性，才会作出不合理法、违背自然之事。人们如果能够消除那些虚妄之念，就不会受到外界凡尘的打扰，就会显现出最纯真的本性和慈善之心。

原典

进德修行，要个木石①的念头，若一有欣羡，便趋欲境；济世经邦，要段云水②的趣味，若一有贪着，便堕危机。

注释

①木石：树木和山石，指无知觉、无感情的事物。比喻无情欲。②云水：佛家称行脚僧为云水，他们云游天下，四海为家，毫无牵绊，不受约束。这里指如行云流水般不受约束的淡泊雅趣。

译文

凡是增进道德、修养德行的人，必须有木头石块般坚定不移的意志，如果稍有羡慕荣华富贵的念头，便会坠入欲望的深渊；凡是济助世人、治理国家的人，必须有行云流水般不受约束的淡泊雅趣，一旦有了贪图功名利禄之心，便会陷入危机四伏的境地。

解析

佛家称呼那些云游天下、四海为家的行脚僧为“云水僧”，这些人为了修行学法行踪不定，就像行云流水一般，不受世俗的约束，毫无凡尘的牵绊。他们穿染墨法衣，头戴三度笠，手中仅持一钵，虽然生活艰苦清贫，但是那种飘然出世的风貌、淡泊随缘的雅趣确实令人敬畏。

北宋诗人曾经有诗云：“去国行万里，淡如云水僧。”以此来勉励自己淡泊名利，不尚富贵。济助世人、治理国家的人应该有如云水僧般的淡泊，具有恬淡超凡的清高志趣和不受约束的超凡气质，而这样的胸襟和气度绝不是那些汲汲于名利的凡夫俗子所能企及的。

对于现代人来说，每天都面临着各种各样的诱惑，想要真正地如云水僧般淡泊随性，是很难做到的。但是，人们也要把控好自己心中的欲望之门，不要过分地追求物质利益和享受，否则一旦让物欲占据自己的心头，自己就会堕入无尽的深渊。

原典

肝受病则目不能视，肾受病则耳不能听，病受于人所不见，必发于人所共见。故君子欲无得罪于昭昭①，先无得罪于冥冥②。

注释

①昭昭：明亮、明显的意思。②冥冥：昏暗不明的意思，引申为私下、暗中。

译文

肝脏染上疾病，眼睛就会看不见；肾脏染上疾病，耳朵就会听不见。疾病虽然生在人们看不见的肝脏和肾脏上，但是其症状却表现在人们所共见的地方。所以，君子想不在光天化日之下获罪，就必须先保持慎独，在暗中没有错误。

解析

这里讲的还是君子慎独的道理。《中庸》说：“是故君子戒慎乎其所不睹，恐惧乎其所不闻。莫见乎隐，莫显乎微，故君子慎其独也。”人越是在独处的时候越是要谨慎警惕，越是在无人听见的时候越是要畏惧戒备，因为那些私情杂念很容易在隐晦之处显露出来。所以，君子在独处的时候，更应该严格要求自己，防微杜渐，以免在难以察觉的地方犯下过错。

有些人总是喜欢在暗中做一些不法勾当，认为神不知鬼不觉。殊不知，“要想人不知，除非己莫为”，这些所作所为总有一天会暴露在光天化日之下。所以，曾子才会发出“十目所视，十手所指，其严乎”的忠告，希望人们能够谨言慎行。真正的君子会始终如一，不会因为身在暗处便作出有违道义的事情，也不会因为没有人的监督而肆意妄为。

原典

福莫福于少事①，祸莫祸于多心：唯省事者，方知少事之为福；唯平心者，始知多心之为祸。

注释

①少事：没有烦心的琐事。

译文

人生最大的幸福莫过于没有烦心琐事的牵绊，人生最大的祸患莫过于有猜疑多心的干扰。只有那些整天为琐事奔波劳碌的人，才知道轻闲无事是最大的福气；只有那些心如止水的人，才知道疑神疑鬼是最大的祸事。

解析

人生最大的幸福莫过于没有烦心琐事的牵绊，而人生最大的灾祸莫过于多疑猜忌。人们常说“害人之心不可有，防人之心不可无”，为人处事小心谨慎的确应该，但是猜疑心过重，不仅于他人无益，于己更是有害。猜疑就像天上的乌云一样，不仅会蒙蔽你的眼睛，更会使你的心灵黯淡无光。

《吕氏春秋》中有这样一则寓言：有一个人丢了一把斧子，他怀疑是邻居家的儿子偷走了，于是暗中观察邻居家的儿子，觉得他的一举一动、一言一行都像个小偷。不久，这个人的斧子找到了，他再看邻居家的儿子，觉得他根本就不像个小偷。其实，邻居家儿子的言行前后根本没有什么不同，只是这个人的猜疑之心使然。

培根曾说过：“猜疑之心犹如蝙蝠，它总是在黄昏中起飞，这种心情是迷陷人的，又是乱人心智的，它能使你陷入迷惘、混淆敌友，从而破坏人的事业。”所有的祸患大多由多事招来，而多事又源于多心，所以说猜疑多心才是招致灾祸的最大根源。想要远离祸患，让自己的生活轻松自在，就应该保持坦荡的心胸和纯洁的心地光明。

原典

处治世①宜方，处乱世当圆，处叔季之世②当方圆并用；待善人宜宽，待恶人宜严，待庸众之人宜宽严互存。

注释

①治世：太平盛世。《荀子·大略》中说：“故义胜利者为治世，利克义者为乱世。”②叔季之世：指衰乱将亡的世代。古人以伯、仲、叔、季代表长幼顺序，叔、季排在最后，所以以此指代末世。

译文

生活在政治清平的太平盛世，为人处世应当方正刚直；生活在动荡不安的乱世，为人处世应当圆滑善变；生活在衰乱将亡的时代，应当方圆并济、灵活处世。对待心地善良的人，应当宽厚谦和；对待邪恶奸佞的人，应当义正词严；对待资质平庸的人，应当宽严适中、随机应变。

解析

曾国藩说：“立者发奋自强，站得住也；达者办事圆润，行得通也。”为人处事要讲究方圆之道，方是做人的原则，圆是处事的策略。无方，世界便没有了规矩；无圆，世界将过于死板。唯有外圆内方，掌握方与圆的平衡艺术，才能立于不败之地。

一个人如果过于方方正正、有棱有角，缺乏圆滑变通的智慧，就会流于死板，势必撞得头破血流；一个人如果过于圆滑世故、八面玲珑，就会流于奸诈，势必众叛亲离。人生在世，运用好方圆之道，才能无往而不胜、无往而不利。

唐朝著名诗人柳宗元，刚正不阿，疾恶如仇，严厉抨击官场之黑暗，最终导致自己被流放南方。到了晚年，他才有所醒悟地说："吾子之方其中也，其乏者，独外之圆者。固若轮焉，非特于可进，亦可退也。"而清代著名的学者刘墉、纪晓岚便是精于变通之道者。他们清正廉明、疾恶如仇，与和珅等贪官污吏做斗争时不以硬碰硬，而是懂得委婉迂回的策略，依靠自己的智慧惩恶扬善。

真正聪明的人，犹如古时的铜钱一般，外圆内方，既坚持自己的原则，又懂得做事的技巧：该进则进，该退则退，该圆则圆，该方则方，进退自如，游刃有余。

原典

我有功①于人不可念，而过②则不可不念；人有恩于我不可忘，而怨则不可不忘。

注释

①功：帮助过他人。②过：冒犯或是得罪他人的言行。

译文

即使我帮助过他人，也不要常常记在心中，但是如果有得罪他人的言行，就一定要铭记在心、常常反省；如果别人有恩于我应该常记在心，不能轻易忘怀，如果别人得罪过我，就应该一笑而过，不能记恨在心。

解析

阿拉伯著名作家阿里与最好的朋友吉伯、马沙一起去旅行，三人经过一处山谷时，马沙不小心滑倒，幸好吉伯拉住了他的衣襟，才使得他避免落入山谷。马沙为了感谢吉伯的救命之恩，就在附近的石头上刻下了一行字："某年某月某日，吉伯救了马沙一命。"三人继续前行，来到一条河边，吉伯跟马沙因小事争吵起来，吉伯愤怒之下竟打了马沙一耳光。马沙生气地在沙滩上写下了"某年某月某日，吉伯打了马沙一耳光”。事后，阿里问马沙，为什么把吉伯救他的事情写在石头上，却把打他的事情写在沙滩上。马沙回答说：“吉伯救了我，我要铭记在心，而他打我的事情，就让流水冲走吧。”

一个人应该牢记别人的恩惠并懂得知恩图报，并学会忘记别人的冒犯和缺点。只有心存感激的人才能在生活中少一些抱怨和烦恼，只有心存感激才能保持快乐的心情、平和的心态。总是记恨别人不仅不利于与对方的交往，自己的内心也将陷入痛苦之中。

原典

心地干净，方可读书学古。不然，见一善行，窃以济私；闻一善言，假以覆短①，是又藉寇兵而赍盗粮②矣。

注释

①假以覆短：借佳句名言掩饰自己的过失。②藉寇兵而赍盗粮：赍，付予。此句指给敌寇供应兵器，给盗贼运送粮食，比喻做危害自己的蠢事。出自李斯《谏逐客书》：“今乃弃黔首以资敌国，却宾客以业诸侯，使天下之士退而不敢西向，裹足不入秦，此所谓‘藉寇兵而赍盗粮’者也。”

译文

只有心地纯洁、没有私欲杂念的人，才可以读圣贤书、学古人的道德文章。不然，如果看见善行好事就偷用来满足自己的私欲，听见名言佳句就借用来掩饰自己的过失，这就和给敌寇供应兵器、给盗贼运送粮食是一样的行为了。

解析

古人说：“至乐莫如读书。”读书是一件快乐的事情，也是对人生有益的事情。但是只有心地纯洁、无私欲杂念，才能真正领悟圣贤书的精髓，才能品味古人善行的高尚。相反，如果一个人心念不纯，那么只要看到好事就会借来据为己有，只要听到名言佳句就会企图借来掩盖自己的缺点。这样的行为不仅毫无益处，反而会危害自己。

人们的领悟力和思维有所不同，对于圣贤书的理解和领悟也会有所不同，所以人们才会说："一千个读者就会有一千个哈姆雷特。"但是，鲁迅先生也说："一部《红楼梦》，经学家看见《易》，道学家看见淫，才子看见缠绵，革命家看见排斥满清政府，流言家看见宫闱秘事。"一个人心中有什么，就能在所读的书籍中看到什么、学到什么。心地纯洁的人，会从古人的言行中学到为人处事的道理，并以高尚的情操来激励自己；而心中怀有私念欲望的人，则只会从中学到阴谋诡诈，并且企图用古人的嘉言善行来伪装自己、危害他人。所以，人们应该抱着正确的心态来读书，这样才不枉读书人的称号。

原典

奢者富而不足，何如俭者贫而有余？能者劳而伏怨①，何如拙者逸而全真②？

注释

①劳而伏怨：心力交瘁而招致怨恨。②逸而全真：安闲无事而能保全本性。

译文

豪奢无度的人，即使拥有再多的财富也不懂得满足，怎么比得上那些虽然生活贫苦但是节俭知足的人呢？才干出众的人，常常因为辛苦劳作而心力交瘁，反而招致别人的怨恨，怎么比得上笨拙之人清闲无事，却能快乐悠闲，保持纯真本性呢？

解析

生活奢侈的人，无论拥有多少财产都不会感到满足。他们表面上很富有，锦衣玉食，安逸享受，但是其实内心并不快乐。这些人越是拥有财富，就越贪婪，对于物质的欲望也就越强，就像永远也填不满的沟壑一样。相反，那些生活贫苦的人，虽然物质条件有限，必须节俭度日，但是因为心中没有过分的欲望，却能快快乐乐地生活。

适当的欲望可以让人产生动力，但是过分的欲望则会让人失去理智，进而让心沉没在欲望的海洋之中。美国作家沃查德曾说："在这个世界上，被自己的欲望所控制是最不可饶恕的事情。"那些生活奢侈的人正是因为无法控制自己对金钱的欲望，才会陷入不知足的痛苦之中。人们要学会控制自己的欲望，懂得知足常乐的道理，这样才能活得快乐、活得精彩。

原典

读书不见圣贤，如铅椠佣①；居官不爱子民，如衣冠盗②；讲学不尚躬行，如口头禅③；立业不思种德，如眼前花④。

注释

①铅椠佣：铅，铅粉笔；椠，书版。铅椠，古人书写文字的工具。铅椠佣，指别人雇来书写的人。②衣冠盗：指穿着官服戴着官帽的强盗。衣冠，古代士以上戴冠，代称缙绅、士大夫。③口头禅：佛教语，指不能领会禅宗哲理，只引用他人的某些常用语作为谈话的点缀。④眼前花：瞬时凋谢的花朵，比喻一时的荣华富贵。

译文

研读经书，却不能领悟古圣先贤的思想精髓，就如同只会写字而不解其意的抄写工；在朝为官，如果不爱护百姓、体恤民情，就如同穿着官服戴着官帽的强盗；讲学布道，却不注重身体力行，就如同只会诵经而不懂佛理的和尚；功成名就，却不能广施恩德，那么功业就如同瞬时凋谢的花朵，不能长久。

解析

人们在熟读圣贤典籍时，如果不能领悟圣贤的思想精髓，体味圣贤的教诲，就与不求甚解的刻字工人没有什么区别。所以说，古人治学的目的，并不只是为了熟读文章，而是要从中领会圣贤的思想精髓，领悟其中做人做事的哲理和智慧，最终通过躬行实践来实现自己治国平天下的理想和抱负。也就是说，人们在学习知识时不能局限于课本，要懂得学以致用，要懂得躬行实践，否则所有的言论都不过是毫无根据的夸夸其谈罢了。

在作者看来，读书治学只是领悟圣贤智慧的手段，而学以致用才是最终的目的。不仅读书如此，凡事都是同样的道理。人们无论做什么事情都不能流于形式，要明白自己的目标是什么，只有这样才能获得真正的收获。

原典

人心有部真文章，都被残编断简[①]封固了；有部真鼓吹[②]，都被妖歌艳舞淹没了。学者须扫除外物，直觅本来，才有个真受用[③]。

注释

①残编断简：残缺不全的书籍，这里指繁杂无用的书籍，比喻物欲杂念。②鼓吹：古代用鼓、钲、箫、笳等合奏的乐曲，源于我国古代民族北狄，泛指音乐。③真受用：真正的好处。

译文

每个人心中都有一部真正的好文章，只是被杂乱无用的书籍遮盖了；每个人心中都有一首最美妙的乐曲，只是被妖艳的歌声和艳丽的舞蹈迷惑了。所以，做学问的人应该摒除所有的外界诱惑，寻求心中最真实、最自然的本性，这样一来，才能学到真正的学问。

解析

只有摒除杂乱文章的遮挡，才能寻得真正的好文章；只有抵挡妖歌艳舞的诱惑，才能领略最美妙的音乐。其实，不仅读书赏乐如此，做什么事情都要有清扫内心的功夫，只有专心致志，排除外界所有的物欲引诱，才能寻求到最自然的本性。

王阳明认为："万事万物之理，不外于吾心。"身处纷繁复杂的人世，每个人都为了名利而奔波劳碌，在无休止的物质欲望中煎熬，所以只有找到心中最自然的本性，才能摆脱世间的纷扰。可是，有些人因为贪欲太重而遮蔽了良知，他们根本看不到自己的心性。因此，人们只有排除外界的干扰，学会反省自身，往自己的内心深处寻找，才能找到属于自己本然之性的良知，才能达到"万物一体"的境界。

原典

苦心[1]中常得悦心之趣[2]，得意时便生失意之悲。

注释

①苦心：指身处困苦、逆境之中的感受。②悦心之趣：使心情愉悦而有乐趣。

译文

身处逆境之时，要有积极向上的精神，常常给自己寻找一些使心情愉悦的乐趣，以激励自己奋发向上；身处顺境之时，不要得意忘形，要常常想到可能遇到的危险，以免乐极生悲。

解析

此处阐述的是得意不忘形、失意不失志的道理。做人贵在以超然的心态对待自己的得失成败，做到身处逆境之时，要有积极向上、奋发图强的精神；身处顺境之时，要有不忘形、不炫耀的态度。

得意忘形是很多人容易犯的错误，这种人一旦取得一些成就，就开始狂妄自大、目空一切。他们没有远大的理想和目标，只是在虚荣心的驱使下前行，一旦得到人们的喝彩和掌声，自然就忘乎所以了。而且，在人生的道路上，有得意之时便有失意之时，有些人一旦遇到困境便开始怨天尤人，消极怠慢。一般来说，这些人大多是心胸狭窄、目光短浅的人，当遇到打击的时候，便萎靡不振、自暴自弃。总之，人如果在顺境中忘乎所以，失去警惕，往往就会栽跟头；在逆境之时，意志消沉，自暴自弃，往往就无法前行。这两种人都难以成大事。所以，为人处世要从容自若，得意不忘形，失意不失态。

原典

富贵名誉自道德来者，如山林中花，自是舒徐[1]繁衍；自功业来者，如盆槛中花[2]，便有迁徙废兴；若以权力得者，如瓶钵中花[3]，其根不植，其萎可立而待矣。

注释

①舒徐：舒，展开。徐，缓慢、舒徐，比喻从容、自然。②盆槛中花：槛，防护花木的栅栏。盆槛中花，指栽在花盆、栅栏中受到约束之花。③瓶钵中花：瓶钵，僧人的食具，瓶盛水，钵盛饭。瓶钵中花，指插在花瓶中的无根之花。

译文

一个人的富贵荣华、声名利禄，如果通过修养道德而得，就如同生长在山林之中的花朵一样，可以自然从容地开放，繁衍不绝；如果是通过建功立业而得，就如同栽种在花盆园圃中的花朵一般，会因境遇的变化而随之兴废；如果是通过争权夺利而得，就如同养在花瓶水钵中的花朵，没有根茎的滋养，枯萎凋谢指日可待。

解析

一个人的富贵荣华、声名利禄如果是通过修养道德而来，那么就会长久保持；如果是靠功业和权势获得，那么就会如同无源之水、无本之木一样难以长久。圣人孔子同样追求富贵，认为“富而可求也，虽执鞭之士，吾亦为之”，但是孔子却认为富贵的获得要以仁德和道义为前提，所谓“不义而富且贵，于我如浮云”，“不以其道得之，不处也”。也就是说，即使有再多的财富，只要违背道义就不会贪图。

古人曾说“民无德不立，政无德不威”，又说“立人先立德”。古人崇尚道德品质的修养，认为道德是富贵、功业乃至人生的基础。孟子也说，凭借势力而称霸诸侯，这霸业必定是凭借自己国力的强大而得；若依靠道德，实行仁义而使天下归服，则不必以国力的强大为基础。正所谓，“君子不以威行天下，而以德服天下”。如果以武力或是权势使人臣服，那么别人只是因惧怕屈服而已，并不是真正地心悦诚服；只有凭借德行和仁义，才能真正感化别人的心，使之心悦诚服。

君子有所谓的“三不朽”，即“立德、立功、立言”。但是我们认为，只有修养完美的道德品行，才能建立伟大的功勋业绩，才能确立独到的论说言辞。

原典

栖守道德者，寂寞一时；依阿[1]权势者，凄凉万古。达人观物外之物[2]，思身后之身[3]，宁受一时之寂寞，毋取万古之凄凉。

注释

①依阿：依附、迎合，指依附权贵、曲意逢迎之人。②物外之物：泛指世事以外的东西，即物质生活以外的精神生活和道德修养。③身后之身：即死后的名誉。

译文

坚守道德节操的人，遭受的孤寂冷落只是一时的；依附权贵的人，遭受的唾弃与凄凉才是千秋万载的。通达之人更看物质生活之外的精神生活和道德修养，顾及名垂千古的美名和声誉，所以他们宁愿忍受一时的寂寞清冷，也不愿意遭受万古的唾骂和悲凉。

解析

正所谓“古来圣贤皆寂寞”，自古坚守道德节操的人，因为不愿与世人同流合污，受到世人的排挤和冷落；而那些趋炎附势、追求名利的人，却能够平步青云、呼风唤雨，受到世人的追捧和推崇。但是前者遭受的冷落和孤寂却是一时的，因为时间和历史会证明他们的高尚；而后者虽然能够得到荣华富贵，却不能长久，其低俗恶劣的品行会遭到后世人的唾弃。所以，通达之人宁愿遭受一时的冷落孤寂，也不愿意放弃自己的道德节操。

人们应该守得住寂寞，不为外界的物质所诱惑，这样才能控制住自己的欲望，从而成就一番真正的事业。只有守得住寂寞，才能有耐得住清贫的品质，才能威武不屈、富贵不淫。只有守得住寂寞，才能守住内心深处的安宁，才能在为人处事之时保持清醒的头脑。

原典

春至时和，花尚铺一段好色，鸟且转[1]几句好音。士君子幸列头角[2]，复遇温饱，不思立好言、行好事，虽是在世百年，恰似未生一日。

注释

①转：鸟儿发出的宛转悠扬的叫声，形容鸟鸣声或乐曲声。②头角：即“崭露头角”，比喻才华出众。

译文

春天到来，阳光和煦之时，花草树木欣欣向荣，给大地铺上了一层美丽的景色，鸟儿的叫声宛转悠扬，仿佛美妙的乐章。士人如果能够在仕途施展才华，崭露头角，同时又可以过着衣食无忧的生活，却不思为后世留下好文章、做些有意义的事，那么即使活到百岁，也像没活过一天一样没有任何价值和意义。

解析

俗话说：“豹死留皮，人死留名。”就连花草树木都可以为大自然增添一些美丽的景色，鸟儿都可以为人们留下宛转悠扬的歌声，如果一个人一辈子只是浑浑噩噩地活着，没有作下任何有价值和有意义的事情，那么就连花草树木、鸟儿都不及，岂不是白白在世上走一回?

人生在世，说短不短，说长也不长，看似遥遥数十年，如果肯勤勤恳恳、兢兢业业，最大限度地发挥自己的价值，为后世留下嘉言善行，那么这样的人生即使短暂也能让人铭记在心，流芳百世。如果只是想着为自己谋求私利，或是浑浑噩噩地生活，那么这样的人生即使长达百年，在世人眼中也是昙花一现。所以说，人的生命并不在于它的长度，而在于它的宽度，在于你是否能够在有限的生命中作出更多有价值、有意思的事情。

臧克家说过：“有的人活着，他已经死了；有的人死了，他还活着。”这正是对于人生价值、人生意义最简单而又最形象的描绘。人们应该尽力将一己所能发挥到极致，即使不能留下世世代代传颂的美名，也不能虚度自己的一生。

原典

学者有段兢业①的心思，又要有段潇洒②的趣味。若一味敛束③清苦，是有秋杀[4]无春生，何以发育万物?

注释

①兢业：即“兢兢业业”，小心谨慎，尽心尽力。②潇洒：清高脱俗，不受拘束。③敛束：收敛、约束自己的言行。④秋杀：与春生对称，代指秋天气象凛冽，毫无生机。

译文

做学问的人，既要有兢兢业业、谨慎细致的心思，又要有洒脱不拘、清高超俗的情趣，这样生活才能不失情趣。如果一味地约束自己的言行，过分追求清心寡欲，人生反而会像秋天一样毫无生机、死气沉沉，这样怎么能孕育万物，促其生长呢?

解析

做学问的人，有兢兢业业、毫不怠惰之心固然很好，但是如果过分地约束自己的言行，过分地追求清心寡欲，那么人生就毫无生机和情趣可言了。读书人不能忽略洒脱不羁、悠闲自在的情趣，这样才能犹如生机勃勃的春天一般，有所发展、有所成就。

我们现在提倡德、智、体、美、劳全面发展，即不仅要注重知识的教授，更要注重素质的培养，否则人们就会变成只会读书的“书呆子”。不仅读书治学如此，生活也是如此。

北宋著名女词人李清照，素有“千古第一才女”之称，她出身官宦世家，从小喜爱读书、吟诗，更喜爱接近大自然，因而写下了“水光山色与人亲，说不尽，无穷好。莲子已成荷花老，清露洗苹花汀草”这样优美动人的词句。虽然在中年后期，她遭受了战乱之苦，过着颠沛流离的生活，可是她没有意志消沉，而是将满腹激情投在国家大事上，挥笔写下了“欲将血泪寄山河，去洒东山一抔土”之句。一介柔弱女流却有这样的胸襟和气度，这是何等的洒脱，何等的清高啊!

原典

真廉无廉名，立名者正所以为贪；大巧[1]无巧术，用术者乃所以为拙。

注释

①大巧：大聪明、大智慧。

译文

真正清廉的人并不在乎清廉的虚名，那些热衷于树立清廉之名的人，恰恰是贪图名利、沽名钓誉的人；真正具有大聪明、大智慧的人并不会炫耀自己的才华，那些喜欢炫耀的人，实际上是真正的拙劣愚蠢之人。

解析

所谓的“大巧无巧术”，也就是人们常说的“大巧若拙”。凡是具有大智慧的人，通常不会轻易炫耀自己的才华，表面上看起来很愚笨，其实这样不显山、不露水的人才是真正的智者。而那些总是喜欢卖弄聪明的人，只不过是自作聪明而已。所以老子才会说“大直若屈，大巧若拙，大辩若讷”，苏东坡也说“大勇若怯，大智若愚”。

“愚公移山”的故事众人皆知，愚公企图凭借一己之力将门前的王屋、太行两座大山移走，这样的行为在普通人眼中是多么的不可思议，因此智叟才会嘲笑他愚不可及、自不量力。但是愚公却凭借自己的毅力和乐观感动了天帝，最终达成所愿。寓言中愚公的“愚笨”和智叟的“聪明”形成了鲜明的对比，然而在我们看来，谁是真的聪明、谁是自作聪明显而易见。

“大巧若拙”、“大智若愚”是一种处世之道，更是一种人生境界。真正聪明的人懂得如何守拙，懂得明道若昧，糊涂中有聪明，痴心中有智慧。而那些自以为是的“聪明人”，往往会因弄巧成拙而成为众人的笑柄。

原典

心体光明，暗室[1]中有青天；念头暗昧[2]，白日下有厉鬼。

注释

①暗室：泛指隐秘、不为人知的地方。②暗昧：昧，不光明。指隐秘见不得人。

译文

一个人如果心地光明磊落，即使身处隐秘黑暗的屋子，也如同站在朗朗晴空下一样坦然；一个人如果心地邪恶阴暗，即使身处光天化日之下，也如同被厉鬼缠身一样战战兢兢。

解析

所有外界的善恶、正邪、美丑等现象，只不过是人们内心世界对其的反映。心地善良的人会把恶看作善，心地正直的人会把邪看作正，心灵美好的人会把丑看作美，而心地丑恶的人则恰恰相反。

所谓“心体光明，暗室中有青天”，如果一个人的内心光明正大，那么即使身处暗室，心中也永远敞亮无比。现实中，很多人却恰恰相反，他们为了追逐名利和金钱总是绞尽脑汁，费尽心机，心中总是怀着不可告人的秘密，所以他们总是疑神疑鬼，生怕被人发现自己的秘密。这样的人即使身在光明的地方，也如同恶魔缠身一样，惶惶不可终日。

所以，一个人必须光明磊落，把自己的良心放正，只有做到问心无愧，才能堂堂正正地做人。

原典

人知名位①为乐，不知无名无位之乐为最真；人知饥寒为忧，不知不饥不寒之忧为更甚。

注释

①名位：泛指名誉和官位，即功名利禄。

译文

人们只知道拥有功名利禄是一种快乐，却不知道没有功名利禄的牵绊才是人生中真正的快乐；人们只知道贫困饥饿是一种忧患，却不知道不饥不寒的忧愁是更大的忧患。

解析

何为快乐？何为忧愁？虽然自古以来人们就在不断地探索和追求，但时至今日，仍未得到一个完美而又统一的答案。

很多人拥有了功名利禄之乐，却又不得不忍受官场倾轧、权势灼人的苦恼，你能说他们得到了快乐吗？很多人过着锦衣玉食的生活，却又因为欲壑难填而不得不忍受患得患失之苦，谁又能说这是快乐呢？有些人虽然每天要忍受饥饿之苦，然而却可以享受自然悠闲之乐，谁又能说这是痛苦呢？

对于这些，洪应明给人们展示了一个答案，那就是只有不被名声、地位所牵累，拥有一颗普通人的心，享受无忧无虑的闲情逸致才是真正的快乐，只有精神上的空虚和患得患失才是最大的忧愁。

曹雪芹在《红楼梦》中写了一首《好了歌》：“世人都晓神仙好，只有功名忘不了；古今将相在何方？荒冢一堆草没了！世人都晓神仙好，只有金银忘不了；终朝只恨聚无多，及到多时眼闭了！”这首歌也体现了这种观点。所以说，名利金钱都不过是身外之物，人们在生活中只有真正地享受到生命本身的自由和妙趣才是最大的快乐。

原典

为恶而畏人知，恶中就有善路①；为善而急人知，善处即是恶根②。

注释

①善路：改恶从善的良知。②恶根：滋长罪恶、过失的根源。

译文

做了坏事而害怕别人知道，可见这样的人还有一些羞耻之心，还有一些改恶从善的良知；做了好事而急于让别人知道，可见这样的人只是为了贪图虚名，即在行善的时候也种下了伪善的祸根。

解析

孟子说："羞恶之心，义之端也。"康有为也曾说过："人之有所不为，皆赖有耻心。"知耻是儒家文化的精髓之一，儒家把"礼、义、廉、耻"合称为"四德"，认为这四德是为人处世、修身立世之根本。自古以来，人们就认为羞耻之心是维持人性的基础，也是人们维持人性的道德底线。若一个人在做了恶事之后，仍有羞耻之心就代表这个人良心尚在，人们应该给其悔改的机会，使其重归善路。

晋代周处身为太守之子，年少时纵情肆欲，横行霸道，被乡里视为除了"南山猛虎"、"长桥鳄鱼"之外的"三害"中的另一害。他曾为逞一时之气而深入深山射死猛虎，潜入水中与鳄鱼搏斗，为乡里除害。但等他回乡时才发现，人们以为他已被猛兽吃掉而相互庆贺，周处这才知道自己的所作所为被人们所厌恶，决心改过自新。后来，在陆机的劝诫之下，周处更是发奋好学，修养德行，最终报效国家，以身殉职，留下了"平西果劲，始邪末正。勇足除残，忠能致命"的美名。

古希腊人曾说："对可耻行为的追悔是对生命的拯救。"人们只要懂得知耻改错，那么就有得到人们尊重的机会。而那些不知道羞耻和悔改的人才是真正的"无耻之徒"，所以人们经常用"恬不知耻"来形容那些对自己的卑鄙行为毫不在乎，不以为耻反为荣的人。

原典

天之机缄[①]不测，抑而伸，伸而抑，皆是播弄[②]英雄，颠倒豪杰处。君子只是逆来顺受，居安思危，天亦无所用其伎俩矣。

注释

①机缄：机，发动。缄，封闭。机缄，指推动事物变化的力量，比喻气运、气数的变化。②播弄：玩弄、摆布。

译文

上天的奥秘变幻多端，对人类命运的支配也是难以预测的，有时会先让人陷入困境再让人春风得意，有时也会让人先建功立业再让人遭受挫折，这些都是上天有意捉弄那些所谓英雄豪杰的手段。因此，真正的君子只要能够在逆境中忍受困苦，在顺境中居安思危，那么就连上天也无法施展那些花招了。

解析

上天的奥妙是变化多端的，对人类命运的支配也是难以预料的，所以古人认为上天之命不可违抗，就连圣人孔子也不得不发出“尽人事以听天命”的感叹。然而，我们不得不说这种观点和态度具有一定的局限性，人的智慧虽然有限，行事也要受到天机和规律的限制，但是人们也要相信事在人为、人定胜天。只要人们能够把命运牢牢地握在自己的手中，哪有不成事的道理！

著名文学家茅盾曾经说：“命运，不过是失败者无聊的自慰，不过是懦怯者的解嘲。人们的前途只能靠自己的意志、自己的努力来决定。”上天使贝多芬遭受了耳聋的打击，但是在人生的舞台上，他没有屈服于命运之足下，扼住了命运的喉咙，从而把握了机会，成为世界上最伟大的音乐家之一。

贝多芬无疑是主导命运的佼佼者。人的生死虽然无法改变，但是命运却把握在自己手中，是好是坏，全凭自己如何挥笔谱写。我们要做自己的主人，凭借自己的努力和拼搏来书写灿烂美丽的人生。

原典

福不可缴①，养喜神以为招福之本；祸不可避，去杀机②以为远祸之方。

注释

①缴：招致、求取。②杀机：暗中陷害别人、怨恨他人的念头。

译文

福分不可强求，只要能经常保持乐观的态度，就算是招致福分的基础；灾祸有时难以避免，只要能消除怨恨、陷害他人的念头，就算是远离灾祸的有效途径。

解析

幸福不可强求，只要经常保持愉悦的心情，坚持与人为善的处世态度，福分不求自来；有时人生中的灾祸难以避免，但是如果自己不存害人之心，也不忽略别人的害己之意，事事谨慎小心，便可以避免祸事降临在自己头上。

俗话说，害人之心不可有。如果一个人心怀叵测，总是为一己私利而陷害别人，最终也将为自己招来祸患。曾经有这样一则寓言，一个捕鸟人家里来了一位客人，捕鸟人没有食物招待客人，便想把自己驯养的斑鸠杀了招待客人。斑鸠悲愤地痛斥捕鸟人说："主人你怎么能忘恩负义呢？要是没有我的帮助，你怎么能抓住那么多的斑鸠啊！"而捕鸟人则说："你为了食物和活命连自己的同类都能陷害，难道不是更应该杀吗？"

历史上"害人反害己"的事例比比皆是，所以人们应该消除自己心中陷害他人的念头，只有心地善良才能避免祸患的侵入。

原典

十语九中未必称奇，一语不中则愆尤①骈集②；十谋九成未必归功，一谋不成则訾议③丛兴。君子所以宁默毋躁，宁拙毋巧。

注释

①愆尤：过失、罪责。尤，责怪。②骈集：连而至。③訾议：非议、责难。

译文

即使十句话中有九句说得正确，也未必令人称绝叫奇，但是一旦你说错了一句话，指责、非难就会接踵而来；即使十次计谋有九次成功，也未必归功于你，但是一旦你出了一次错误，非议、诋毁就会纷至沓来。所以，君子宁愿保持沉默也不愿浮躁多言，宁愿显得笨拙迟钝也不愿自作聪明、炫耀机巧。

解析

《鬼谷子·本经符》中说：“言多必有数短之处。”人性之中有许多弱点，扬恶隐善便是其一。

马西尔斯是古罗马时代有名的英雄，为罗马立下了赫赫战功，被人们誉为“战神”。后来，他打算竞选罗马最高执政官，按照规定，所有候选人都必须发表公开演说。公开演说时，马西尔斯什么也没说，只是脱下了衣服。人们看到他伤痕累累的身体不禁想起他为罗马立下的赫赫战功，感动得泪如雨下，几乎每个人都认为他是当之无愧的最佳人选。

然而，在投票的前一天马西尔斯却作出了一个愚蠢的行为，他在公开场合做了一次慷慨激昂的演讲，内容只是向那些贵族和富民炫耀自己的战绩。这次，他在人民心中的地位一落千丈，结果也可想而知。

所以，为人处世要沉稳厚重，千万不可浮躁多言，自作聪明地夸夸其谈只会适得其反。

原典

天地之气①，暖则生，寒则杀。故性气②清冷者，受享③亦凉薄④。唯气和心暖之人，其福亦厚，其泽亦长。

注释

①天地之气：这里指天地间气候的变化。②性气：性情气质。③受享：所享有的福分。④凉薄：淡薄。

译文

天地之间万物的变化取决于气候的变化，春夏气候温暖则万物生长，秋冬气候寒冷则万物凋败。所以，性情冷漠孤傲的人，所享受的福分也比较淡薄。只有性情温和热情的人，所享受的福分才丰厚，留给世人的福泽才会绵长。

解析

世间万物的变化取决于气候的变化，春夏的温暖使得万物生长，而秋冬的严寒则使得万物凋败。同样，人生的冷暖也取决于心灵的温度。性情孤傲清高、冷若冰霜的人，会使人感到难以接近，这样的人注定要孤单、落寞，人生也注定不会有丰富多彩的颜色；而性情温和、待人热情的人，则会给人如沐春风、热情如火的感受，自然而然地会成为众人注目的焦点。

热情是世界上最宝贵的财富，除此之外没有任何东西能够得到别人的好感。如果你在与人相处的过程中，处处让人感受到你的热情，那么久而久之，人们也会被你的热情所感染。如果在别人需要帮助的时候，你能够热心地给予帮助，那么在你遇到困难之时，别人自然也会助你一臂之力。相反，如果你整天一副冷若冰霜、拒人于千里之外的样子，那么谁又愿意与你交朋友呢？又何谈帮助你渡过难关呢？

在人生的道路上，热情犹如鸟儿的翅膀，犹如车子的轮子，少了热情，你不仅在与人相处时会处处碰壁，事业也会因为缺少动力而难以成功。

原典

天理路上甚宽，稍游心①，胸中便觉广大宏朗；人欲路上甚窄，才寄迹②，眼前俱是荆棘泥途。

注释

①游心：注意、留心之意。②寄迹：寄托自己的踪迹，指栖身。

译文

通往天理的道路十分宽广，稍微倾注一些精力，便会觉得胸中豁然开朗；追求欲望的道路十分狭窄，刚刚迈出脚步，就会发现眼前都是荆棘泥道。

解析

通往天理的大道十分宽敞，随时随地供人们随意行走，如果人们踏上这条光明坦途，心胸便会豁然开朗，人生也会光明似锦。而物欲的道路却是非常狭隘的，如果人们内心之中充满了物欲，那么想要回头就很难了。那些被物欲驱使的人，只要向前走一步便会陷入泥潭之中，越往前走便陷得越深，久而久之，只会陷入欲望的深渊中无法自拔。

南宋理学家朱熹有诗云："世上无如人欲险，几人到此误平生。"可是，总是有人为追逐物质名利而不顾一切，他们明知这条道路上布满了荆棘和泥泞，但是仍宁愿头破血流也要向前闯，最后只能苦苦挣扎于欲望的泥潭之中，让自己的心路越走越窄。

人生之路，宽窄有别，是宽是窄要看人的选择。所以，人们应该克制内心的贪欲，经受住尘世间名利和金钱的考验，这样才能找到通往天理的康庄大道，走向广袤豁达的人生。

原典

一苦一乐相磨炼，炼极而成福者，其福始久；一疑一信相参勘①，勘极而成知者，其知始真。

注释

①参勘：参，交互考证。勘，仔细考察。参勘，琢磨、钻研。

译文

人生中有苦也有乐，只有在痛苦和快乐中交替磨炼达到极致而得到的幸福才能长久；求学中既要有信心也要有敢于怀疑的精神，遇到值得怀疑的事情就去仔细求证，只有这种经过反复求证达到最高境界而获得的知识，才是真正的学问。

解析

北宋学者程颐说过："学者先要会疑。"在求学的过程中，人们要有探索和质疑的精神。质疑是发明的钥匙，质疑是前进的前提，只有具有敢于怀疑的精神，才能有向深处研究、探索的勇气，才能获得真正的学问和真理。

哥伦布因为敢于质疑"天圆地方"的观点，才会踏上航海探险的旅程，从而发现美洲新大陆；伽利略因为敢于对哲学家亚里士多德的理论提出质疑，向权威发出挑战，才会在人们的讽刺和嘲弄中走上比萨斜塔，从而推翻了亚里士多德的权威理论，成为“现代力学之父”。

人们常说“学无止境”，真正的学者既要有充分的信心，又要有反复探索的精神和勇气，只有通过不懈的探索、反复的求证才能获得真正的学问与真理。晚清学者王国维在《人间词话》中说，“古今之成大事业、大学问者，必经过三种之境界：‘昨夜西风凋碧树，独上高楼，望尽天涯路’是第一境；‘衣带渐宽终不悔，为伊消得人憔悴’是第二境；‘众里寻他千百度，蓦然回首，那人却在灯火阑珊处’是第三境”。这三种境界正好印证了人们为了追求真学问而不断求索、努力奋斗，最终豁然开朗的过程。

原典

地之秽者多生物，水之清者常无鱼①，故君子当存含垢纳污②之量，不可持好洁独行之操。

注释

①水之清者常无鱼：出自《大戴礼·子张问入官》：“水至清则无鱼，人至察则无徒。”后以“水至清则无鱼”比喻对人对事过于苛察，就不能容众。②含垢纳污：本义指容纳一切污秽的东西，比喻气度宽宏、有雅量。

译文

污秽的土地上往往能够滋养万物，清澈见底的流水常常没有游鱼。所以，君子应该有容纳污秽与羞辱的雅量，而不应该顽固地保持好洁独行的操守，这样反而会使自己孤立无援。

解析

大凡有所成就的人，都是心胸宽广、气量恢宏的人，他们具有容纳污秽与耻辱的能力，也有包容一切善恶贤愚的气度，也只有这样的人才能获得别人的尊重，才能拥有良好的人际关系。

宋朝史晋臣就曾说："容得几个小人，耐得几桩逆事，过后颇觉心胸开阔，眉目清扬。正如人吃橄榄，当下不无酸涩，然回味时满口清凉。"东晋谢安是清雅随和的名士，他为宰相期间，不少流亡士兵杂役躲在秦淮河南塘码头的繁华地带，一些官员认为京城重地不能容纳这些人，以防带来治安隐患。而谢安却认为，京都所在必然鱼龙混杂、贵贱同处，只有包容万象才称得上真正的王都。

"水至清则无鱼，政至察则众乖，此自然之势也。"立身处世不能过于苛求，要有清浊并容的雅量，因为只有能容天下的人才能为天下人所容，才能成就众人无法企及的事业。

原典

泛驾之马①可就驰驱，跃冶之金②终归型范。只一优游③不振，便终身无个进步。白沙④云："为人多病未足羞，一生无病是吾忧。"真确论也。

注释

①泛驾之马：指性情凶悍不易驯服的马，比喻不守常规的豪杰。②跃冶之金：冶炼金属时，会有金属熔液突然暴出，这就是跃冶之金，比喻不守本分且自命不凡的人。③优游：游手好闲。④白沙：指明代著名学者陈献章，他因隐居白沙里，被世人称为"白沙先生"，著有《白沙集》十二卷。

译文

一匹性情凶悍的野马，只要训练有素、驾驭得法，仍可以使其纵横驰骋；熔化时火花四溅的金属，最终还是要被人注入磨具，锻造成人们想要的事物。一个人如果只是贪图吃喝玩乐，游手好闲，就会萎靡不振，那么这一生也不会有所作为。所以，陈献章才会说："做人有过失并没有什么可耻的，若是一生一点儿毛病也没有才最令人忧心。"这真是一句至理名言啊！

解析

孟子说："忧劳可以兴国，逸豫可以亡身。"一个人必须经历艰苦磨炼、风吹雨打之后，才能担负起兴国安邦的重任。如果一味地贪图享受，游手好闲，一生虽然没有什么波折，但是也无法成就大事。

罗曼·罗兰说："生活是一场艰苦的斗争，永远不能休息一下，要不然，你一寸一尺苦苦挣来的，就可能在一刹那间前功尽弃。"人生本就充满了磨难和艰苦，如果一个人整天活在无忧无虑、安逸平淡的生活之中，那么这本身就是一种灾难。苍鹰之所以能够振翅高飞，翱翔于蓝天之上，是因为经历了无数次被父母摔落山崖的打击；人们总是喜欢百花争艳的旖旎风光，但是谁又知道它们从含苞待放到姹紫嫣红要经历多少风吹雨打。

磨难是每个人必然经历的，对于那些意志坚强的人来说，它就是通往成功道路上的一块垫脚石；对于那些懦弱无知的人来说，它无疑就是可怕的万丈深渊。人们应该勇于向人生中的磨难发出挑战，把它看成是超越自己的手段，只有这样你才能战胜磨难，获得成功和胜利的机会。

原典

人只一念贪私，便销刚为柔，塞智为昏，变恩为惨①，染洁为污，坏了一生人品。故古人以不贪为宝，所以度越②一世。

注释

①变恩为惨：恩，惠爱、慈善。惨，狠毒、残忍。②度越：超越。出自《汉书·扬雄传》："若使遭遇时君，更阅贤知，为所称善，则心度越诸子矣。颜师古曰：'度，过也'。"

译文

人们只要有一点贪婪、谋私的念头，刚直之志就会被消磨得柔软脆弱，明智之心就会被阻塞得糊涂昏聩，慈善之心就会变得残忍狠毒，高洁之品就会被污染得污浊不堪，如此一来，一生的人格品行就因此被败坏了。所以古人子罕把“不贪”作为修身养性的准则，这也是使他超越物欲度过一生的原因。

解析

《左传·襄公十五年》中说：宋国有个人获得一块宝玉，想把它献给大夫子罕。献玉的人说：“这是一块难得的宝玉，只有您才能配得上这块宝玉。”子罕却说：“你将宝玉视为宝物，我却将‘不贪’之德视为宝物。如果你把它献给我，我们都将失去自己的宝物，不如各自拥有自己的宝物吧。”

献玉之人却跪拜不起，恳求说：“小人身怀此宝物，根本不敢外出，今日只有献给您，才能免于一死啊！”子罕见此情形，便命玉工将其雕琢为玉器卖掉，并将所得之钱交给他之后才将其送回家乡。

子罕不贪钱财、洁身自好的品质确实让人敬佩。然而，古往今来，有多少英雄被权、钱、色、名等诱惑而“竞折腰”。贪婪的人往往利欲熏心，满脑子想着如何平步青云、飞黄腾达，久而久之，心灵扭曲，步入邪路。一时的贪念，不知把多少人引入了罪恶的深渊，所以人们把贪心视为万恶之源。生活在名利场中，无欲则无求，无求则无贪婪。人们只有把“不贪”作为修身养性的准则，洁身自好，才能战胜物欲，获得美好自由的人生。

原典

耳目见闻为外贼[①]，情欲意识为内贼；只是主人公[②]惺惺[③]不昧独坐中堂，贼便化为家人矣。

注释

①外贼：指来自外部的侵害。佛教将色、声、香、味、触、法等称作“六尘”，将眼、耳、鼻、舌、身、意称作“六根”，他们认为色、声等外在事物会以眼、耳等器为媒介，来侵害人的本性和善念，所以佛教才将色、声等称作“外贼”。②主人公：即主人。③惺惺：清醒的样子。

译文

耳闻目见的东西都是外界劫夺人善性的盗贼，情感欲望、思想意识，这些心理上的邪恶才是潜藏在人们内心世界的“盗贼”。无论是“外贼”还是“内贼”，只要主人能够保持清醒的头脑，恪守自然天地的原则，那么所有的侵害都会变成修养德行的助力。

解析

生活中，每个人都经受着外界和内心的双重考验，外界的各种声色名利时时刻刻诱惑着人们，只要稍有不慎就会误入歧途；而人内心的欲望邪念对人们来说更是一种严厉的考验，它们比外在的诱惑更让人难以抗拒。人们只有把握自己，保持清醒的头脑，恪守自然天地的原则，“家贼”与“外贼”才会无机可乘。

《西游记》中的孙悟空是天地育化的石猴，无善无恶却又至善至恶，在来到人世之后，他闹龙宫、闹地府、闹天庭，无非是为了满足自己对物质、长生、权力的欲望，后来更是在欲望的驱使下为所欲为，后被如来佛祖压在五行山下。经过五百年的沉淀，他终于有所醒悟，被唐僧救出，开始了修心之路。之后，他遇到了眼、耳等六尘欲望化身的“强盗”，在战胜这些强盗之后，孙悟空终于破除了心中的欲望，回归了心性的最初状态。

虽然人们无法完全不受物欲的诱惑，做到真正的六根清净，但是应该自我克制，遵守人生的原则，发乎情止乎礼，只有如此，才能保持高尚的道德情操，才能成就辉煌的事业。

原典

图未就之功，不如保已成之业①；悔既往之失，亦要防将来之诽②。

注释

①业：指事业、基业。②诽：过失。

译文

与其图谋没有把握的功绩，不如努力保有已经成就的事业；与其懊悔以往的过失，不如用心防范将来可能发生的错误。

解析

生活中，有些人总喜欢为过去的失误追悔不已，其实过去的事情已成定局，即使你再懊恼、后悔也不可能从头再来。与其徒然懊悔，不如把以往的失败作为未来的借鉴，用心防范同样事情的发生，避免重蹈覆辙。

东汉有个叫孟敏的人，有一天他到市集上买甑，在回来的路上不小心将甑掉在地上摔破了。可是，他没有一丝惋惜之情，头也不回地继续向前走。东汉名士郭林宗恰好看到这一幕，感到不解，于是问他："你的甑摔破了，很可惜，为什么你不回头看一眼呢?"孟敏回答说："既然甑已破了，我看它又有什么用呢?"不错，既然事情已经无法挽回，纵使千般惋惜万般感叹也于事无补，不如坦然处之。

"悟以往之不谏，知来得之可追。"人们不能只停留在过去，更不能活在昨天的悲伤和阴影之中，只有学会用淡然的心态看待人生中的每一次挫折，吸取其中的教训和经验，努力把握好现在的生活和机会，才能迎接更加美好的未来。

原典

气象要高旷，而不可疏狂①；心思要慎细②，而不可琐屑③；趣味要冲淡，而不可偏枯；操守要严明，而不可激烈。

注释

①疏狂：狂放不羁，豪放而不受约束。②慎细：细致周全。③琐屑：细小琐碎的事情。

译文

一个人的气度要高远旷达，却不可流于粗野狂放；心思要细致周到，却不可繁杂琐碎；情趣要恬淡安宁，但不可以过于枯燥清冷；操行要光明磊落，但不可流于偏激暴烈。

解析

世界上所有的事物都有一定的标准，人们在为人处事时必须按照这个标准行事，如果超过或是不及，都将无法达到预期的效果。同样，注重人格修养的人，也应该懂得恰到好处的道理。

通常，人们会把气度高洁、心思缜密、趣味冲淡、操守严明作为人格修养的标准，并且都会向着这样的目标努力，但需要注意的是，切不可用力过猛，否则就会向着另一个极端发展。所以，作者才会劝解人们要把握好尺度，避免过犹不及。

子贡曾问孔子："子张和子夏两人，谁更贤明一些?"孔子回答说："子张常常超过周礼的要求，子夏则常常达不到周礼的要求。"子贡问道："那么，子张是不是要比子夏更贤明一些?"孔子却说："过犹不及。"所以，做人要"适度"，既不能达不到标准也不能超过标准，就像《菜根谭》中所说的："气象要高旷，而不可疏狂；心思要慎细，而不可琐屑；趣味要冲淡，而不可偏枯；操守要严明，而不可激烈。"只有不偏不倚，才是立身处世的最佳方式和态度。

原典

风来疏竹，风过而竹不留声；雁度寒潭[1]，雁去而潭不留影。故君子事来而心始现，事去而心随空。

注释

①寒潭：寒冷的潭水。大雁秋天飞过潭水，此时潭水寒冷清澈，因此称寒潭。

译文

当轻风吹过稀疏的竹林时，竹林会发出沙沙的声响，可是当风停之后，竹林又归于寂静，不会留下任何声音；当大雁飞过寒凉的深潭时，潭面会映出大雁的身影，可是雁过之后，潭水却依然平静，丝毫不见雁影。所以君子行事也是如此，当事情来临时，他的本性才会显现出来，可是事情过后，心境又随之恢复空寂平静。

解析

真正具有品德的君子，心思就像一面镜子，对于外物，来者即照，去者不留，可以做到迎合事物本身，毫无隐藏。当事情来临之时，他的本性才会显露出来，而事情过后，则会恢复原本的空寂和平静。

一天晚上，一个和尚独自在禅堂中诵经。这时，一个强盗持刀闯入，想要抢夺金钱。和尚镇定地拿出钱袋交给强盗，然后又镇定自若地继续诵经。强盗拿着钱袋正想逃走，和尚大声喊道：“你出去之时请把门关好！”顿时，强盗惊慌失措，仓皇逃走。

佛家追求“心无挂碍”，认为只有内心没有任何牵挂，才能没有恐惧、远离烦恼。然而，芸芸众生总是会被生活中大大小小的俗情琐事困扰，从而陷入无尽的烦恼之中无法自拔。人们如何才能脱离这样的困境呢？

最好的办法就是要有一颗拿得起放得下、不凝滞于外物的心。当有事情需要处理之时，要全身心地投入其中；当事情过去之后，要了无牵挂，以淡然从容的心态对待，这样才能拥有轻松潇洒的人生，才能保持最纯真的本性。

原典

清能有容，仁能善断，明不伤察①，直不过矫，是谓蜜饯不甜，海味不咸，才是懿德②。

注释

①伤察：失之于苛求，流于苛察。②懿德：美德。出自《诗经·大雅·烝民》：“民之秉彝，好是懿德。”

译文

清正廉明而又有包容的雅量，仁慈厚道而又能当机立断，明智聪慧而又不流于苛察，性情正直而又不矫枉过正。这种道理就如同蜜饯，虽然由蜜汁浸渍而成，却不过分甜腻；海产的鱼虾虽然出自大海，却不会过分咸而难以下咽。一个人能够保持这种不偏不倚的尺度，才具有真正的美德。

解析

任何事情都有其两面性，因此一些高尚的品质有时也会成为一个人的弱点。人人都应该有一颗仁慈之心，但是如果过于仁慈而好坏不分，稀里糊涂地宽恕了恶人和小人，那么这样的仁慈就会害人害己。待人处事明察秋毫是美好的品德，但是如果过于苛刻，就会成为毫无容人之量的偏激之人。所以，苏东坡才会批评东汉明帝“以察为明”、南朝梁武帝“以弱为仁”，并非真正的明智和仁慈。

做人应该懂得“蜜饯不甜、海味不咸”的道理，应清正廉明而又有包容的雅量，仁慈厚道而又能当机立断，明智聪慧而又不流于苛察，性情正直而又不矫枉过正。懂得这种不偏不倚、适中有度的道理，才能具有真正的美德。

原典

贫家净扫地，贫女净梳头；景色虽不艳丽，气度自是风雅。士君子当穷愁寥落①，奈何辄自废弛②哉！

注释

①寥落：寂寞，比喻郁郁而不得志。②废弛：废弃。

译文

贫穷人家经常把地面打扫得干干净净，贫寒女子经常把头发梳得整整齐齐。这样一来，虽然摆设和穿着算不上豪华艳丽，却有一种素雅脱俗的风范。因此，具有才德的君子，即使处于穷困、郁郁不得志的境况，也不应该自暴自弃、萎靡不振。

解析

虽然贫困使人饱受饥饿和寒冷的痛苦，虽然贫苦之人衣着朴素、住所简陋，但是贫苦并不可耻，也不能困住英雄豪杰的志向。只要身处贫困之中仍有凌云壮志，仍然保持高贵品质，就可以改变自己的命运，获得万人景仰的殊荣。

常言道：“人穷志不短。”人生中最可怕的不是贫困，而是因贫困而屈服丧志。英国著名的化学家、物理学家道尔顿，出身贫寒，生活十分窘迫，但是他并没有因此而自暴自弃。他十五岁便离开家乡自谋生路，给一个学校校长做了十二年的助理。在这期间，他“午夜方眠，黎明即起”，刻苦学习，尽情地在科学的海洋中摸索，最终创立了“倍比定律”和“道尔顿原子学说”，被后人誉为“近代化学之父”。

通常，打倒人们的往往不是贫困潦倒的环境，而是自暴自弃的心理。一个人一旦失去了奋发向上的精神，破罐子破摔，就很难成就大事。纵观历史，凡是成就大事的人，无不是勇于向困境挑战的人，因为他们知道，越是怨天尤人、萎靡不振，就越是无法改变现状。

原典

闲中不放过，忙中有享用①；静中不落空，动中有受用；暗中不欺隐，明中有受用。

注释

①享用：受益，得到好处。

译文

清闲无事时，不要轻易放过大好的时光，最好利用这难得的空闲做一些事情，等到忙碌的时候，就会得到好处。平静安定的时候，不要无所事事，最好是有所准备，等到大事来临的时候才会应对自如。一个人独处的时候，也要保持光明磊落的胸襟，不能产生私心杂念，这样在众人面前才能受到尊重和拥护。

解析

东晋名将陶侃曾被人陷害而被贬广州担任闲职，于是在清闲之余，他每天早上都会把一百多块砖从书房搬到屋外，晚上又会搬回来。人们对此十分不解，陶侃则说：“我立志收复中原，如今却过着无所事事的生活，如果习惯了这样安逸悠闲的生活，将来怎能担当重任？唯有勤练筋骨才不至于荒废武功和懈怠精神。”

古人说：“太平原是将军致，不许将军看太平。”将军之所以能够驰骋千军万马之中，不仅要靠运筹帷幄的兵法，更在于平时的勤苦操练。如果军队在平时疏于操练，自由散漫，那么在战场之上，恐怕连自己的生命都保不住，又何谈冲锋陷阵、杀敌报国？

人们在清闲安定之时也不应该放松警惕，应该及早做好准备，“临阵磨枪”、“临渴掘井”只能让自己陷入绝境之中。

原典

念头[1]起处，才觉向欲路上去，便挽从理路上来。一起便觉，一觉便转，此是转祸为福，起死回生的关头，切莫当面错过。

注释

①念头：心中的邪恶之念，指私情杂欲。

译文

当心中刚刚有邪念产生时，就能发觉这种邪念可能使人走向私情物欲的方向，应该立即将自己的心性拉回到正路。只要坏的念头一产生就立刻有所警觉，有了警觉之后就立即想办法挽救，这才是将灾祸转为福分、将死亡化为生机的紧要关头，因此绝对不能当面错过这个关键时机。

解析

邪念一旦产生就足以铸成千古恨事，所以古人才会主张将邪念扼杀在萌芽状态，防患于未然。洪应明更是认为邪念产生的瞬间人们就应该有所警惕，并立即想办法挽救，这是将灾祸转化为福分、将死亡化为生机的关键时刻，人们只有抓住这个关键才能将自己的心性拉回静心修行的正路上来。

现在的年轻人心浮气躁，易意气用事，做事情时往往随性而行、随心所欲，这样一来，最容易受到外界私情物欲的诱惑，使自己走上邪路。轻则会给自己招来灾祸，重则可能毁掉自己的人生。所以，人们应该慎重对待心中的每一个念头，念起之时，一定要明辨是非，一旦发现有邪恶的念头产生，就应该立即将其斩断，以防止出现“一失足成千古恨”的后果。

佛家经常说：“一念天堂，一念地狱。”意思是说，人的生死祸福全在自己的一念之间，在关键时刻如果能够作出正确的选择，那么就会进入美好的天堂，一旦在关键时刻无法控制自己的欲望和邪念，那么就会堕入无尽的地狱。所以，古代先贤才会说出“穷理于事物始生之际，研机于心意初动之时”的至理名言。

原典

天薄[①]我以福，吾厚吾德以迓[②]之；天劳我以形，吾逸吾心以补之；天厄我以遇，吾亨吾道以通之。天且奈我何哉?

注释

①薄：减轻、减损。②迓：迎接。

译文

如果上天减少我的福气，那么我就多做善事、多修功德，以增加自己的福分；如果上天使我的身体劳累，那么我就放松心情、舒展身心，以补偿自己的身体；如果上天让我遭受困境，那么我就努力自救，以开辟求生之路。如果我能够做到这些，那么上天又能奈我何?

解析

对于普通人来说，命运是无法逃避和无从选择的，人们所能做的只是接受它、适应它，进而改变它。如果命运不能给我们带来福分，那么我们就通过多做善事来增加自己的福分；如果命运要劳损我们的身体，那么我们就通过放松心情来保养身体；如果命运给我们带来困境和贫苦，那么我们就通过努力来摆脱困境。只要我们自强自立，勇于挑战自己，就会改变自己的境遇，收获更多的福分和成功。

著名的物理学家霍金年轻时意气风发，年纪轻轻就获得剑桥大学的博士学位，但是上天却和他开了一个玩笑。二十一岁时，他患上了卢伽雷氏症，一生都要被禁锢在轮椅上，只有三根手指可以运动。然而，命运并不能困住霍金探索科学的梦想，他凭借顽强的精神创造了一个又一个科学奇迹，其著作《时间简史》和霍金辐射的理论成为二十一世纪最伟大的科学著作和发现。

古人常说“天助自助者”，对于那些自强不息、不肯向命运屈服的人，上天都会帮助他们迈向成功。所以，人们不能做命运的奴隶，应该做自己命运的主宰，即使受到命运的打击，也要勇敢地接受命运的挑战，使自己成为一个顶天立地的人，成就一番惊天动地的事业。

原典

贞士①无心徼福，天即就无心处牖其衷；险人②著意避祸，天即就著意中夺其魂。可见天之机权最神，人之智巧何益？

注释

①贞士：指志节坚定的人。②险人：险，邪妄。险人，奸佞小人。

译文

坚守气节的君子，自己没有刻意谋求福泽之心，上天却在他无心处启发他，使其获得更多的福禄；行为不端的小人，费尽心思躲避祸患，上天却偏偏在他用心处夺走他的魂魄，向他降临祸事。所以，上天的机智谋略是变幻莫测的，人类所谓的智谋权术又算得了什么呢？

解析

《韩非子·扬权》中说：“谨修所事，待命于天，毋失其要，乃为圣人。圣人之道，去智与巧。智巧不去，难以为常。民人用之，其身多殃；主上用之，其国危亡。”韩非子认为，只有谨慎从事，顺应自然的规律和法则，不丧失治国安邦的原则，才能成为圣人。圣人之道，要去除机谋和巧诈，否则就很难维持正常的秩序。如果平民经常使用智巧，就会给自己带来灾祸；如果君主经常运用智巧，就会使国家遭到灭亡。所以这里才会发出“天之机权最神，人之智巧何益”的感慨。

虽然古人“死生有命，富贵在天”的理论有些消极，但是仔细研究起来，还是颇有道理的。世界万物都有一定的规律，如果人们忽视其中的规律和原则，一心想通过计谋和巧智来实现自己的目的，到头来只会落得一场空。《红楼梦》中工于算计的王熙凤就是最好的例子，她“嘴甜心苦，两面三刀，上头一脸笑，脚下使绊子，明是一盆火，暗是一把刀”，依仗一张能言善辩的巧嘴欺上瞒下、窃取财富、争夺权力，最后却落得个“机关算尽太聪明，反误了卿卿性命”的下场。

所以，做人还是应该多做好的事情，只有把心态放正，顺其自然才能获得更多的福分。

原典

声妓[1]晚景从良，一世之烟花[2]无碍；贞妇白头失守，半生之清苦俱非。语云：“看人只看后半截。”真名言也。

注释

①声妓：本指古代宫廷和贵族家中的歌伎，这里指一般的妓女。②烟花：代指妓女或艺伎，这里指沦落风尘的经历。

译文

歌伎舞女如果能够在晚年改善从良，那么此前沦落风尘的经历也不会影响以后的生活；贞烈妇女如果在晚年丧失节操，作出败坏道德的事情，那么前半生的清苦就付之东流了。俗语说：“评价一个人的功过，关键在于他是否保持晚节。”真是至理名言啊。

解析

无论做人还是做事都要始终如一，坚持到底，只有善始善终，人生才能完美。真正的君子，始终都保持着崇高的理想和坚定的信念，即使遇到再多的挫折和艰难都会一往无前。

然而，现实生活中很多人可以做到善始，却很少有人能够做到善终。正如《诗经·大雅·荡》中所云：“靡不有初，鲜克有终。”历史上有不少人开始时能够坚守高尚的节操，到后来却作出晚节不保、自毁名声的恶事。

汪精卫从青年时代就追随孙中山先生投身革命，早期也立下了很多功劳。他早年曾经冒死刺杀清摄政王载沣被俘，并写下了“慷慨歌燕市，从容作楚囚；引刀成一快，不负少年头”的慷慨激昂的诗句。但是后来他晚节不保，不顾民族大义沦为遗臭万年的汉奸。相反，曾经争权夺利、危害国家的大军阀吴佩孚，却在晚年秉持民族大义，拒绝做日寇的傀儡而惨遭杀害，成为人们尊重的民族英雄。

人生的道路十分漫长，此前的成功和辉煌固然重要，但是未来的路如何走下去才是人生的关键。人们只有坚持自己最初的理想并一直走下去，才不至于使自己前面的成功和辉煌付之东流。

原典

平民肯种德①施惠，便是无位的卿相；士夫徒贪权市宠②，竟成有爵的乞人。

注释

①种德：行善积德。②贪权市宠：贪恋权势，祈求恩宠。

译文

平民百姓如果能积德行善、广施恩惠，那就是没有爵位的公卿将相；如果士大夫只知道贪恋权势、争宠夺恩，那不就堕落成为有爵位的乞丐了吗？

解析

积德行善、广施恩惠不在于地位的高低、生活的贫富，只要拥有一颗慈爱之心，即使是平民百姓也会像公卿将相一般受人敬仰；如果只是贪图享乐、贪恋权势，那么即使位列公卿也犹如乞丐一样让人怜悯。古人云：“不患位之不尊，而患德之不崇。”说得正是这个道理。

汉朝著名天文学家张衡在天文、地震、文学、机械制造等方面作出了杰出的贡献，然而他却不慕当世的功名富贵，一直致力于科学领域的研究，使得自己多年都不得迁升。曾经有人讥笑他说：“你能使机轮转动、木鸟自飞，为什么不能使自己飞黄腾达呢？”张衡笑道：“所谓‘君子不患位之不尊，而患德之不崇；不耻禄之不厚，而耻智之不博’！我绝不会为了谋求高官厚禄而去奉承权贵的。”

真正的君子并不在乎自己是否能够得到高官厚禄，而在乎自己是否具有崇高的品德和渊博的知识，而小人则恰恰相反。所以人们应该摒弃自己的功利之心，努力修养自己的道德品行。

原典

问祖宗之德泽，吾身所享者是，当念其积累之难；问子孙之福祉[①]，吾身所贻[②]者是，要思其倾覆之易。

注释

①福祉：福、祉都是幸福的意思。②贻：通“遗”，即赠送、遗留。

译文

如果想要问祖先给我们留下什么功德，只要看看我们现在所享受的就知道了，此时应该感念祖先一点一滴积累的艰难；如果想要问子孙将来能得到什么幸福，看看我们为子孙留下的便是，此时要考虑子孙败落祖业之容易。

解析

创业不易，但守业更难。创业时需要人们抛头颅、洒热血，赤手空拳打天下，而守业时则要一代又一代人谨慎小心地、守护这份得来不易的家业。对于守业者来说，应该感念祖先积累家业的艰难，只有好好地珍惜和守护才对得起祖先给我们留下的恩泽。只有这样，祖先的恩泽才能一代一代向下传承，绵延不绝。

守护祖先留下的功业十分艰难，但是毁掉这份功业却十分简单，只需一点点的懈怠和妄为便会有倾家荡产的危险。如果我们不能好好地珍惜祖先的恩泽，那么也无法给自己的子孙留下更多的恩泽，这样一来，势必会造成家业的衰败。

就今天来说，我们所利用的资源和技术都是历代祖先传承下来的，我们在享受这些财富的同时，也要有节约资源、保护资源的意识。尤其像矿产、土壤等不可再生资源，一旦过分开发和使用，不仅会造成环境污染、资源短缺，更会给我们赖以生存的环境带来不可挽回的损失。所以，我们应该节约资源、保护环境，为后代留出更好的生存空间。

原典

君子而诈善①，无异小人之肆恶②；君子而改节，不若小人之自新。

注释

①诈善：虚伪的善行，即伪善。②肆恶：恣意作恶，为所欲为。

译文

君子如果作出伪善之事，那么就和肆意作恶的小人没有任何区别；君子如果不能坚守气节，与恶人同流合污，那么还不如改过自新的小人。

解析

君子而诈善，其实就不能称之为君子了，而是伪君子。小人为非作歹固然可怕，但是伪君子却比小人更可怕。伪君子就像披着羊皮的狼，表面上善良无害、热情真诚，但是在羊皮之下却藏着一颗险恶狠毒的心。他们经常利用自己伪善的面孔来欺骗他人，博取他人的信任，然后在人们最没有防备的时候捅上一刀。

金庸的小说《笑傲江湖》中，华山派掌门岳不群就是典型的伪君子。他平时举止儒雅、谦卑退让，在江湖上有着很好的地位和声望，有“君子剑”的雅号。然而，这个人却是一个内心贪婪、居心叵测的小人，他笑里藏刀、阴谋害人，为了达到目的无所不用其极，甚至连最亲的人都利用陷害。结果显而易见，这个伪君子落得个众叛亲离、身首异处的下场。

现实生活中也不乏这样道貌岸然、满口仁义道德的伪君子，这种人伪装行善或操守不一，比肆意为恶的市井小人危害更大。所以古人才会说，宁愿与那些痛改前非的真小人做朋友，也不愿和这些伪君子打交道。人们在与人交往的过程中，一定要保持警惕，明白是非，不要成为被这些人利用的工具，更不要被这些人的伪善面孔所欺骗。

原典

家人有过，不宜暴扬，不宜轻弃。此事难言，借他事而隐讽[①]之；今日不悟，俟[②]来日正警之。如春风之解冻，和气之消冰，才是家庭的型范。

注释

①隐讽：用暗示性的语言劝告他人，指委婉地劝告。②俟：等待。

译文

如果家人做了错事，不应该过于严厉、肆意宣扬，更不应该任其发展、不管不顾。如果他所犯的错误不宜直接批评，就应该采取委婉的方法相劝告；如果他没有立即改正，就应该耐心教导，循循善诱，等来日再警诫他。如同春风融化冻土、和气消释坚冰一样，这样才能营造和睦的家庭氛围，成为真正的典范。

解析

中华民族自古就有“家和万事兴”的古训，说明只有拥有和睦美满的家庭环境，这个家庭才能兴旺发达。而家庭和睦最关键的因素就是要保持平和冷静的态度，尤其是在家人犯错的时候，要冷静地处理，千万不要随意指责、肆意宣扬，更不应该漠不关心、放任不管。否则，不仅无法解决问题，促使家人改正缺点，更有可能激化矛盾，造成不良后果。

家人之间的关系是最亲密的，因此人们在处理事情时常常会因为感情用事而失去分寸。也许我们在对待朋友和同事的错误时，会保持冷静的态度，但是在面对自己的家人时却常常忘记正确的方式方法。这样的行为是不可取的，无论我们面对任何人都要把握语言和行为的分寸，只有这样才能维护良好的人际关系，营造和睦的家庭环境。

所以，我们不仅要正视和宽容家庭成员的错误，更应该采用婉转迂回的方法，循循善诱，这样家庭成员之间才会彼此宽容、一团和气。

原典

此心常看的圆满，天下自无缺陷之世界；此心常放的宽平，天下自无险侧[①]之人情。

注释

①险侧：邪恶、险恶。

译文

如果一个人内心是圆满的，那么他眼中的世界也是美好、没有缺陷的；如果一个人的内心是宽仁公平的，那么他眼中的世界也是宽仁公平的，没有任何邪恶、险恶的事物。

解析

东晋太傅司马道有一天在书斋中夜读，看见皎月当空，无丝毫云影，不禁感叹景色优美。这时，其中一位幕僚说道："天空明净固然美好，如有微云点缀岂不是更好！"司马道笑着说："你自己心中不净，难道还要让天空也不净吗？"意思是说，只有心地不净的人才会喜欢飘着云影的天空，以此来彰显自己澄明洁净、纤尘不染的内心。

《维摩诘经》说："心净国土净。"只有内心清净了，尘世间的烦恼忧愁才会消失，自己的世界才会美好和谐。外界的事物皆因内心之念所生，如果你用圆满的心态看待世界，那么即使是缺憾的世界也会成为光明圆满的极乐世界；如果你用宽容豁达的心态来看世界，那么这个世界便没有了钩心斗角、尔虞我诈。

乐观的心态可以把地狱变成天堂，而悲观的心态则可以使天堂变成地狱。每个人的生活都由自己的心态决定，如果你的心中总是充满了悲伤、恐惧、忧愁，那么你的生活也会痛苦不堪；如果心中满是快乐、幸福、乐观，那么你的世界也将充满阳光。

人生在世要保持明净的心地，以一颗纯真烂漫的赤子之心去看大千世界，只有这样，才能看见鸟语花香的美丽景色，才能获得美满幸福的人生。

原典

淡薄之士，必为浓艳者所疑；检饬之人，多为放肆者所忌。君子处此，固不可少变其操履①，亦不可太露其锋芒。

注释

①操履：操，操守。履，笃行实践。操履，操守和气节。

译文

淡雅朴素的人，必定受到那些热衷于名利之人的猜疑；谨言慎行的人，总是会被无所忌惮的小人嫉妒。君子处在这种被猜疑和嫉妒的环境中，固然不能改变自己的操守和志向，但是也不能过分表现自己的才华，锋芒毕露。

解析

鹤立鸡群、出类拔萃的人总是难免招致别人的嫉妒和侧目，而淡泊名利、清高淡雅的人总是会让那些热衷于名利的人产生猜疑之心。所以，对于君子而言，想要在这个充满嫉妒和猜疑的社会中生存下来，并且保护自己，不仅要坚守自身的行事风格和良好品德，更要懂得适当地收敛光芒，以一种疏远谦抑的姿态对待世事，这样才能躲避暗箭和中伤。

可是现实生活中，很多人不明白这个道理，尤其是那些初出茅庐的年轻人，他们总是想着在职场中或是事业上力争上游，充分展示自己的才华，尽情炫耀自己的本领。这样的人固然可以轻易在职场脱颖而出，作出傲然的成绩，但是也容易招到别人的嫉妒。他们已经把自己的底细全部亮出，所以一旦遇到别有用心之人的进攻，往往就会被人击中要害，陷入不利的境地。

所以，在为人处事时，最聪明的办法就是不要锋芒太露，要适当地隐藏自己的才能，待时而发，这样才能更好地实现自己的理想、抱负。

原典

居逆境中，周身皆针砭药石①，砥节砺行②而不觉；处顺境内，眼前尽兵刃戈矛，销膏糜骨③而不知。

注释

①针砭药石：泛指治病用的器械药物，这里比喻砥砺人品德气节的良方。②砥节砺行：砥砺，磨刀石，细者为砥，粗者为砺，比喻磨炼。砥节砺行，指磨炼操守和品行。③销膏糜骨：销膏，烛火燃烧时耗费油膏。糜骨，粉身碎骨。销膏糜骨，指消磨意志、腐蚀身心。

译文

一个人身处逆境之中，那么困苦贫寒的环境就像治病救人的良方一样，无时无刻不在磨炼人的操守和言行，这样一来，人在不知不觉之中就会产生顽强的意志；反之，一个人身处顺境之中，那么丰衣足食的生活就像是锋利的刀剑戈矛一样，无时无刻不在消磨人的意志，使人在不知不觉中意志消沉。

解析

孟子说：“生于忧患，死于安乐。”对于一个想要成就大事的人来说，逆境和忧患往往要比顺境和安乐更利于磨炼人的意志。身在逆境之中，人们的求生、求胜心理被充分地激发出来，从而向着自己的目标奋发而起、奋力拼搏。而人们在困难重重、毫无退路之时，往往会显出非凡的毅力，发挥出意想不到的潜能，从而为自己开拓出一条生路。这也许就是人们所说的“置之死地而后生”吧。

相反，人们在顺境之中，反而不容易保持清醒的头脑，而安逸的环境和无忧无虑的生活又很容易消磨人们的意志，腐蚀人们的心灵，使人们意志消退、锐气全无。曾经叱咤风云的“闯王”李自成便是“死于安乐”的最典型例子。李自成闯入北京之后，认为天下已定，大功告成，从而做起了皇帝的美梦，并且把当初的凌云壮志全部抛之脑后，一心在北京城中享受纸醉金迷的生活。结果，当清兵入关之时，浩浩荡荡的起义军队伍不堪一击、一败涂地。

人们往往可以在逆境中保持顽强的意志，却无法在顺境中保持清醒的头脑，这也许就是人们的通病吧！所以，人们要时时刻刻保持清醒的头脑，增强自己的忧患意识，只有这样才能不断进取，立于不败之地。

原典

生长富贵丛中的嗜欲①如猛火，权势似烈焰。若不带些清冷气味，其火焰不至焚人，必将自焚。

注释

①嗜欲：嗜好、欲望。

译文

生长在富裕环境中的人所滋生的嗜好、欲望就像猛火一样旺盛，对权势的贪恋就如同烈焰一样灼人。如果不能培养一些清冷淡泊的态度来克制这种强烈的欲望，那么这猛烈的欲火虽然不至于烧到别人、危害社会，却一定会将自我烧毁。

解析

物欲、色欲、权力欲等犹如猛火烈焰一样灼人，身处富贵之家的人从小就被金钱和权势包围，最容易被这些私情物欲诱惑。这时，人们如果缺乏控制欲望的理智，也没有道德修养来缓和强烈的欲望，那么就会随心所欲、为所欲为，不但会腐蚀人心、危害社会，稍不留心自己也会被欲望之火烧得粉身碎骨。

历史上被物欲和权力欲“焚人”并“自焚”的最典型的例子莫过于清圣祖康熙皇帝的儿子胤礽。胤礽刚满周岁就被立为皇太子，在年少时也是聪慧好学、文武兼备，因此深受康熙帝的宠爱和重视。然而，在长达四十年的储君生涯中，高高在上、养尊处优的环境使胤礽逐渐成为一个不可一世、乖戾暴躁之徒。最终，他在“九子夺嫡”的宫廷纷争中逐渐失去康熙帝的宠信，落得个幽死禁宫的下场。

所以，人们应该培养一些清冷淡泊的心态，以及超越世俗欲念的情操，克制心中各种欲望的滋生和肆虐，如此才不至于“引火自焚”，才能保全自己。

原典

人心一真，便霜可飞①，城可陨②，金石可贯③。若伪妄之人，形骸徒具，真宰已亡，对人则面目可憎，独居则形影自愧。

注释

①霜可飞：比喻人的真诚可以感动上天，使夏天降下霜雪。②城可陨：陨，崩塌。城可陨，比喻至诚之情感天动地而使城墙崩毁。③金石可贯：即“金石为开”，后形容一个人心诚志坚、力量无穷。

译文

如果一个人的心精诚之至，便可以感天动地，炎炎夏日也可以为之降下寒霜，坚固的城墙也可以为之崩毁，坚硬如金的硬石也能完全被雕凿贯穿。如果一个人存有虚妄不实的念头，那么这个人只不过是一具没有灵魂的躯壳而已，已经失去了自然的本性。这样的人不仅让他人心生厌恶之情，其独处之时面对影子扪心自问，也会感到羞愧万分。

解析

真诚是一种极为可贵的品质，一个人拥有了真诚，就如同拥有了一把打开善良之门的钥匙，不仅可以感动他人，就连上天也可以感动。

《韩诗外传》中有这样一个故事：楚国的神射手熊渠子，在一天夜里独自在山中行走，猛然看见一只猛虎横卧在前，他立即取弓搭箭，向猛虎射去。可是等到熊渠子走近一看，才发现这“猛虎”只不过是一块巨石而已，而那支箭竟然射进坚硬的石头，连箭翎都深深插在了石头里。这件事情很快就传开了，人们纷纷夸赞熊渠子箭法如神，而一位智者却道出了其中的奥秘，他说：“这不仅是因为熊渠子力气大、箭法好，更重要的是他能集中精神，一心想要射死老虎，才能如此。此乃金石为开呀！”

人们常说：“精诚所至，金石为开。”人们唯有怀着一颗精诚之心，才能克服所有的困难，才能尽显人之本性，心想事成。

原典

文章做到极处[1]，无有他奇，只是恰好；人品做到极处，无有他异，只是本然。

注释

①极处：登峰造极、炉火纯青的境界。

译文

文章达到登峰造极的水平时，并没有什么奇特的地方，只是恰到好处地表达自己的感情而已；人修养品德达到炉火纯青的境界时，和普通人没有什么特殊的区别，只是使自己的内心回归到纯真朴实的境界而已。

解析

无论是做文章还是做人，极致便是本然，极致便是本性。北宋文豪苏东坡追求“自然”的美学风格，认为文章是情感思想的自然流露，并非刻意为之，矫揉造作或无病呻吟，只能让文章更加晦涩难懂。李白也说：“清水出芙蓉，天然去雕饰。”他认为文章应该自然清新，反对装饰雕琢。做人也是一样，保持真诚的本然人天性，坦率而不失本色，才能拥有感人的力量。而虚伪矫饰的人，不但会给人留下伪佞可憎的印象，更会使自己丧失心灵的本性。婴儿之所以招人喜爱，就是因为他们的一举一动都是出自纯真自然的本心，没有丝毫的虚假。

人们无论在什么情况下，都应该保持自己的本色，不可以勉强，更不要虚伪矫饰，这样才能在修养品德时达到最高境界。

原典

以幻迹言，无论功名富贵，即肢体亦属委形[1]；以真境[2]言，无论父母兄弟，即万物皆吾一体。人能看得破、认得真，才可以任天下之负担，亦可脱世间之缰锁[3]。

注释

①委形：上天赋予人们的形体。出自《庄子·知北游》：“舜曰：‘吾身非吾有，

孰有之哉?'曰：'是天地之委形也。'"②真境：超出一切物相的境界，即物我合一而永恒不变的境界。③缰锁：套在马脖子上的绳索，这里比喻人世间的束缚、牵制。

译文

从虚幻无常的形迹角度来讲，所谓的官位、财富、权势都是变幻无常的，即便是自己的形体都是上天赋予的；从超越物相的境界角度来讲，无论是父母兄弟，即使是万事万物都与我同出一体。所以，一个只有能看破世间的变幻莫测，认识世界永恒不变的本质，才能担负起天下的重任，才能摆脱人世间名利权势的羁绊。

解析

《金刚经》上说："一切有为法，如梦幻泡影，如露亦如电，应作如是观。"人世间所有的事物都是不能永恒常驻的幻象，不只是那些所谓的功名富贵，就连人的躯体也是如此。所以，世人所执着追求的功名富贵、长生不老都不过是毫无意义的虚幻而已。那么人生在世，又有什么意义呢?

道家说："天地与我并生，万物与我合一。"世界万物都与我同生同体，只是人们因争名夺利而被私心蒙蔽了本性而已。而洪应明则综合了儒、释、道三教的观点，认为人们只有树立崇高的社会责任感，并且有超越自我的意识，才能摆脱功名利禄的束缚。只有"明心见性，返璞归真"，才能达到更崇高自然的境界。

这里所说的"看得破，认得真"，就是指人们应该看破人世间的风云变幻，认清世界的本质和根源，只有这样，才能肩负起救世济民的重大使命，才能摆脱名利场中的各种牵绊和束缚。这是一种做人做事的态度，也是一种安身立命的境界。然而，这句话说起来容易，做起来却很难。人世间，众多人正是因为不能看破世事，才会在名利场中苦苦地挣扎，才会在物欲的泥潭中不能自拔。

原典

爽口①之味，皆烂肠腐骨之药②，五分便无殃；快心之事，多损身败德之媒，五分便无悔。

注释

①爽口：可口、美味。②烂肠腐骨之药：损伤胃肠、腐蚀骨骼的药物。

译文

美味可口的山珍海味，就像损伤胃肠、腐蚀骨骼的药物，只享用五分才能没有祸殃；称心如意的好事，都是引诱人丧失德行、身败名裂的媒介，只到五分好才不至于致祸时后悔。

解析

凡是可口的美味大多是膏粱厚味之物，不加以节制的话就容易损伤脾胃，引发疾病。所以，明代医学家万全劝诫人们“凡有喜食之物，不可纵口。常言病从口入，惕然自省”。而那些称心如意的好事则容易让人放松警惕，丧失道德，所以清代养生家曹庭栋才说：“大凡快意处，即是受病处。老年人随时预防，当于快意处发猛省。”

无论是贪图美食还是贪图快乐都是人们欲求不满的表现，如果不加以节制的话，不仅不符合养生之道，更会影响到自己修身养性。所以，洪应明劝诫人们凡事都只到“五分”便可无殃无悔。

荀子曾经说过：欲望无穷无尽。人们对于欲望的追求永远没有满足的时候，人所追求的东西越多，心中的欲望就越膨胀。当人的欲望超越人的能力范围之时，无法满足的欲望就会使人走上不归路，或是陷入欲求不满的痛苦之中。人们应该学会节制，有意识地限制和约束自己对欲望的追求，这样才能不失去做人的原则。诚然，自我节制的过程是痛苦的，但是与无限放纵自己的欲望所带来的痛苦相比，这点痛苦是微不足道的，也是非常值得的。

原典

不责人小过，不发人阴私①，不念人旧恶②。三者可以养德，亦可以远害。

注释

①阴私：即隐私，人们生活中的私隐秘事。②旧恶：指他人以前的过失或旧仇。

译文

做人要懂得宽容，不要责难别人的轻微过失，不要随意揭发别人的私隐之事，不要记恨别人的过失和旧仇。只有做到这三点，人们才可以修养崇高的道德，避免意外的灾祸。

解析

在与人交往中，最重要、最宝贵的品德就是宽容。宽容是消除隔阂和矛盾的最好武器，也是协调人与人之间关系最好的润滑剂。只有懂得宽容的人才能培养出崇高的品德，才能使自己远离灾祸。著名文学巨匠莎士比亚在《威尼斯商人》中说过这样一段话：宽容就像天上的细雨滋润着大地。它赐福于宽容的人，也赐福于被宽容的人。

生活中，别人难免会犯一些小错，或是因某事而得罪自己，如果总是斤斤计较别人的小错，对别人的旧恶耿耿于怀，或是对别人的隐私肆意宣扬，那么就会使自己陷入狭隘刻薄的死胡同中，也会给自己招来不必要的灾祸。

舜在雷泽捕鱼时，看到年轻力壮的渔夫因为想抢占鱼类众多的深潭，而把年老体弱的渔夫挤到鱼类少的急流浅滩。然而舜并没有指责争抢者的过失，而是大加赞赏谦让者的美德。在舜的启发和带领之下，争抢的行为越来越少，而谦让的行为却越来越多。舜这种“隐恶而扬善”的行为才真正具有大智慧。

正如明人吕坤在《呻吟语·补遗》中所说：“称人一善，我有一善，又何妒焉？称人一恶，我有一恶，又何毁焉？”人们与其时时刻刻念着别人的缺点、过失，不如记住别人的善良，这样既宽容了别人，也宽容了自己的内心。

原典

天地有万古①，此身不再得；人生只百年，此日最易过。幸生其间者，不可不知有生之乐，亦不可不怀虚生②之忧。

注释

①万古：万世万代，比喻极其漫长的时间。②虚生：徒然活着，虚度一生。

译文

天地是万世不尽的，人的生命却只有一次；人生在世不过百年而已，有幸生于天地之间的人，不可不懂得这一次宝贵生命的乐趣，也不可不怀有虚度一生的忧虑。

解析

人生在世，百年之久，这段时间对于一个人来说是漫长的，但是相比于永恒存在的天地来说，这区区百年不过是弹指一挥间而已。同时，每个人的生命只有一次，百年之后便没有了重新再来的机会。所以，人生在世，应该思考如何度过才能享受到真正的乐趣，才能不因虚度年华、蹉跎岁月而悔恨。

每个人来到人世间，都应该有自己的理想和抱负，当你为自己的理想不懈努力、辛苦奋斗时，你的人生是最快乐和最有意义的。每个人都应该有所追求，除了理想和信念之外，还有名利、富贵等，虽然过分地追求名利并不是好事，但是适当地追求则有利于实现自身的价值和推动社会的发展。

在古人看来，天地亘古长存，时间无始无终，人能够生于世间便是一种莫大的幸运，能够拥有生命就是最大的快乐，人们应该了解自己的位置和价值，将自己的人生价值发挥到极致，这样才不枉在世间走上一遭。

原典

老来疾病，都是少时招得；衰时罪业，都是盛时作得。故持盈履满①，君子尤兢兢焉。

注释

①持盈履满：持盈，保守成业。履满，福寿完满。

译文

人年老时会体弱多病，那是年轻时不爱惜身体造成的；人在遭遇失意之后还会罪孽缠身、遭受罪责，那是在兴盛得意时不懂得节制造成的。所以，君子在保守成业、福寿至极的时候，更应小心谨慎，以免为自己招来祸患。

解析

很多人认为金钱是财富，知识是财富，名誉地位也是一笔财富。但实际上，健康才是一个人最宝贵的财富。很多人在年轻时不懂得保养身体，透支健康甚至作出损害健康的事情，殊不知这些所作所为都为自己的健康埋下了隐患。如果你一味地因工作或是娱乐而熬夜，因贪图美食而暴饮暴食，或是因减肥而节食，那么终有一天，你的健康状况会亮起红灯，而它也将成为你事业道路上的绊脚石。所以，人们应该懂得节制，不要肆意挥霍健康，只有这样，才能走上健康平顺的道路。

同样，做人也是如此。如果人们在春风得意之时，忘乎所以、胡作非为，那么就会给自己以后的人生埋下祸根，等到你失意的那天，所有的罪孽和报复都会接踵而来。唯有修养高深的君子可以看清人生的失意和得意，做到安而不忘危，存而不忘亡，治而不忘乱。只有逆来顺受，居安思危才能避祸求福。无论是养生还是做人，人们都应该懂得持盈履满的道理，小心谨慎、懂得节制才是为人处世、安身立命最基本的原则。

原典

市私恩①，不如扶公议②；结新知，不如敦旧好；立荣名，不如种阴德；尚奇节，不如谨庸行。

注释

①市私恩：私恩，怀有私心的恩惠，这里指利用恩惠收买人心。②扶公议：公议，社会舆论。扶公议，用光明正大的行为博得声誉。

译文

与其利用恩惠收买别人，不如以光明磊落的态度来赢得别人的尊重和名声；与其不断结交新的朋友来扩张人脉，不如加深与老朋友之间的友情；与其用沽名钓誉的方式来提高声誉，不如暗中多积累些恩德；与其标新立异以显示名节，不如平常谨言慎行，多做平凡的好事来修养功德。

解析

尚义行善固然值得人们称赞，但是真正的名誉和功德需要人们用光明磊落的方式来获得，那些通过不正当手段捞取的名声和功德，根本称不上善和德。管子说："钓名之人，无贤士焉。"那些利用小恩小惠收买人心的人，那些用虚伪矫饰的方式猎取名誉的人，那些以奇特的言行标榜名节的人，其实不过是一些好大喜功、欺世盗名的小人。

春秋时期，楚国有一个叫子西的人，他无论做什么事情都要看是否能够获得名誉。孔子派自己的弟子子贡前去劝解，但是他仍然一意孤行，孔子无奈地说："不受功利所左右，才能胸怀宽广；保持本性而不动摇，才能保持纯洁的品行。子西内心不正直，恐怕难以逃避灾祸啊！"后来，楚国发生内乱，楚国大夫白公胜逃到了吴国，子西将其召回，不久之后，子西企图谋夺王位，结果被自己召回的白公胜杀死。

真正具有高尚情操的人，只会以真正的慈爱之心来帮助那些需要帮助的人，只会勤勤恳恳地做好自己的本职工作，即使在积德行善的时候也会谨言慎行，毫不在意是否会引人注目、获得夸奖。

原典

公平正论不可犯手①，一犯手则贻羞万世；权门私窦②不可著一脚，一著脚则玷污终身。

注释

①犯手：触犯、违犯。②私窦：窦，储藏粮食的窖，壁间的小门也叫窦。私窦就是私门、暗门的意思，比喻走后门。

译文

人们不能违犯公正合理的社会规则和法律，一旦触犯就会遗臭万年；人们千万不可踏进权贵营私舞弊的地方，踏入一步就会留下终生的污点。

解析

人们为人行事不可失去了公义，作出违背道德和法律的事情，一旦触犯社会公认的原则和法律，很可能声名尽毁，甚至遗臭万年。

宋之问是唐朝初期著名的诗人，很有才华，但其低劣的品行却遭到古今文人的鄙夷。宋之问的外甥刘希夷，才华横溢，年轻有为。有一次，刘希夷写了一首名为《代悲白头吟》的诗，其中一句“年年岁岁花相似，岁岁年年人不同”堪称少有的佳句。宋之问对此句也是赞不绝口，甚是喜爱，认为一旦面世，便是千古绝唱，名扬天下，于是一心想着占为己有。但是，刘希夷却说这是全诗之眼，岂有让出的道理。宋之问竟然因此起了歹意，将自己的亲外甥害死。最后，宋之问也因此被问罪，勒令自杀，而天下文人闻之无不称快！

宋之问“因诗杀人”全是因为贪念，他为了一己私欲不仅枉害他人性命，更将社会的道德和法律抛之脑后，最后只落得遗臭万年的下场。人生活在社会中，必须克制自己的行为，有两道底线是绝对不可触碰的：一是违背公义道德的事情，千万不能不顾舆论谴责而去做；二是权贵营私舞弊的地方，绝不能存着侥幸心理而踏入。否则，自己清白的人格将受到玷污，自身也将受到法律和公众的制裁。

原典

曲意①而使人喜，不若直节②而使人忌；无善而致人誉，不如无恶而致人毁。

注释

①曲意：即曲意逢迎，违背自己原本的意愿而去奉承别人。②直节：刚直不阿，有节操。

译文

与其违背自己的意愿因奉承而赢得别人的欢心，不如保持刚正不阿的言行而遭到小人的记恨；与其没有做善事而无缘无故地接受别人的赞美，不如因为没有恶劣行为而遭到小人的诽谤。

解析

人人都希望自己能够受到别人的欢迎和肯定，而不愿意遭到别人的记恨和毁谤，但是古往今来，即使是圣人也未必总是能够遂心如愿。国学大师季羡林说过："好多年来，我曾有过一个'良好'的愿望：我对每个人都好，也希望每个人对我都好。只望有誉，不能有毁。最近我恍然大悟，那是根本不可能的。如果真有一个人，人人都说他好，这个人很可能是一个极端圆滑的人，圆滑到琉璃球又能长只脚的程度。"

真正正直的人，宁愿因为刚正不阿而遭到别人的诋毁，也不愿因圆滑奉迎而博得别人的欢心。正直的人虽然经常遭到别人的忌恨，但他的内心却是快乐舒畅的，因为他坚持了自己的行事准则，坚定了自己的立场和原则，更保持了一颗正直纯洁的内心。

而曲意逢迎的人却慢慢地在迎合别人的过程中，逐渐失却了自我和快乐。如果一个人为了博得别人的欢心而违背自己的意愿，一味地逢迎对方，那么即使获得别人的肯定也是一件可耻的事情。经常趋附于他人，会失去自己的立场，失去对事理和正义的坚持，这样的人犹如没有灵魂的傀儡一般，其人生根本没有任何意义。

所以，君子才会宁愿直躬而行而不曲意而为。

原典

处父兄骨肉之变，宜从容，不宜激烈；遇朋友交游之失，宜剀切[①]，不宜优游[②]。

注释

①剀切：恳切规谏，直截了当。②优游：犹豫不决、不果断的样子。

译文

遇到父母兄弟或是骨肉至亲之间发生家庭纠纷或人伦变故时，应该保持从容镇定的态度，千万不可态度激烈、感情用事；与知心的朋友相交，对于朋友的过失应该诚恳地劝诫，千万不能因怕得罪人而犹豫不决地回避。

解析

真正的朋友不仅要患难相助，更要互相砥砺。人生之中最宝贵的财富就是朋友，而诤友则尤为可贵。他们能够以真诚的态度不对待自己的朋友，对于朋友的过失和缺点敢于直截了当地提出批评。诚如古人所说："砥砺岂必多，一璧胜万珉。"一个人所交的朋友并不在多，而在于是否有敢于直言的诤友，如果人们能够多结识几个诤友，那么就可以在成功的道路上少走很多弯路。

诤友真诚直率，也许在你取得成功的时候，他不会像别人一样给予你更多的赞美，但是在你犯错的时候，他一定会站出来指出你的问题和不足，并且引导你找到解决问题的办法。也许我们在受到指责时会埋怨他，但是事后一定会对他的诚恳劝诫充满感激之情。

诤友就像一面镜子，可以帮助你认清自己，改正自身的缺点和不足，拥有诤友的人是世界上最幸运和幸福的人。如果一个人想要成就一番事业，那么就必须有结交诤友的胸怀和容纳诤言的气度。唐太宗李世民便是一位善于用诤臣、交诤友、纳诤言的贤明君主，也因此开创了"贞观之治"的繁荣盛世。另外，我们不但应该有结交诤友的情怀，更要努力成为诤友，这样才能获得真正的友谊。

原典

小处不渗漏[①]，暗处不欺隐，末路不怠荒[②]，才是真正英雄。

注释

①渗漏：疏漏、过失。②怠荒：懒惰放荡，不思进取。

译文

为人处事即使在细小的地方也要谨慎小心，不可因为粗心大意而发生纰漏；在一个人独处时也应该光明正大，不可作出见不得人的事情；在穷途末路之时也不应该懒惰放荡，忘却奋发向上的雄心。这样的人才称得上是真正的英雄。

解析

常言道："大行不拘小节。"人们要想成就伟大的功业，一定要具有长远的目标和远大的理想，不应该为生活中的琐碎小事所羁绊。这里所说的"小节"，是生活中毫不重要的细枝末节、琐碎小事，而不是影响事态发展的细节。然而，生活中却有很多人混淆这两者。所以，这里才会给我们提出"小处不渗漏"的警告。

其实，事业的成败往往在于一些不为人所注意的细节之上。古今成就大事者，不仅具有超凡的才华、坚韧的毅力，更具有用心做事的精神。如果一个人肯用心，小事也能成就大事；如果漫不经心，大事也会变成小事。东汉陈蕃少年时期胸怀大志、不拘小节，他居住的屋子十分脏乱。有一次，他父亲的朋友薛勤前去探望，看到此情景不禁批评他，陈蕃不服气地说："大丈夫处世，当扫除天下，安事一屋?"薛勤反问说："一屋不扫，何以扫天下?"陈蕃无言以对。

生活中的小事和细节与一个人的成功是分不开的，人们只有在大节上不含糊，小事上不疏漏，才能有所成就。

原典

惊奇喜异者，终无远大之识；苦节[①]独行者，要有恒久之操。

注释

①苦节：《周易·节》中说："节，亨。苦节，不可贞。"后来人们把坚守节操，矢志不渝称作"苦节"。

译文

如果一个人对于奇异行为既惊慌又喜好，那么他终究不会有高深的学识和远大的见识；如果一个人能够苦守名节，不随世俗沉浮，那么需要有长久不变的操守。

解析

战国时期著名的辞赋作家宋玉曾经说过："与其无义而有名兮，宁处穷而守高。"意思是说，与其背离信义而争夺所谓的名声，我宁愿过着贫困的生活而保持高尚的节操。在古人看来，高尚的节操是君子安身立命的原则，所以自古以来的文人志士都宁愿忍受生活的贫困也不肯随世俗沉浮，宁愿舍弃功名利禄也要坚持高尚的节操。

颜回是孔子最得意的弟子，以高尚的德行修为著称。他聪慧好学、谦虚有礼，因此孔子对他称赞有加。孔子周游列国，在陈国、蔡国之间遭遇危险，子路等人对孔子学说产生过怀疑，但是颜回矢志不渝，并说："老师的理想很高、学问很深，所以不被一般人理解、采取，这是他们的耻辱。"

颜回一生淡泊名利，追求平淡、朴素的生活，虽然过着贫困的生活，但是丝毫不被名利牵绊，其清高寡欲的高尚节操值得后人学习。孔子曾经称赞说："一箪食，一瓢饮，在陋巷，人不堪其忧，回也不改其乐。"

矢志不渝是君子最高的德行，并不是所有人都能实现的，所以古人才劝诫人们要长久不变地坚守高尚的节操。

原典

当怒火欲水正腾沸时，明明知得，又明明犯着，知得是谁，犯着又是谁。此处能猛然转念，邪魔[①]便为真君子矣。

注释

①邪魔：魔是梵语“魔罗”的简称，即邪恶的魔鬼，代指欲念。

译文

一个人愤怒的火焰、欲望的潮水正在心头翻腾之时，虽然知道这是不对的，但是又不加以控制而作出违背原则的事情。心知肚明的是谁？明知故犯的又是谁呢？如果人们能够在关键时刻幡然醒悟，扑灭怒火，冷却欲水，那么便可成为符合天理的真君子了。

解析

人们的内心都是纯真的，只因被外界的邪魔侵入了才会产生无尽的欲望。当人们的怒火和欲水泛滥之时，心中明明知道这样不对，却被邪魔驱使着明知故犯。在这个关键时刻，人们必须冷静下来，扑灭怒火，冷却欲水，才能保持心性的纯真，才能避免酿成大错。

其实，世间根本没有魔鬼，自己内心的邪恶才是魔鬼；世间也根本没有上帝，内心的良心就是上帝。人们要想控制住心中的怒火和欲念，就必须保持理智，学会自我控制。自控能力对于一个人来说十分重要，也是一个人最主要的美德。如果人们学不会自我控制，任由负面的情绪或不良的念头在心中膨胀，那么结果只能是走向毁灭。

这个世界上没有人能够控制你的内心和行为，只有你自己可以。我们只有掌握了自控能力，不让外界的干扰冲破理智，才能立于不败之地。

原典

毋偏信，而为奸所欺；毋自任①，而为气所使。毋以己之长，而形②人之短；毋以己之拙，而忌人之能。

注释

①自任：过分自信而刚愎自用。②形：对比、比较。

译文

做人不要偏听偏信，以免被奸诈之徒所欺骗；不要刚愎自用，以免受到一时意气的驱使；不要拿自己的长处和别人的短处相比较；更不要因为自己的笨拙而嫉妒别人的才华。

解析

孟子说：“国君选用人才要慎重，左右亲信都说某人好，不可轻信；众位大夫也说某人好，仍不可轻信；只有全国人都说某人好，然后再去调查了解，发现他确实有真才实干之后，才能任用。左右亲信都说某人不好，君主不能听信；众位大夫也说某人不好，仍不能听信；只有全国人都说这个人不好，然后再去调查了解，发现确有其事之后，才能罢免他。”

这就是人们常说的：“兼听则明，偏听则暗。”无论是领导还是普通人，只有听取多方面的意见才能明白是非、辨清事实，如果只听取一方面的意见，便信以为真，那么就很容易被奸佞之人蒙骗和利用，从而作出错误的决定。唐太宗李世民曾经问魏徵：“作为君主，怎样才能明白是非，不受到奸佞小人的欺骗呢?”魏徵回答说：“广泛地听取意见就能明辨是非，偏信某个人就会昏庸糊涂。”他还列举了历史上的著名事例：舜帝耳听四面，眼观八方，所以共工、鲧、驩兜等小人都不能蒙骗他；而秦二世偏信赵高，结果被赵高杀死在望夷宫。所以，李世民听取了魏徵的劝谏后，广纳谏言、广征民意，最终才有了“贞观之治”。

几千年的历史证明，只有多听取各方面的意见，不偏听偏信，才能成就大事，才能完善自己。

原典

人之短处要曲为弥缝①，如暴而扬之②，是以短攻短；人有顽的，要善为化诲，如忿而嫉之，是以顽③济顽。

注释

①弥缝：设法遮掩以免暴露，这里是补救的意思。②暴而扬之：揭发并肆意宣

扬。③顽：愚蠢之处。

译文

对于别人的短处、缺点，要委婉地加以补救或是规劝，如果当着众人的面刻意宣扬，那就是用自己的短处来攻击别人的短处；愚笨之人，要善于循循善诱，如果因为别人的愚笨而心生厌恶，那么就是用自己的愚笨来救助别人的愚笨。

解析

常言说："聋子旁边不说聋，跛子旁边不说跛"；"打人不打脸，骂人不揭短"。每个人都有自己的长处和短处，并且都不愿意别人提及自己的短处。所以，在与人交往时，不能当着众人的面揭发别人的短处，更不能肆意宣扬别人的短处，否则不仅会伤害别人的自尊心，更会显示出自自己的无知和无德。当发现别人的缺点和过失时，要婉转地为他掩饰或是善意地规劝，这样才能在保住别人面子的同时，帮助他人改正错误。

生活中，有很多人为了逞一时口舌之快，有意无意地戳别人的伤疤，或是揭别人的短处，这样的人是不会受到别人的欢迎的。古语说："君子成人之美，不成人之恶。"真正的君子有成人之美的雅量，更有不拆台、不揭短的品德，也因此获得了别人的尊重和爱戴。相反，如果一个人不但不成人之美，反而揪着别人的过失和短处不放，那这样的人注定成为遭人唾弃的小人。

人们常说"推己及人"，试想一下，你是否愿意自己的伤疤和短处被别人揭开或是到处宣扬呢？你的答案肯定是"否"。那么为什么你还要作出这样的行为呢？人们只有设身处地地为别人着想，才会获得别人的尊重，才会赢得更好的人际关系。

原典

遇沉沉①不语之士，且莫输心②；见悻悻③自好之人，应须防口。

注释

①沉沉：阴险冷酷，面无表情。②输心：推心置腹，表露真情。③悻悻：生气时

愤恨不平的样子，这里指傲慢、固执己见的样子。

译文

如果遇到阴沉不语、面无表情的人，千万不要急于向他表露真心，否则被人算计了还不自知；如果遇到刚愎自用、固执己见的人，千万要谨言慎行，否则就会被人抓住把柄。

解析

与人交往要真诚，但是不能过于老实、愚笨。当今社会竞争激烈，处处都存在风险和陷阱，必须小心提防，才能避免陷入险恶之地，才能避免吃亏。当你遇到沉默寡言、表情阴沉的人时，千万不要急于推心置腹、以心相交。因为这样人往往心思缜密、深不可测，如果你轻易拿出自己的真心，恐怕被人算计了还不自知。如果你遇到刚愎自用、固执己见的人，也千万不要急于发表自己的意见，因为这样的人通常都高傲自大、自以为是，一旦你轻易发表自己的言论，恐怕很容易被他抓住把柄，自取其辱。

过去人们提倡做人要老老实实，但是现在人们却认为做人不能太老实。太老实的人不懂得人情世故、圆滑处事，因此常常得罪他人；太老实的人会轻易交出自己的真心，因此常常被居心险恶的人算计；太老实的人不懂得迎接挑战，因此常常错过成功的机会。前人无数的经验和教训告诉我们，做人不能太老实，否则就会吃大亏。

原典

念头昏散①处，要知提醒；念头吃紧时，要知放下。不然恐去昏昏之病，又来憧憧②之扰矣。

注释

①昏散：迷惑、迷乱。②憧憧：摇曳不定，心神不定。

译文

当人处在迷惑混乱之中时，要知道提醒自己；当人处在精神紧张之中时，要知道放得下、散得开。否则，人们刚刚治好迷惑纷乱的毛病，又会被摇摆不定的心神困扰。

解析

“念头昏散处，要知提醒；念头吃紧时，要知放下。”其实强调的是刚柔并济、张弛有道的修身处世哲学。凡事都有一定的限度和界限，过于紧张、过于松弛都不是处事之道。就像拉弓射箭一样，如果弓弦一直处于紧绷的状态，那么就会有崩断的危险；相反，如果弓弦一直处于松弛的状态，那么就无法射得远。这个道理同样适用于人们的生活和学习：张而不弛，就会因为过于疲劳而效率下降；弛而不张，就会过于松懈，很难成就大事。

现代社会竞争激烈，尤其是白领阶层，每天处在强大的压力之下，有些人为了出人头地拼命地工作，使自己的神经一直处于紧绷的状态，导致身体一直处在亚健康状态。更有甚者，发生了“过劳死”的悲剧。其实，这样的生活和工作态度不仅不利于人们的身体健康，更不利于事业的发展。人们应该从长远发展来看，协调好自己的生活和工作，在紧张繁忙的工作中调整好自己的心态，寻找可以放松减压的方法，这样才能走得更加长远。

无论做什么事情都要把握好张弛的节奏，劳逸结合，因为“张弛有道，方得长远”。

原典

霁日青天，倏变为迅雷震电；疾风怒雨，倏转为朗月晴空。气机何尝一毫凝滞[①]，太虚[②]何尝一毫障蔽。人之心体亦当如是。

注释

①凝滞：拘泥，停止流动。②太虚：泛指天地。

译文

原本还晴空万里，忽然间便乌云密布、雷电交加；刚刚还狂风暴雨，转眼间便皓月当空、繁星闪闪。大自然的变化一时一刻也不曾止息，天地的宽广博大又何尝有一丝一毫的遮蔽。人心也当如此。

解析

大自然的变化阴晴无常，原本还是艳阳高照、晴空万里，转眼间便会乌云密布、雷雨交加；原本还是狂风怒吼、倾盆大雨，顷刻间便皓月当空、繁星满天。所以说，大自然是瞬息万变的，而且这样的变化一时一刻也不曾停止过，但大自然的变化并不是混乱无序的，也不曾有丝毫的隐藏。

同样，人生也是如此。人的一生不可能总是平平淡淡的，也不可能永远是一帆风顺的，总要经历辉煌或挫折，总要经历成功或失败。古人主张人心要和天心吻合，天心要符合规律，人心要符合天理，这样才能达到天人合一的境界。既然世事的变化如同大自然的变化一样不可磨灭、不可抗拒，那么人们只有不将诸事都萦怀于心，不将得失、成败看得过重，才能不违背自然天理。

人们在变化无常的世事中要提高自己的修养，保持一种超然的心态，这样才能处变不惊、理智处事。

原典

胜私制欲之功，有曰识不早、力不易者；有曰识得破、忍不过者。盖识是一颗照魔的明珠①，力是一把斩魔的慧剑②，两不可少也。

注释

①明珠：昂贵的宝珠，引申为人或物最贵重的东西。②慧剑：佛教语，比喻智慧可以斩断一切烦恼。出自《维摩诘经·菩萨行品》：“以智慧剑，破烦恼贼。”

译文

战胜私情、克制物欲的功夫，有人不具备是因为没有及早识破私情的害处且没有坚强的意志去控制，有人是因为虽然识破物欲的害处却经受不住它的诱惑。所以，智慧是人们识破心中魔鬼的法宝，意志是消灭魔鬼的利剑，这两者缺一不可。

解析

战胜私情、克服物欲需要人们有识破心中魔鬼的智慧，更需要人们有经得住考验的意志。智慧和坚强的意志二者缺一不可，没有对私情物欲的彻底认识，人们就无法认出恶魔的原形；而没有坚强的意志力作为支撑，那么人们即使认识到心魔的危害，也斩杀不了恶魔。所以，古人才会说智慧是照出恶魔的一颗明珠，而意志的力量是斩杀恶魔的一把慧剑。

的确，人们的私欲很难克服，有的人是受阅历和经验的局限，所以很难识别出真正的魔鬼。而有的人却是因为缺乏坚强的意志，缺乏抑制欲望的信心和真心，从而无识别出真正的魔鬼。从古至今，那些为了贪欲而罔顾道德和法纪的贪官，哪一个不是无法经受物质的诱惑而走上了不归路？这些人凭借自己的智慧和学识走上了仕途，能说他们没有明白是非的能力吗？所以说，最重要的原因就是他们为了满足自己的私欲，明知不可为而偏要为之。

滚滚红尘中，人们要面对的东西很多，对于名、利、权、色等物欲，很多人难以分得清、识得破、忍得过，这也是人类的劣根性之一。人们应该增强自己的识见和定力，这样才不会在大是大非面前迷茫犹豫，才不会迷失在世俗的纷扰之中。

原典

横逆困穷①，是锻炼豪杰的一副炉锤②：能受其锻炼者，则身心交益；不受其锻炼者，则身心交损。

注释

①横逆困穷：强横山暴与穷苦困顿。②炉锤：比喻磨炼、锤炼。

译文

人世间的强横山暴与穷苦困顿是磨炼英雄豪杰的熔炉和铁锤：如果人们能够经受住这种磨炼，那么对人的身体和精神都有所裨益；如果人们承受不住这种磨炼，那么就会对人的身体和精神都有所损伤。

解析

古语说："忧危启圣智，厄穷见人杰。"人生中的困境和磨难只不过是磨炼英雄豪杰的手段，人们只有经受住"苦其心志，劳其筋骨"的磨难，身心才能获益，才能从困境和磨难之中解脱出来，成就一番大事业。

在古人看来，凡是成就大事业或承担重要使命的人物都是上天选定的，为了使其能够具有承担重任的能力，上天特意为他们设置了种种障碍和磨难，使其在困厄中磨炼自己的意志和能力。如果一个人能够承受得住这种考验，那么上天就会把肩负天下的重任交付予他；如果这个人在中途退缩或是放弃了，那么他只能成为凡夫俗子。

司马迁作为史官，全心编撰《史记》，却因为李陵案而遭受迫害，在入狱之后被施以宫刑，饱受精神和肉体的折磨。但是他忍受住了屈辱，坚强地活了下来，并以"文王拘而演《周易》；仲尼厄而作《春秋》；屈原放逐，乃赋《离骚》；左丘失明，厥有《国语》；孙子膑脚，《兵法》修列；不韦迁蜀，世传《吕览》；韩非囚秦，《说难》、《孤愤》；《诗》三百篇，大底圣贤发愤之所为作也"来激励自己，最终完成了史学巨作——《史记》。

人生中的磨难就像它一块试金石，可以使人变得强大，也可以使人变得卑微，关键在于你是否能够经受住它的考验。

原典

害人之心不可有，防人之心不可无，此戒疏于虑者；宁受人之欺，毋逆①人之诈，此警伤于察②者。二语并存，精明浑厚矣。

注释

①逆：推测、揣度。②察：明察秋毫。

译文

"害人之心不可有，防人之心不可无"，这一告诫对于精于谋划、警惕性高的人是不切合的；“宁可忍受他人的欺骗，也不愿在事先怀疑他人欺诈”，这一告诫对于明察秋毫的人是不适当的。而以上两点并存，对于既精明又淳朴敦厚的人来说是都适用的。

解析

人们常说：“害人之心不可有，防人之心不可无。”但是洪应明却认为这样的告诫并不适用于所有人，而只适用于那些疏于防范、警惕性不高的人。这个社会鱼龙混杂，到处都是陷阱、圈套，一个人如果毫无心机，不懂得察言观色，那么很容易就会掉入别人设置的陷阱。但是，这样的告诫却并不适用于那些精明过度、防范过度的人，如果人与人之间过度防范，就会失去最基本的信任，这个社会也会失去真诚和正义。

比如，现在社会上讨论最激烈的“老人摔倒之后，到底扶还是不扶”的问题，很多人出于正义和道德的立场而选择扶，可有的人却担心给自己惹上麻烦而选择袖手旁观。虽然扶与不扶是自己的选择，但是若人人都把仁爱之心、怜悯之情关在心灵之门外，把自己用防范之心和冷漠之情牢牢地包裹起来，那么世间还会留下多少真情和爱？这人间又和冰冷的地狱有什么区别？

总之，人们在社会上行走，确实要有防范小人陷害之心，但是也不能失去原本的纯真性情，只有既提高警惕又不失淳朴敦厚才是为人之道。

原典

毋因群疑而阻独见，毋任己意而废①人言，毋私小惠而伤大体②，毋借公论以快私情。

注释

①废：否定、忽视。②大体：重要的义理，事关大局的道理。

译文

不要因为众人对某事表示疑惑而不敢发表自己的见解，不要因为坚持自己的见解而忽视了别人的观点，不要因为贪图一己私利而损害整体利益，不要借助社会的舆论来发泄个人的私怨。

解析

人贵自知，自知则明。做人要有主见，要坚持自己的见解，否则你的人生就会任由别人摆布。凡是成就大事者，无不是敢喊出自己的声音、坚持走自己路的人，而那些人云亦云、毫无主见的人注定与成功无缘。

有这样一则笑话：有一对父子去赶集，开始儿子牵着驴，父亲骑着，一个路人看见之后说："这个父亲真狠心，怎么自己骑驴让儿子走路呢？"父子听了之后，立即调换过来。走了一段路后，又一个路人看到后说："这个儿子真不孝顺，年轻力壮的骑着驴，却让年老的父亲走路。"父子听了之后，就都骑着驴赶路。走了一段后，又有人说："这头驴真可怜，怎么驮得住两个人啊！"父子听了之后，决定牵着驴一起走路，可是又有人笑话说："这两个人真笨，有驴不骑却走路！"这时，父子俩左右为难，实在不知该如何是好了。

这虽然是个笑话，却告诉人们一个显而易见的道理：人们应有主见，虽然不能固执己见，但也不能听风就是雨。凡事应该多思考分析，只听取那些有益的、正确的意见，千万不可因为别人的质疑和非议而乱了分寸。正如但丁所说："走自己的路，让别人说去吧！"

原典

善人未能急亲，不宜预扬①，恐来谗谮②之奸；恶人未能轻去，不宜先发，恐招媒蘖③之祸。

注释

①预扬：事先赞扬。②谗谮：颠倒是非，恶言中伤。③媒蘖：比喻制造事端故意陷害他人，即"欲加之罪，何患无辞"的意思。

译文

如果你想结交道德高尚的人，不必急着与他亲近，也不必事先赞扬他的善行，以免遭到别有用心、奸佞之人的陷害；如果你想摆脱道德败坏的恶人，不要草率地与他撇清关系，也不要轻易得罪他，以免遭到陷害和报复。

解析

兵法讲究先发制人，即如果一方先采取行动就可以处于主动地位，就能够制服对方，而行动缓慢的一方就会处于被动的地位。然而，与人交往时却不能一味地抢先。遇到道德高尚的人，也不能急于与他亲近，更不能大肆宣扬其德行，否则就会让人感到你别有用心。

遇到道德败坏的小人，要慢慢地疏远他，不要急着与他撇清关系，更不能打草惊蛇，否则就可能遭到报复和陷害。人们常说“请神容易送神难”，这些人往往是非常难缠的，一旦处理不当就会被反咬一口。

人际关系是非常复杂烦琐的，如果不讲究一定的原则和技巧，自己就会陷入被动局面。无论是与君子交往还是疏远小人都要事先考虑周详，不可急躁冒进，只有这样，才不会出现过失。

原典

青天白日①的节义，自暗室屋漏中培来；旋乾转坤的经纶，从临深履薄中操②出。

注释

①青天白日：指光明磊落的行为和节操。②操：这里指领悟、磨炼。

译文

光明磊落的行为和节操都是从不欺暗室、不愧屋漏之中培养出来的，可治国经邦的雄才伟略都是从谨慎小心的处事态度中积累而来的。

解析

一个人光明磊落的气节和行为从哪里培养出来？答案是从慎独中而来。生活中的点点细节，都在训练一个人的慎独功夫。纵使自己独处时，也不放纵，也要言行一致，这样才能培养出崇高的节操。一个人旋转乾坤、治国经邦的能力从哪里培养出来？答案是从谨慎小心中积累而来。面对任何人、任何事都有“临深履薄”的态度，都能恭恭敬敬、谨慎地对待，这样才能从容地应对所有大事。

由此可见，一个扭转乾坤、满腹经纶的大人物，他的宏伟事业绝不是在粗心大意中完成的，肯定是抱着“如临深渊，如履薄冰”的谨慎态度一点一滴地累积而成的。所以说，谨慎也是一门大学问。

任何事业的成功都不是轻而易举的事情，人们只有谨小慎微地对待每件事，三思而后行，才能避免失误，才能登上成功的高峰。而那些鲁莽行事、头脑发热的人，注定无法取得事业上的成功。

原典

父慈子孝，兄友弟恭，纵做到极处，俱是合当①如是，著不得一毫感激的念头；如施者任德②，受者怀恩，便是路人，便成市道③矣。

注释

①合当：应该、应当。②任德：因施恩于人而自觉对别人有恩德。③市道：交易的场所，这里指市井之间的交易。

译文

父母对子女慈爱，子女对父母孝顺，兄长对弟妹友爱，弟妹对兄长恭敬，骨肉至亲之间的友爱亲情即使达到极致，也是理所应当的，彼此之间不应该存在丝毫让人感激的念头。如果施恩的人有图报的念头，受恩的人总是怀有感恩的心理，那么骨肉至亲就会变成萍水相逢的路人，骨肉亲情也就变成市井之间的交易。

解析

“父慈子孝，兄友弟恭”，骨肉至亲之间的亲情是人类的天性，是与生俱来的，其间不能掺杂丝毫做作和算计的成分。如果父子兄弟之间存在着施恩和报恩的心态，那么就会把最真挚的感情变成投资和回报，变成市井之间的利益交易。

其实，人们常有的“养儿防老”、“感恩父母”等观念，有时听起来是理所当然的，但按照古人的理解却是有违天伦和天性的，是让古人很难接受的。古时，有一个十分孝顺父母的青年，他的行为传到了皇帝耳中，皇帝十分感动，便给了他很多金钱以表奖赏。孝子却说：“陛下，我从来没有觉得自己尽了人子的孝道，更不敢因此接受陛下的赏赐。”皇帝听后更加感动，加倍赐赏金钱给他，但青年坚决不接受。

孝顺父母，享受天伦之乐，是自然真情的流露。真正的孝行连自己都感觉不到，若是自以为有孝心，或是产生求报酬之心，其实就已经失去了孝的真义。爱是自发自愿的，不存在施者与受者，只有纯粹的爱才能使人获得纯粹的力量。犹如大自然滋养万物，默默付出，何时希求过回报？而亲人之间的爱是世界上最纯净的东西，是最天然、自然的爱。

原典

炎凉之态，富贵更甚于贫贱；妒忌之心，骨肉尤狠于外人。此处若不当以冷肠①，御以平气，鲜不日坐烦恼障②中矣。

注释

①冷肠：原指缺乏热情，这里是冷静、平和的意思。②烦恼障：佛教语，即贪、嗔、痴等烦恼。陈义孝在《佛学常见辞汇》中说：“烦恼障又名惑障，即贪、嗔、痴等烦恼，能使众生流转于三界之生死，因而障碍涅槃之业。”

译文

世态炎凉、人情冷暖的变化，富贵之家比贫穷人家体验更深；嫉妒、猜忌的心理，骨肉至亲之间比陌生人之间更加凶狠。如此一来，如果人们不能用冷静的心态来对待人情冷暖的变化，不能用平和的心态来控制自己的情绪，难免不会整天深陷烦恼之中。

解析

世态炎凉、人情冷暖也许是世俗社会的本质，也许是人性中难以逾越的鸿沟，每个人都不免会遇到，只是经历过富贵和贫贱的人感触更深而已。

司马迁在《史记·汲郑列传》中讲述了这样一个故事：西汉的翟公开始做廷尉时，家中经常宾客盈门，很多人都与之交好；后来他被罢了官，顿时便门可罗雀。后来翟公又官复原职，宾客看到此情形之后，又纷至沓来想要投奔他。翟公感触颇深，便在自家大门上写道："一死一生，乃知交情。一贫一富，乃知交态。一贵一贱，交情乃见。"有权势时宾客盈门、罢官时宾客寥寥无几，这一富一贫之间足见世态的炎凉、人情的冷暖啊！

但是，并不能就此说这个世界没有真情和友爱，否则怎么会有那么多雪中送炭、慷慨解囊的人？消极地看待世事的变化，抱怨上天的不公平并不能使自己脱离困境，反而会使自己陷入烦恼之中。所以，人们应该用冷静的心态看待世事的变化，用平和的心态控制自己的情绪，顺其自然，随遇而安，这样才能使自己的心灵得到解脱。

原典

功过不宜少混，混则人怀惰隳[①]之心；恩仇不可太明，明则起携贰[②]之志。

注释

①惰隳：懒惰懈怠的心理。②携贰：怀有二心。

译文

对待别人的功劳和过失，绝不能含糊不清，如果功过不分就会使人产生心灰意懒的心理；对待别人的恩德和仇恨，绝不可太过分明，恩怨过于分明，就会使人产生背叛之心。

解析

无论是个人还是国家，都要做到"功过分明，赏罚有别"，功是功，过是过，功过分明，才能使正义得到宣扬、邪气得到消灭。如果只奖不罚，就无法使那些犯错的人改过从善；只罚不奖，就无法鼓舞人们的士气。

春秋时期的晋文公便是赏罚分明、功过分明的人。曹国人僖负羁是晋文公的救命恩人，因此晋文公在攻下曹国时，命令军队不许侵扰僖负羁的家，如有违者定斩不赦。大将魏平和颠颉却带领军队包围了僖负羁的家，并放火焚屋，魏平甚至还想将僖负羁杀死。晋文公知道此事后十分气愤，决定依照命令处罚。有人向晋文公求情说："两位将军曾经为国家立下汗马功劳，还是让他们戴罪立功吧！"晋文公却说："功是一回事，过又是一回事，赏罚必须分明才能使军士服从命令。"随后，他下令革去了魏平的官职，处死了颠颉。

古时有"将功补过"或是"戴罪立功"的传统，但显然这样的传统是错误的。对好人不加以奖赏，对坏人不加以惩罚，社会就没有了是非观念，也就无法发展进步。所以，功过分明，功不压过，过不消功，才是治理国家、管理企业之道。

原典

恶忌阴①，善忌阳②。故恶之显者祸浅，而隐者祸深；善之显者功小，而隐者功大。

注释

①阴：事物的反面，指不容易被人发现的地方。②阳：事物的正面，指人们都能看到的地方。

译文

一个人做了坏事最怕不被别人发现，做了好事最怕自我宣扬。所以，做坏事如果能够及时被人发现，灾祸可能会小些，反之，就容易招惹更大的灾祸；做了好事如果到处宣扬，那么有功也会变成无功，反之，才会功德圆满。

解析

古代圣贤都提倡"隐恶扬善"，即宣扬别人的优点和善事，隐瞒别人的缺点和恶事。而作者却与之持截然相反的观点，认为做人应该"隐善扬恶"。

作恶的人，通常都会担心自己的恶行被别人发现，因此经常在暗地里偷偷摸摸，却在大庭广众之下把自己伪装成好人。如果这种恶人不被别人发现，就会从小恶发展到大恶，久而久之，不仅会危害他人，更会危害到社会和国家。所以作者认为做坏事最怕的就是不被别人发现，只有“阴恶”才是大恶。

如果一个人刚开始做坏事，还没有产生不良影响之时就被人发现，那么不仅对别人的伤害有限，还有利于这个人改过自新。所以，人们不能一味地讲究“隐恶”，应该让那些恶人恶事在光天化日下曝曝光，这样才能起到警醒世人的作用，才能使灾祸降到最小的程度。

原典

德者才之主，才者德之奴。有才无德，如家无主而奴用事矣，几何不魍魉①猖狂。

注释

①魍魉：古代传说中山川木石里的精灵怪物。《孔子家语·辨物》中说：“木石之怪曰魍魉。”

译文

品德是才能的主人，才能是品德的奴仆。有才无德，就如同家中没有主人而让奴仆当家做主一样，这样岂不是任由妖魔鬼怪胡作非为、嚣张猖狂吗？

解析

司马光在《资治通鉴》说：“才者，德之资也；德者，才之帅也。”意思是，才学是德的资本，而德行是才学的主导。也就是说，人应该德才兼备，但是“德”应该放在主位。

天下之人，资质不一，才华固然是成就事业的前提，但德行才是做人的根本。如果一个人有德无才，那他只不过是一个庸人；但是如果一个人有才无德，那就是个十足的小人；至于无才无德的人，那只能做一个真正的愚人；只有德才兼备的人才称得上君子、圣人。

“君子挟才以为善，小人挟才以为恶。挟才以为善者，善无不至矣；挟才以为恶者，恶亦无不至矣。”所以古人认为在人才的选用上，宁可任用无才无德的愚人，也不用有才无德的小人。因为愚人虽然没有德行，却也没有能力兴风作浪，但是小人却有逞凶施暴、作恶害人的智力和本事，这样的人危害更大。

春秋后期，晋国大权旁落到智氏、赵氏、魏氏、韩氏四家手中，而智氏是势力最大的一家。智宣子想立儿子智瑶为继承人，却遭到族人智果的反对，他认为智瑶虽然勇猛善战、才艺出众、能言善辩、坚强果断，可谓是人上人，但是唯独没有仁德之心。如果立他为继承人，智氏必有灭门之祸。然而，智宣子却执意立智瑶为继承人。结果，正如智果所料，智瑶主政后，傲慢无礼，挑起四家争端，最后三家联合打败智氏，智氏惨遭灭族之祸。

所以，做人应该德才兼备，并且把品德的修养放在首位才能有所作为。

原典

锄奸杜幸①，要放他一条去路。若使之一无所容，便如塞鼠穴者：一切去路都塞尽，则一切好物都咬破矣。

注释

①锄奸杜幸：杜，阻止。幸，侫幸。锄奸杜幸，铲除奸诈之人，阻止侫幸之人。

译文

铲除奸诈邪恶之人，阻止侫幸之人时，要懂得给他们留一条生路。如果把他们逼得走投无路，就好像把老鼠所有的洞口全都堵死，老鼠固然无路可走，但是也会把所有好东西都咬坏。

解析

俗话说，兔子急了也会咬人。兔子本是温顺的动物，但是如果被人逼入绝境，也会奋起反击。兔子尚且如此，何况人乎?

《孙子兵法·军争篇》说：“围师必阙，穷寇勿迫，此用兵之法也。”意思是说，对于那些陷入绝境的敌人，不要穷追不舍，以防其拼死反扑，造成自己不必要的损失。当人们被逼迫得无路可走时，自身的潜力往往会被激发出来，爆发出难以估量的力量。这也就是韩信背水一战，置之死地而后生的道理。

春秋时期，燕国著名大将乐毅率兵攻打齐国，乐毅所向无敌、攻城略地，最后只有吕城和即墨没有攻破。后来吕城也被乐毅攻破，只剩下即墨一座孤城。城内士兵面临生死的考验，这时齐国名将田单高呼道："国家就要灭亡了，我们的家又何在？"最后，守城士兵士气高涨，誓死保家卫国，一战收复全部失地。正因为乐毅不懂得"围师必阙，穷寇勿迫"的道理，他才由胜转败，付出了惨痛的代价。

为人处事要懂得为别人留一条后路，在给别人留有生路的同时也给自己留下了回旋的余地。

原典

士君子贫不能济物者，遇人痴迷处①，出一言提醒之；遇人急难处，出一言解救之，亦是无量功德。

注释

①痴迷处：迷惑不解的地方。

译文

具有才学和品德的读书人，虽然由于家庭贫困不能救济别人，但是当别人迷惑不解的时候，从中指点迷津使其有所领悟，在别人陷入危难之时，在道义上说几句公道话来帮助他脱离危难，这样也算是立下了不可估量的功德。

解析

所谓"百无一用是书生"。自古以来，穷书生肩不能扛、手不能提，生活更是贫穷窘迫，自己尚且自顾不暇，又何谈济物救人？但是，洪应明却并不这么认为。帮助别人并不一定局限于物质和金钱，有时道义上的支持和言语上的提点，同样可以帮助他人渡过难关，而且这种帮助比物质上的帮助更具有价值。有时候，对于那些处在困境中的人，一句鼓励的话和一份关爱的心，要比金钱、物质上的帮助更能鼓舞人心。

有道德的君子虽然不能用金钱救济他人，但可用精神的力量去感化他人。在人们遇到迷惑之时，君子可以用智慧之言为人指点迷津，使其觉悟，改邪归正；当人们陷入困境时，君子可以仗义执言替人解急救难，使其免于孤军奋战。

所以，金钱不是衡量一个人是否具有善心的标准，人们只要怀有仁爱之心，为别人提供力所能及的帮助，那么就是真正的善者。真正具有善心的穷人要比那些为富不仁的富人更加富有，更值得人们尊重。

原典

处己者，触事皆成药石；尤人者，动念即是戈矛。一以群众善之路，一以浚①诸恶之源，相去霄壤②矣。

注释

①浚：疏浚、疏导。②霄壤：即天地之差、天壤之别，形容差距大。

译文

善于自我反省的人，无论遇到什么事情都会将其看成警醒自己的良药；习惯怨天尤人的人，心中每一个念头都是损害自身修养的利剑长矛。可见自我反省是一个人通往善德的途径，而怨天尤人则是一个人走向罪恶的源泉。这二者真是有天壤之别啊。

解析

《论语·宪问》中说：“不怨天，不尤人，下学而上达。”人们在遇到困难和失误的时候，应该学会反省自己，找到导致失误的根源，然后再想办法解决问题，这样才能找到通往成功的道路。如果一味地怨天尤人，把所有的问题都归咎于外界因素，只会让事情越来越糟，以后还会犯同样的错误。

每个人都会遇到困难和不公，心中难免产生怨天尤人的情绪，当情况得不到改善时，这种情绪就会越来越强烈。然而，怨天尤人没有任何作用，它不能帮助你解决任何问题，反而会使你陷入自怨自艾、消极懈怠的悲观情绪之中。

怨天尤人就像一种慢性毒药，缓缓侵入人们的大脑，使人们的态度、行为都被感染，使人们的意志不断受到消磨。所以说，自我反省是使一个人通往善德的途径，而怨天尤人则是一个人走向罪恶的源泉。人们只有远离抱怨，不断地反省自己、改变自己，才能在生活中演绎最美好的自己。

原典

事业文章，随身销毁，而精神万古如新；功名富贵，逐世转移，而气节千载一时[①]。君子信不当以彼易此也。

注释

①千载一时：本义是一千年才有一个时机，形容机会极其难得。这里指千年如一日，比喻永恒不变。

译文

辉煌的事业、完美的文章都会随着人的死亡而消失，但是圣贤的精神却万古常新；功名利禄、富贵荣华都会随着世事的变换而逝去，但是忠臣义士的志节却永恒不变。因此，君子决不可因追求一时的功名富贵而放弃千古永恒的气节。

解析

南宋诗人戴复古说：“菊花到死犹堪惜，秋叶虽红不耐观。”傲立风霜的菊花直到枯萎还受到人们的惋惜和珍惜，而枫叶尽管到秋天才被染红，但是仍经不起人们的仔细观赏。这应是因为菊花具有不畏风霜的气节吧。

郑板桥具有“千凿万击还坚韧，任尔东西南北风”的气节，所以才能笑傲人生，立于朗朗乾坤；而吴三桂却“恸哭六军俱缟素，冲冠一怒为红颜”，枉顾民族大义，所以才会身败名裂，为天下之人所耻笑。

罗贯中说：“勇将不怯死以苟免，壮士不毁节而求生。”“怯死”和“毁节”被英雄志士看成人生中最大的耻辱，所以勇将宁愿战死也不苟且求免，壮士宁愿牺牲也不愿自毁名节。人们应该以古人“宁为玉碎不为瓦全”的高尚气节来自勉。

原典

鱼网之设，鸿则罹其中①；螳螂之贪，雀又乘其后②。机里藏机，变外生变，智巧何足恃哉！

注释

①鱼网之设，鸿则罹其中：即“鱼网鸿离”，指的是张网捕鱼，捉到的却是鸿雁，比喻得非所愿。这里指鸿雁因为贪吃而落入渔网。②螳螂之贪，雀又乘其后：即“螳螂捕蝉，黄雀在后”，比喻因为贪图眼前的利益而不顾后患。

译文

渔人设网本是为了捕鱼，而原本高飞的鸿雁却因为贪吃而自投罗网；贪婪的螳螂一心想吃眼前的蝉，却忽视了躲在背后的麻雀，而落入他人之口。可见，天地之间的事物太奥妙了，玄机中还藏有另外的玄机，变故之中还有另外的变故，人类的智术和巧诈又有什么可依仗的呢？

解析

春秋时期，吴王准备攻打越国，却遭到大臣的反对，但是吴王一意孤行，并下令：“敢劝谏者处死。”尽管如此，大臣还是觉得出兵越国不妥，这时一个青年侍卫官想出一条妙计。第二天早晨，他拿着弹弓在花园中转悠，连续三天都是如此。吴王十分奇怪，问其缘由，他说：“园中有一只蝉，每天鸣叫饮露，却不知有一只螳螂在后面；螳螂想捕蝉，却不知旁边又来了黄雀；而黄雀准备吃螳螂时，却不知我的弹丸已经对准了它。三者都是只顾眼前利益而看不到后边的灾祸啊！”吴王听完后顿悟，随后取消了攻打越国的计划。

常言说：“精于刀者死于刀，精于泳者死于水，精于用计者最终死于别人的计谋。”这一切都是心灵被贪婪之念蒙蔽而造成的。人们只有戒止贪欲，不贪图眼前利益，才能避免招致祸患。

原典

作人无一点真恳的念头，便成个花子①，事事皆虚；涉世无一段圆活的机趣，便是个木人，处处有碍。

注释

①花子：原指京花子，京城的地痞流氓，这里指虚浮、华而不实的人。

译文

做人如果没有一点真诚真心，那么就变成了一个虚伪、华而不实的人，无论做什么事都会变成虚幻；处世如果不懂得圆滑变通的艺术，就如同呆板愚笨的木头人，无论做什么事情都会四处碰壁。

解析

为人处事要真诚、正直，如果没有一点真心实意，那么就如同京城的地痞流氓一般，虚伪、华而不实。但是真诚并不意味着思想僵化、固守教条，否则就会如同呆板愚笨的木头一样，处处碰壁。

当袁崇焕黑洞洞的红夷大炮对准努尔哈赤时，努尔哈赤决定不与其硬碰硬，而是放弃正面的对峙，跋涉千里绕到蒙古高原，从侧面出击从而重创明军。等到袁崇焕醒悟之时，大明江山已经丧失过半。此路不通，不妨选择另外一条，迂回前进，这就是古人的变通制胜之道。

心学大师王阳明说："古之所谓豪杰之士者，必有过人之节。人情有所不能忍者，匹夫见辱，拔剑而起，挺身而斗，此不足为勇也。天下有大勇者，猝然临之而不惊，无故加之而不怒，此其所挟持者甚大，而其志甚远也。"真正的勇者并不是那些奋起拔剑、挺身而斗的人，这样的人只能落得个头破血流的下场。真正的勇者是那些能忍别人不能忍，懂得通达机变的人。做人做事不能太过偏执、太过认死理，只有懂得圆滑和变通，不做无谓的牺牲，才能走得更长远。

原典

有一念而犯鬼神之忌，一言而伤天地之和，一事而酿子孙之祸者，最宜切戒①。

注释

①切戒：务必避免，必须警戒的。

译文

人们有时一个念头就能触犯鬼神的忌讳，一句话就能损伤天地阴阳的和气，一件事情就能造成子孙后代的祸患，所以这些都是人们应该尽力避免和警戒的。

解析

人们有时一个念头就能触犯鬼神的忌讳，一句话就能损害天地之间的阴阳之气，一件事就能造成子孙后代的祸患。所以，人们无论做什么事情，即使是一言一行都要谨慎戒备，这样才能避免给自己招来祸患。

西汉时期，大将军霍去病的弟弟霍光被任命为光禄大夫，深受汉武帝的宠信，每次皇帝出行，他都跟随左右。但是霍光并未因此而骄纵跋扈，相反，出入皇宫总是处处小心、事事谨慎，从没有出现过任何差错。之后，他被汉武帝晋升为大司马，汉武帝死前，仍命他辅佐汉昭帝。

谨慎的人无论做什么事情之前都会三思而后行，不会因渴望成功而急于行事，更不会因得意而肆意妄为。做事谨慎、做人小心是成功者的人生信条，也是为人处世的一门大学问。只有深谙此道的人才能远离祸患和危险，才能确保事业取得成功。

原典

事有急之不白①者，宽之或自明，毋躁急以速其忿；人有操之不从者，纵之或自化，毋操切②以益其顽。

注释

①白：表明、辩白。②操切：胁迫、强迫的意思。

译文

遇到紧急而又解释不明白的事情，在真相未明之前要适当宽容一下，或是暂时不去理会，时间长了自然就会真相大白，如果操之过急，就会招来别人的愤怒和怨恨；有时越是急切地使人跟随自己别人越是不顺从，此时不妨任其自然，或是让他自己反省，如果强迫他听从你的意见，反而会适得其反，使他产生逆反心理。

解析

所谓“事缓则圆，急难成效”，凡事不能操之过急，要慢慢地设法应付，才能得到圆满的结果。当有事情发生时，人们越是急着弄清真相，事情就会越混乱。因此不妨在真相大白之前，适当地宽容一下，慢慢地抽丝剥茧，真相自然就会浮出水面了。反之，就会招来别人的怨恨和反感，使真相更加难以浮出水面。

想要成就大事，最重要的就是要懂得等待时机，不急于一时。《基督山伯爵》中有这样一句话：“人类的全部智慧都包含在这两个词中：等待和希望。”可见，等待是一种智慧的体现，它可以给人更多思考的空间，可以培养人的耐心，让人们有走向成功的可能。

寒冷的北极，北极熊在冰天雪地中苦苦守候一天、两天、三天……最终才能捕获肥美的海豹。这样的等待需要毅力和耐力，而北极熊的坚持也有所回报，每周它都会成功地捕捉到海豹。凡事不可操之过急，无论做什么事只有耐心等待，才会获得成功。

原典

节义傲青云①，文章高《白雪》②，若不以德性陶熔之，终为血气之私③，技艺之末。

注释

①青云：青天白云。②《白雪》：古代琴曲名，比喻稀有的杰作。《淮南子》记载师旷奏“白雪”而神禽下降。③血气之私：血气，勇气或血性。这里指因私情而产生的一时冲动。

译文

高尚的气节和正义足可傲视青天白云，而生动感人的文章足以胜过阳春白雪般稀有的名作。然而，如果不用高尚的道德来陶冶它们，那么所谓的气节和正义也不过是一时的意气，而生动的文章也不过是微不足道的雕虫小技。

解析

即便是高尚的情操和完美的文章，如果没有道德的陶冶也将沦为末流，更何况是被俗事所困扰的人们呢？生活中，人们被五光十色的生活包围，被名利和财富困扰，逐渐地，人们在名利面前颠覆了做人的原则，在私欲面前抛弃了处世的修养和节操，如果不加强道德品德的修炼，那么就会完全迷失自己。

人们常说：“种树者常养其根，修德者常养其心。”可见以德养心，以德陶冶气节和情操，人们才能保持正气。曾子说：“晋国公子的财产让我望尘莫及。但是，他依靠他的财产生活，我依靠我的仁德生活；他依靠他的官职做人，我依靠我的道义做人，我还有什么不能满足的呢？”轻视王侯，鄙视爵禄，这就是曾子的气概。

原典

谢事①当谢于正盛之时，居身宜居于独后之地；谨德须谨于至微之事，施恩务施于不报之人②。

注释

①谢事：辞职、引退。比喻辞官。②不报之人：无力回报的人。

译文

辞官引退应该在事业处于鼎盛之时，居家养身应该选择在与世无争的清静之地，谨言慎行应该体现在最细微的事情上，施恩布德应该施于无力回报之人。

解析

“谢事当谢于正盛之时。”意思是说，真心引退就要在事业处于鼎盛的时候，这样才能使自己获得一个完满的结局。急流勇退是聪明人的选择，如果等到自己的事业走下坡路时才想到抽身退步，只能成为别人的笑柄。做人就应像范蠡、张良等人一样，懂得在盛名到达顶峰时功成身退，否则就会如李斯一样，最后只能在遭遇灾祸时发出“上蔡东门逐狡兔，岂可得乎”的感慨。

人们在积极寻求人生巅峰之时，不妨常怀知足常乐的人生态度，稍稍思考“圆满则亏”的道理，这样才不易陷入功名利禄的陷阱之中。

口上说说“功成弗居”、“功成身退”很容易，真正能够做到的又有几人?辛辛苦苦创下的基业拱手让予他人，千辛万苦建立的事业让别人坐享其成，能够毅然放弃确实需要勇气和气度。这也难怪古人会作出“驽马恋栈”的行为了。所以说，“功成弗居”、“功成身退”需要人们无欲无求，只有无欲才不会贪图名利，只有无求才不会“恋栈”。

原典

德者事业之基①，未有基不固而栋宇坚久②者；心者修行之根，未有根不植而枝叶荣茂者。

注释

①基：基础、根基。②坚久：坚固持久。

译文

高尚品德是成就事业的基础，没有地基不牢固而高楼大厦能坚固持久的；善心是修身养性的根本，没有根没能栽种地下而枝叶繁盛茂密的。

解析

耸立壮观的高楼大厦需要有坚固的地基才能屹立不倒，如果根基不稳固，就会有倾覆的危险；繁盛茂密的大树，其根部一定会牢牢地扎入地下，这样才能保证大树不被狂风吹倒。成就一番惊天动地的事业也是如此，必须先建立好基础，事业才能随之长久。而这事业的基础就是做人所不可或缺的道德。

罗曼·罗兰说："99%的努力和1%的灵感，对于成功是不够的，你还必须要有200%的道德品质做保证。"林肯是美国历史上最受人尊重的总统之一，这不仅仅是因为他为美国的南北统一作出了卓越的贡献，更是因为他具有令人敬佩的品行和高尚的品德。林肯从不利用职权谋取私利，他刚就任总统时，一家新开张的银行送予他一笔丰厚的股金，林肯却婉言谢绝："总统是人民之主，而不应从他的地位中谋取好处。"

由此可见，崇高的道德品行是一个人事业成功的基石。人们在立身处世之时，要注重道德的修养。只有做到德在人先，利在人后，不为权势左右，不受欲望迷惑，事业才能顺利成功。

原典

道①是一件公众的物事，当随人而接引②；学是一个寻常的家饭，当随事而警惕。

注释

①道：道义、道德。②接引：佛教语，本指佛与观世音大士等菩萨引度众生进入西方净土，这里是引导、推荐的意思。

译文

道德是一种社会大众共有的事物，人人都可以追求，所以应该顺着个人的人性加以引导；学问就像一道普通的家常菜，人人都可以钻研，所以应该随着事物的变换而留心观察，警惕研究。

解析

道德并不是圣人与君子所特有的，而是一种公共且公开于世的事物，任何人都可以去追求，都有资格也有能力去拥有，所以应该按照每个人的个性加以引导；学问并不是士人和学者所特有的，人人都可以去钻研，所以传道授业应该根据每个人的资质因材施教。

《论语·为政》中，不同的人向孔子请教什么是孝，孔子的回答也各不相同：对于位高权重的鲁国大夫孟懿子，孔子答以“勿违”，告诫他不要做僭越非礼之事，即父母生前要按礼侍奉，死后按礼安葬；对于贵族子弟孟武伯，孔子答以“父母唯其疾之忧”，告诫他不要让父母担忧他做坏事；而对于自己的弟子子游，孔子要求他尊敬自己的父母；对于子夏的提问，孔子则要求他除了不让父母操劳、对父母照顾有加之外，还要对父母和颜悦色。孔子一向提倡因材施教，上面的事例则是孔子“随人而接引”的完美呈现了。

世界上的事物千差万别，每个人也迥异不同，因此无论是教书育人还是待人接物，都要懂得因人而异、区别对待。

原典

念头宽厚的，如春风煦育①，万物遭之而生；念头忌克的，如朔雪阴凝②，万物遭之而死。

注释

①煦育：煦，温暖。抚育，养育。②阴凝：指阴气凝结为霜，渐积形成坚冰，这里指小人逐渐得势。

译文

心地宽厚的人，如同春风一样和煦温暖，万物逢着之后便会生机勃勃、欣欣向荣；性情刻薄多疑的人，犹如冰雪一样阴沉寒冷，万物遇到之后便会凋零衰败、死气沉沉。

解析

心胸宽广、宅心仁厚的人犹如春风一样和煦温暖，人们都愿意与这样的人接触；而性情残忍、刻薄多疑的人，则犹如秋日的冰霜一样冷漠阴沉，让人不寒而栗，避之唯恐不及。

《世说新语》中有这样一个故事，西晋大富豪石崇经常在豪华别墅中大宴宾客，并且让美丽的婢女给客人敬酒，如果客人拒绝，他就会让人将美女斩首。名士王导和堂兄王敦有一次前来赴宴，王导向来不善饮酒，但是因为怜悯婢女，不得不勉强一杯接一杯地喝，以致酩酊大醉。而王敦却全然不管不顾，坚决拒绝喝酒，眼见三位婢女被斩，仍面不改色。王导责备他太过冷漠，他却振振有词地说："他杀自己的婢女，关我们什么事?"后来，王导出任宰相，因心怀恻隐之心，所以能忍让协调各种矛盾，不仅稳定了东晋政局，更赢得了传世美名。而王敦后来出任大将军，却企图谋朝篡位，发动政变，最终死于动乱中。

原典

勤者，敏于德义，而世人借勤以济其贪；俭者，淡于货利，而世人假俭以饰其吝。君子持身之符①，反为小人营私②之具矣，惜哉！

注释

①符：本义是护身符，这里指法则、信条。②营私：谋求私利或满足个人目的。

译文

勤奋的人敏于品德和道义的修炼，而世俗之人却假借勤奋之名来满足自己的贪欲；节俭的人淡泊于财货利益，而世俗之人却假借节俭之名来粉饰自己的吝啬。勤奋和节俭本是君子立身修德的法则，却成了世俗小人谋求私利的工具，真是叫人惋惜啊！

解析

勤奋和节俭本来是君子修身养性的法则，反而成了市井小人用来营私求利的工具。这不得不让人惋惜啊！谋求私利已经是卑劣之举，还要以君子立身立德的原则作为掩饰，这种行为更恶劣，更让人痛恨。所以，人们不能只看行为的表面，而应该深挖其目的和动机，用心去辨别，不要被那些虚伪之人的手段所蒙骗。

西汉末年，篡权夺位的王莽便是欺世盗名之辈。他虽然父母早逝，但是几位伯父、叔父却出将入相、封侯受赏。王莽从小就寄人篱下，因此养成了老练的为人处世本领。在长辈面前他谦卑、平和，内心却充满了权力欲望，以至于所有的宗亲都被他蒙骗。初入仕途，王莽谦恭俭让，礼贤下士，尊敬长辈，被称作官场楷模，但是随着权势越来越大，他的野心也逐渐暴露出来。随后，权势熏天的王莽撕下虚伪的面目，取代汉帝自立为帝。然而欺世盗名的王莽只做了几年皇帝，便被起义军杀死，真可谓多行不义必自毙。

正如曾国藩所说："古之人修身以避名，今之人饰己以要誉。所以古人临大节而不夺，今人见小利而易守。"自古名利之欲都是害人的祸端，所以人们应该在道德修养和品行节操上下功夫，不可作出汲汲于名利的事情。

原典

人之过误[①]宜恕，而在己则不可恕；己之困辱[②]宜忍，而在人则不可忍。

注释

①过误：过失、失误。②困辱：穷困、屈辱。

译文

对于别人的过错和失误应该宽容以待，对于自己的过错和失误却不能轻易宽恕；对于自己遭受的困窘和侮辱应该尽量忍受，对于别人遭受的困窘和侮辱却不能袖手旁观。

解析

"人之过误宜恕，而在己则不可恕"就是我们常说的"严于律己，宽以待人"。这是中国人历来推崇的处世原则，宽以待人是为了给别人改过自新的机会，而严于律己则是为了避免酿成大错，只有这样，人生才会远离怨恨。

"躬自厚而薄责于人，则远怨矣。"三国时期，蜀国丞相诸葛亮去世后，蒋琬主持朝政。他属下有一个叫杨戏的人，性格孤僻，讷于言语，蒋琬每次与他说话，他都只应不答。有人对蒋琬说：“杨戏这人太不像话了，对您竟如此怠慢！”蒋琬则不以为然，说道：“每个人都有自己的脾气秉性，让他当面赞扬我，那可不是他的本性；让他当面批评我，他又觉得有损我的颜面，所以才会默不作声。这就是他为人的可贵之处啊！”

待人要宽，律己要严，这是一种为人处世之道，也是人际交往的“润滑剂”，更是一个人应该具有的高尚品德。人们做到了这点，其成功也便水到渠成了。

原典

恩宜自淡而浓，先浓后淡者，人忘其惠；威①宜自严而宽，先宽后严者，人怨其酷②。

注释

①威：树立威信。②酷：待人冷酷无情。

译文

给别人施恩，应该先淡薄而后浓烈，如果先浓烈后淡薄，别人就会很容易忘记你的恩惠；树立威信，应该先严厉而后宽仁，如果先宽仁而后严厉，别人就会怨恨你的冷酷无情。

解析

管理国家和企业是一门高超的艺术，需要讲究策略、掌握技巧。施恩于人，应该先淡薄而后浓烈，由少而多，循序渐进。如果一开始就施恩无度，一旦减少恩惠，不仅别人会把以前的恩惠忘得一干二净，更会招来别人的怨恨和不满。那是因为人们的期望值是越来越高的，希望获得的东西也越来越多，当你施恩的数量与其期望值相反时，他人就会产生失望或不满之情。

与此相反，树立威信却应该先严厉而后宽仁，逐渐递减。开始时国家和企业要确定一定的原则和制度，所以必须严格管理，以约束人们的行为。当国家或企业趋于稳定之时，管理者就要适当地放松一些，这样才有利于国家或企业的稳定和发展。如果一开始没有严格管理，姑息迁就，之后再严加管理，别人就会怨恨管理者冷酷无情。

“恩威并用”或“宽严兼施”是管理国家、企业和待人处世的方法，但是最理想的方法却是“先严而后宽”、“先淡而后浓”。

原典

士君子处权门要路，操履[1]要严明，心气要和易；毋少随而近腥膻之党[2]，亦毋过激而犯蜂虿之毒[3]。

注释

①操履：操，操守。履，行事。②腥膻之党：鱼臭叫腥，羊臭叫膻，这里比喻操守不好、行为恶劣的人。③蜂虿之毒：蜂和虿都是有毒刺的虫子，这里比喻居心险恶的人。

译文

君子如果身处权势显赫的地位，操守行事必须严谨、磊落，心境一定要平和冷静。绝不能随意接近和附会操守败坏的奸佞小人，也不要过于偏激而激怒那些阴险狠毒的奸诈之徒。

解析

《庄子·人间世》中有这样一则寓言：鲁国贤人颜阖将在卫国做太子师傅，一次他向卫国贤大夫蘧伯玉求教：“有一个天生凶残嗜杀的人，跟他朝夕相处，如果没有原则，势必危害国家；如果坚持原则，又会给自身招来灾祸。他的智慧足以了解别人的过错，却无法了解其中缘由。这样的话我该如何是好呢?”

蘧伯玉说：“首先要端正你自己！表面上最好多亲近他，内心最好多顺从他。但即使这样仍会有隐患。所以，亲近他，却不要来往过密，否则就会招来灾祸；顺从他，却不要心意太露，否则就会被认为是求声求名，也会招灾惹祸。如果他像天真的孩子，你也如此；如果他与你不分界线，你也如此；如果他与你无拘无束，你也如此，这样便无可挑剔了。”

君子行事要磊落、严谨，心境要平和、冷静，不与奸佞小人同流合污，但是也要懂得保全自己。洪应明对此给出了两条原则，那就是既要严格要求自己，绝不能放弃操守；又要平静随和，绝不过于偏执。

原典

遇欺诈的人，以诚心感动之；遇暴戾的人，以和气熏蒸①之；遇倾邪私曲②的人，以名义气节激励之，天下无不入我陶熔中矣。

注释

①熏蒸：熏染陶冶。②倾邪私曲：倾邪，指为人邪僻不正。私曲，偏私。倾邪私曲，指邪恶不正之人。

译文

遇到狡猾欺诈的人，要用赤诚之心去感化他；遇到性情暴戾的人，要用温和之心去熏染陶冶他；遇到自私自利的人，要用道义气节来激励他。如果一个人能做到以上几点，那么天下之人无不被感化。

解析

“诚”是天下之本，儒家也说：“诚者，物之始终，不诚不物。”天道与人道相通，所以修身、齐家、治国、平天下都必须以“诚心诚意”作为基础。古往今来，虽然欺诈私曲之徒比比皆是，争权夺利之辈数不胜数，但是未见以作奸欺世之术统治天下、征服人心者。只有“诚”才能感化人心，才能激励人心。

季布一诺千金，商鞅立木取信，季札挂剑墓树，诚信之人无不被后世所传颂。周幽王烽火戏诸侯，招致亡国；齐襄公因失信于连称、管至父，而被弑杀。春秋时期，齐襄公命连称、管至父二人率兵守葵丘，允诺甜瓜成熟时节再换防。但是到期后，齐襄公却失信于人，连称、管至父再三要求换防，齐襄公就是不准。齐襄公的背信弃义、狡猾欺诈激怒了二人，最后二人联合公孙无知杀死了他。

人，以诚为本，以信为天。诚是人生最高层级的谋略，而若以虚伪诡诈之术行事，虽然可以获得短暂的利益，但终究还是会失去。

原典

一念慈祥，可以酝酿两间和气①；寸心洁白，可以昭垂②百代清芬。

注释

①两间和气：指天地之间平和的气息。②昭垂：昭，明。垂，流布。昭垂，昭示。

译文

如果人们心中有慈爱祥和的念头，就可以调和天地之间的平和之气；如果人们心中始终保持纯洁清白的念头，就可以使自己的美名流芳百世。

解析

“一念慈祥”、“寸心洁白”就是我们经常说的“爱心”。爱心是人性中最圣洁、最高尚的品质，人与人之间相处有爱心，才能创造和平融洽的氛围；人对动物产生仁爱之心，那么世界就会变得更加温暖、阳光。人间因为有了爱，才会变得更加充实和美丽。

奥黛丽·赫本被誉为“降落在人间的天使”，这不仅仅是因为她的纯真美丽、高贵优雅，更是因为她把爱传递到了世界各地。她前半生是享誉世界的电影明星，后半生却是最美丽的慈善天使。她晚年成为联合国儿童基金会的慈善大使，足迹遍布世界各地，给那些身处战火、贫困、饥饿中的儿童带去了无限的关爱。她的爱心就像种子一样，播遍了整个世界。虽然奥黛丽·赫本已经离开了这个世界，但是那份爱却永远留在了人间。

爱心可以驱走世界的黑暗，可以消除人间的冷漠。就像那首歌唱得一样：“只要人人都献出一点爱，世界将变成美好的人间。”

原典

阴谋怪习，异行奇能，俱是涉世的祸胎[1]；只一个庸德庸行，便可以完混沌[2]而招和平。

注释

①祸胎：招致祸患的根源。②混沌：宇宙开辟之前元气未分、模糊一团的状态，比喻自然纯朴的心态。

译文

阴谋诡计、怪异言行、奇异才能，都是经历世事时招惹祸患的根源。人们只要保持平凡的德行和平常的言行，就可以保持自然纯朴的状态，才能保持平和的心境。

解析

庄子说：南海之帝叫倏，北海之帝叫忽，中央的帝王则叫混沌。倏和忽在混沌的地方相遇了，混沌对他们非常友善。倏和忽决定报答混沌的恩情，倏说："人都有七窍，用来看外界、听声音、吃食物、呼吸空气，唯独混沌没有，我们为他开出七窍吧。"之后，倏和忽每天为混沌开一窍，到了第七天混沌的七窍全部开了，但是他却死了。

这个寓言告诉我们，人的本性是无为和自然的，如果特意加上心机、智巧，那么纯净的本性就会遭到破坏，灾祸也会降临在人的头上。陈平是西汉开国功臣之一，为刘邦出谋划策，立下不少功劳，被封为曲逆侯。之后陈平却这样反省自己的人生："我经常使用诡秘的计谋，这是道家所反对的。如果我的后代被废黜，世袭爵位被废止了，这也是我积下的祸因。"果然，陈平死后二十年，他的曾孙因罪弃市，世袭爵位被废止。

所以，古人认为所有阴谋诡计、怪异言行、奇异才能都是有悖天性的，是经历世事时招惹祸患的根源，人们只有保持自然纯真的状态、平和的心境才能安身避祸。

原典

语云："登山耐险路，踏雪耐危桥。"一耐字极有意味。如倾险①之人情，坎坷之世道，若不得一耐字撑持过去，几何不堕入榛莽②坑堑③哉！

注释

①倾险：指邪僻险恶的用心。②榛莽：榛，荒地上丛生的小杂木。莽，草木深邃的地方。榛莽，比喻险恶的环境。③坑堑：堑，深沟。坑堑，比喻如沟壑深谷般险恶的境地。

译文

俗语说："登山要能耐得住险峻的道路，踏雪要能耐得住危险的桥梁。"一个"耐"字具有极深的意味，就像面对人心险恶、钩心斗角的人情世道，如果没有耐心和毅力，又有几个人不会落入如沟壑深谷般的险境之中呢？

解析

梅、兰、竹、菊号称"四君子"，备受人们喜爱，那是因为它们耐得住寒，耐得住寂寞，耐得住风吹日晒。而"四君子"这种忍耐的精神，被人们所景仰，也是人们所企盼拥有的。人们想要成就一番事业，就必须有忍耐的精神和意志，否则怎能翻越险峻的道路达到高峰，怎能通过危险的桥梁欣赏到美丽的雪景？

明朝文学家李贽，从小家境贫寒，青年时代颠沛流离，立志著书时已五十四岁，六十岁才完成名著《焚书》和《藏书》；近代画坛巨匠齐白石三十岁时才开始学画，晚年才成为蜚声海内外的大画家。这些人如果没有忍耐的精神，又怎会取得如此辉煌的成就？

唐代和尚寒山曾经问拾得："世人谤我、欺我、辱我、笑我、轻我、贱我、恶我、骗我，如何处置乎？"拾得回答说："只是忍他、让他、由他、避他、耐他、敬他、不要理他。再待几年，你且看他！"这一番对话，足以道出忍耐的高超智慧，如果人们能怀有这种胸襟和智慧，那么怎能不成功呢？

原典

夸逞[1]功业，炫耀文章，皆是靠外物做人。不知心体莹然[2]，本来不失；即无寸功只字，亦自有堂堂正正做人处。

注释

①夸逞：夸，自我吹嘘。逞，强行显露。夸逞，刻意夸耀自己。②莹然：莹是玉的颜色，比喻洁白纯净。

译文

吹嘘自己的功业，炫耀自己的文章，无不是靠外物来做人。这样的人其实不知道若能保持洁白如玉的心地，就不会丧失纯朴善良的本性。即使一生之中没有留下任何伟大的功绩和美妙的文章，也可以成为一个堂堂正正的人。

解析

品德高尚、气节贞烈的美名需要旁人鉴证、后世论定，如果只是一味地吹嘘自己的功业、炫耀自己的文章，那么就成了虚伪浅薄之人。但是，现实中却有很多这样的人，他们为了博得别人的喝彩和谋求私利，经常自吹自擂，炫耀自己的功德和节操，这样的人看起来一本正经，实际上是虚伪奸诈的小人。

正所谓“真君子不作垢业，亦不立芳名”。真正的君子心如止水，甘于寂寞，没有一丝矫俗之心。所以，人是否能够得到别人的尊重，并不在于身外的功名利禄，而在于其本性。如果人的本性犹如洁白的美玉一般清莹光辉，丝毫不丧失原本的纯朴善良，即使没有留下任何伟大的功绩和美妙的文章，也算是一个堂堂正正的人。

所谓的功业和文章都不过是身外之物，这些由外物建立的人生只是短短的瞬间而已。然而世间有很多人却并不明白这个道理，往往被外物夺取了原本的心性，真是可怜之至。

原典

不昧[1]己心，不拂人情，不竭物力，三者可以为天地立心，为生民立命，为子孙造福。

注释

①昧：本义为昏暗，这里是隐、泯灭的意思。

译文

不泯灭自己的良心，不做超出常情的事，不随意浪费物力。如果人们能做到以上三点，就可以为天地树立善良的心性，为百姓创造不息的生命，为子孙后代创造幸福。

解析

在古人看来，天地本是无心的，但是人的心体却是一个小天地，它与自然界的天地相融合。儒家认为，天、地、人是一个完整的整体，为了完成天地应有的使命，人们应当为天地立心。

而想要为天地立心则必须做到以下三点：一是做人要光明正大，不会受到外物的引诱而泯灭本心；二是要做到人情厚重，不能不近人情，更不能苛待他人；三是不随意奴役万物，不能过度消耗资源，要懂得爱惜物力。只有做到这三点，人们才可以为天地树立善良的心性，为万民创造不息的生命，为后世创造幸福。

所谓"立心"，就是古人对于道德修养的要求。北宋张载提出了"为天地立心，为生民立命，为往圣继绝学，为万世开太平"的人生理想。他所谓的"立心"其实就是立志的意思。而后人更是提出了具体的要求，即包括仁、义、礼、智等在内的儒家道德修养的原则。

原典

居官有二语，曰："惟公"，则生明[1]；"惟廉"，则生威。居家有二语，曰："惟恕"，则平情[2]；"惟俭"，则足用。

注释

①明：清明。②平情：心情平和。

译文

做官要遵循两句话："只有公正公平才能政治清明，只有廉洁奉公才能树立威信。"持家要遵循两句话："只有宽容家人之间才能和睦相处，只有节俭才能丰衣足食。"

解析

为官之道在于廉洁奉公。所谓"公生明，廉生威"，只有真正做到公正廉明，才能政治清明，树立威信。在这里，洪应明提出做官应当遵守两句训诫：第一是要公平公正，不能以私废公；第二是要廉洁，不贪图私利。这样百姓才能信服和尊敬，为官者的威严才能维护。

海瑞可谓为官廉洁清正的典范，一生经历了正德、嘉靖、隆庆、万历四朝，却始终屹立不倒，这与他的清正廉洁不无关系。明代当时的官场风气是，新官到任，旧友高升，都要送礼以示祝贺。然而海瑞升官之时，却公开贴告示说："今日做了朝廷官，便与家居之私不同"，并把收到的礼品一一退还，连老朋友贺邦泰、舒大猷的也不例外。不仅如此，海瑞临终前，兵部送来的柴金多算了七钱银子，他也命人算清后退了回去，可见其清廉的品德。

廉洁奉公是为官者最应该遵守的基本准则。"清廉则无畏，秉公则无私"，只有这样，才能做到为官一任、造福一方。

原典

处富贵之地，要知贫贱的痛痒①；当少壮之时，须念衰老的辛酸。

注释

①痛痒：痛和痒都是一种疾病，这里比喻痛苦、疾苦。

译文

当人们身处富贵荣华的环境时，要想想贫穷卑贱的艰辛和痛苦；当人们在年轻力壮之时，应多想想年老力衰时的辛酸和悲哀。

解析

人在贫穷之时，能够安分守己、奋发图强，一旦富贵加身就会得意忘形、无所顾忌。这样一来，灾祸很快就会降临到身上。所以，人们在富贵之时应该多想想困时的艰辛，这样才能警醒自己，才能激励自己继续努力奋斗。

宋武帝刘裕在当上皇帝之后，命令下人将他幼年贫穷微贱时所用的耕田农具全部收藏起来，展示给自己的子孙看，以告诫他们不要因为富贵而忘记往日的艰辛。后来他的儿子文帝看到这些耕具之后，感到羞愧和不解，而身边的侍臣则进言说："当年舜亲自在历山耕田，大禹也曾亲自治理水土。陛下不看到这些遗物，怎知道先帝崇高的仁德和耕种时的艰难呢！"

曾国藩也曾经说过："贫贱时眼中不著富贵，他日得志必不骄。富贵时意中不忘贫贱，一旦退休必不怨。"这与"处富贵之地，要知贫贱的痛痒"可谓异曲同工。

原典

持身不可太皎洁①，一切污辱垢秽要茹纳②得；与人不可太分明，一切善恶贤愚要包容得。

注释

①皎洁：光明、洁白。②茹纳：容纳、容忍。

译文

立身处世不可太过清高，要有包容一切污浊、屈辱、尘垢、秽恶之物的宽广心胸；与人交往不可太是非分明，要有包容一切善良、丑恶、贤能、愚拙之人的雅量。

解析

海纳百川，有容乃大。世间的人或事千差万别，如果没有一颗包容之心，就无法在社会上立足。

《红楼梦》中，贾宝玉梦游太虚幻境，听到一支名为《世难容》的曲子，曲中唱道："气质美如兰，才华馥比仙。天生成孤癖人皆罕。你道是啖肉食腥膻，视绮罗俗厌，却不知太高人愈妒，过洁世同嫌。"

这曲中说的人就是妙玉，她美丽、博学、聪慧，但是也极端孤僻、清高，极其不合群。在她眼中，就连"阆苑仙葩"般的林黛玉都是俗不可耐之人，更何况是薛宝钗、王熙凤等人。她正是因为太过高洁，才不被世俗所容，更没有人愿意接近她，就连相交多年、与她半师半友的邢岫烟也说她"为人孤高，不合时宜"。最后，她更是落得个"可怜金玉质，终陷淖泥中"的下场。

人不能过于明洁清高，要有包容一切的心胸，要有容忍一切的智慧。古语说："泰山不让土壤，故能成其大；河海不择细流，故能就其深。"这就是包容的力量。

原典

休与小人仇雠[①]，小人自有对头；休向君子谄媚，君子原无私惠。

注释

①仇雠：雠，同"仇"。仇雠，结仇。

译文

不要轻易和那些卑鄙小人结下仇怨，小人作恶多端，自然有冤家对头；不要轻易向君子奉承谄媚，君子原本公正无私，怎会容忍别人的讨好巴结。

解析

"小人固宜远，然断不可显为仇敌。"古人强调要远离小人，却也不能公开与之结仇，只有讲究技巧，洁身自好，不招惹是非才能明哲保身。

《论语》中有一个"阳货欲见孔子"的故事，讲述了对待小人和敌人最好的办法。阳货是鲁国权臣季氏的家臣，气焰熏天、图谋不轨。当时孔子在鲁国的名声很大，很多势力想将其拉入自己的阵营，阳货也不例外，但是孔子却不为所动。有一天，阳货登门拜访，孔子事先得到消息，便躲避了出去。但是阳货给孔子送来一只烤乳猪，古人认为"来而不往非礼也"，孔子必须回拜阳货，但是他实在不愿与其接触，所以故意趁阳货不在家时回拜。这样孔子既不失礼，又不失节。可是孔子却在路上遇到了阳货，虽对阳货深恶痛绝，却没有能力阻止他，只能避免与之产生直接冲突。虽然孔子表面上唯唯诺诺，答应要去做官，但是始终独善其身。

与小人公开决裂会给自身带来麻烦和灾祸，所以真正的君子既不会与小人同流合污，又会保持表面上的和气。这就是君子明哲保身之道。

原典

磨砺当如百炼之金，急就者非邃养[①]；施为宜似千钧[②]之弩，轻发者无宏功。

注释

①邃养：深厚的修养。邃，深。②千钧：三十斤是一钧。千钧，用来形容器物之重，或是形容人的力量之大。

译文

磨炼意志要像锻造钢铁一般反复锤炼，急于求成的人不会获得深厚的修养；做事就像拉开千钧的大弓一样，要积蓄好力量再拉，轻举妄动难以成就大业。

解析

任何本领都需要经过艰苦的磨炼，急于求成和急功近利最终将会导致失败。人们无论做什么事情都要脚踏实地，一步一个脚印才能逐步走向成功，企图一口气吃成一个胖子，只会适得其反、功亏一篑。

从前，有一位少年一心想早日成名，于是拜一位剑术高人为师。不久，他就迫不及待地问师傅多久才能学成，师傅回答说："十年。"少年不甘心，于是又问："如果我全力以赴、夜以继日地练功，要多久?"师傅则回答："那要三十年。"少年还不甘心，又问道："如果我拼死练功呢?"师傅这次则说："七十年。"可见，如果一个人越是急于求成，就会离自己的目标越远。这就是人们所说的"欲速则不达"!

渴望成功是所有人都有的正常心态，但是做人做事应该把目光放远一些，不要只顾眼前的利益，更不能因为贪图利益而急躁妄动，否则只会像“拔苗助长”一样，沦为世人的笑柄。

原典

建功立业者，多虚圆之士；偾事[1]失机者，必执拗之人。

注释

①偾事：偾，败坏的意思。偾事，败事、坏事。

译文

凡是建功立业、有所建树的人，大多都是谦虚低调、圆滑变通的人；凡是败坏事业、错失良机的人，必定是固执任性、偏执狭隘的人。

解析

凡是成就事业、取得卓越成绩的人，都是懂得谦虚机变的人；而那些固执任性、顽固狭隘的人只能错失良机，败乱事业。这是因为谦虚圆融之人懂得权衡轻重，不论遇到什么情况都能应对自如。而那些固执倔强之人却总是拘泥于一点，思考与行动都过于僵化。

有一位老师傅带着他的弟子们居于山中修行。一日，老师傅嘱咐弟子每人去南山砍一担柴回来。弟子们谨遵师父的叮嘱，天一亮便动身前往。不料，当他们匆匆赶到离南山不远的河边时，只见洪水倾泻而下，无论如何都不能渡河砍柴了。事已如此，他们也只好折身而返。回到住所，弟子们都不免有些垂头丧气，唯有一弟子不见懊恼之态，与师父坦然相对。师父问其缘故，只见他不慌不忙地从怀中拿出一颗苹果，递给师傅说：“我在河边的树上看到仅剩的一颗苹果，便把它摘了下来。既然过不了河，砍不了柴，能得到一颗苹果也是好的。”后来，这个弟子成了老师傅的传人，继承了他的衣钵。这个苹果所代表的就是变通的智慧。

萧伯纳曾说：“明智的人使自己适应世界，而不明智的人坚持要世界适应自己。”学会变通是解决事情最好的办法，换个方式达到目的也是一种成功。

原典

俭，美德也，过则为悭吝[①]，为鄙啬，反伤雅道[②]；让，懿行也，过则为足恭[③]，为曲礼，多出机心[④]。

注释

①悭吝：吝啬小气。②雅道：正道，这里指朋友相交的忠厚之道。③足恭：过度谦敬，以取媚于人。④机心：狡猾诡诈的用心。

译文

节俭是一种美德，但是过分节俭就是吝啬，就是小气，反而会损伤为人处世的忠厚之道；谦让是一种美好的行为，但是过分谦让就是谄媚，就是不正之礼，并且大多藏有狡猾诡诈之心。

解析

《儒林外史》中的严监生，临死前看到灯上烧着两根灯草，就是不肯咽气，一直用手比比画画，直到小老婆挑掉一根灯草，他才安心地闭上了眼睛。在西方也有这样的吝啬鬼，他就是巴尔扎克的小说《守财奴》中的葛朗台，而且“葛朗台”几乎成了吝啬鬼、守财奴的代名词。尽管他拥有万贯家财，可仍住在阴暗、破烂的老房子中，对家人十分苛刻吝啬，每天都要亲自分发家人的食物、蜡烛。临死之前，他还让女儿把金币铺在桌上，长时间地盯着，直到最后一刻。

吝啬、小气的人通常都是心胸狭窄之人，这样的人不仅无法维持良好的人际关系，更会使自己的人生过于死板和灰暗。不妨对自己大方一些，也对别人大方一些，这样才能放开自己的心胸，才能享受到生活的美好。

原典

毋忧拂意，毋喜快心，毋恃久安，毋惮初难[①]。

注释

①初难：万事开始时的困难。

译文

做人不要因为不如意而忧心忡忡，不要因为称心如意而欣喜若狂，不要因为享受长久的安定而有恃无恐，不要因为在事情开始时遇到困难而畏惮不前。

解析

“万事开头难”，但是如果人们能够勇敢地踏出第一步，战胜最初的困难，那么之后就会顺利很多。如果人们一开始就被眼前的困难吓倒，那么永远也不会走向成功。

人难免会遇到挫折，而面对挫折时，是奋起还是退缩，关系到你的人生道路是宽还是窄，是光明还是黑暗。托尔斯泰说：“当困难到来的时候，有人因之一飞冲天，也有人因之倒地不起。”每一个困难都是对人们毅力的考验，人们只有不惧困难、不怕艰险，才能有所收获。只要你有一颗战胜困难的信心和永不服输的恒心，以及一种愈挫愈勇的意志，那么你的人生就会越走越宽，越走越光明。

“困难是礁石，海水只有敢于进击才能激起美丽的浪花。”我们要做生活中的强者，要做人生的主人，就要像海水一样勇敢搏击，这样才能激起美丽的浪花。

原典

饮宴之乐多，不是个好人家；声华①之习胜，不是个好士子；名位之念重，不是个好臣工②。

注释

①声华：原指美妙的音乐和华丽的衣服，这里指声誉和荣华。②臣工：工，古代指掌管刑狱的官员。臣工，泛指官吏。

译文

喜欢饮酒作乐、大宴宾客的家庭，不是正派的人家；喜欢名声荣誉和华装艳服的读书人，不是正派的士人；贪恋崇高名声和显赫地位的官员，不是正派的官员。

解析

贪念是一切罪恶的根源。贪图享乐，生活奢侈，会使一个家庭走向衰落；贪图声色之乐、华美之装，读书人就无法领悟到真正的学问；贪图功名和地位，官员就会走向腐败毁灭之路！

凡是有志之人都会将自己的心思着眼于未来和长远，而不会贪图眼前的享乐和利益。人生在世，功名利禄以及声色之乐都是身外之物，生不带来，死不带去，而贪图这些只会给自己增添更多的痛苦和烦恼。

两只蚊子同时在一个胖子身上吸血，第一只蚊子看见此人白白胖胖的就选择在肚皮上吸血，而第二只蚊子则选择了那人的后背，尽管这里皮厚难咬，但是十分安全。第二只蚊子吸食了一口之后，就马上飞走去寻找下一个目标了，而第一只蚊子却在那人的肚皮上忘乎所以地享受美味。这时，那人感觉一阵痛痒，一巴掌就将它拍死了。

贪婪是最可怕的念头，它可以使人走向灭亡，所以人们应该抑制自己的贪念，保持清醒的头脑。

原典

仁人心地宽舒，便福厚而庆长[①]，事事成个宽舒气象；鄙夫念头迫促[②]，便禄薄而泽短，事事成个迫促规模。

注释

①庆长：庆，福禄吉祥。庆长，福禄绵长、长远。②迫促：指目光短浅，心胸狭隘。

译文

心胸宽厚仁慈、目光远大的人，所享受的福泽和恩禄也丰厚绵长，无论做什么事都有宽宏大量的气度；心胸狭窄、目光短浅的人，所享受的恩泽和福禄也浅薄短暂，无论做什么事情都困难重重、寸步难行。

解析

美国南北战争时期，眼看南方战胜无望，为减少士兵和平民无谓的牺牲，最高军事统帅罗伯特将军决定率众投降。在受降仪式上，罗伯特只有一个要求，那就是绝不能让南方的将士受到侮辱，必须充分保证所有将士的人格和尊严不受侵犯。

北方最高统帅格兰特将军立即表示接受，并表示，除此之外，还在受降书中额外写清楚，一旦对手投降，那就是自己人，与北方军享受一样的待遇，允许他们随身携带原来的武器。仪式结束后，格兰特率领全体随从送走罗伯特，并庄严地举手敬礼，北方将士也举帽致敬。

这两位将军虽然曾经是敌人、对手，但是并没有因此仇视对方。罗伯特不计个人名誉，以维护士兵和百姓的利益为原则而投降；而格兰特作为战胜者，并没有轻视失败者，反而给予了最高的尊重。二人的心胸和气度都令人敬佩。

所以，做人并不在乎成功还是失败，因为这些都是在所难免的，只要人心宽厚仁慈、胸怀宽阔舒畅就会受到别人的尊敬和爱戴，就会名留青史、福泽绵长。而心胸狭窄的人，则恰恰相反。

原典

用人不宜刻，刻者思效者去；交友不宜滥[1]，滥则贡谀[2]者来。

注释

①滥：泛滥、过度。②贡谀：逢迎讨好，谄媚。

译文

管理者用人不应该太苛刻，否则那些原本想为你效劳的人，就会离你远去；交友不能太滥太杂，否则那些善于奉迎谄媚的人，就会来到你身边。

解析

人们常说“朋友多了路好走”，一个人在社会中生存，只有广结人脉、多交朋友，路才能越走越宽。但是，如何交友、交什么样的朋友，却是关乎人生成败的大事，所以人们在选择朋友之时要慎之又慎，懂得分清良莠，以便结交到可以信赖的朋友。

对于什么样的朋友值得结交，两千年前的孔子已给出了标准答案。孔子说："益者三友，损者三友。友直，友谅，友多闻，益矣；友便辟，友善柔，友便佞，损矣。"意思是说，有益的朋友有三种，即正直的人、诚实的人和见多识广的人；有害的朋友也有三种，即不走正路的人、谗媚逢迎的人以及花言巧语的人。

苏轼在《亡妻王氏墓志铭》中追忆了妻子王弗生前对自己结交朋友的帮助，每当苏轼有客人来访时，王弗总是在屏风后听他们谈话。等到客人离开后，她便会指出这些人的缺点和优点，劝诫苏轼什么样的人要亲近，什么样的人要远离。

交友要有所选择，择善而交，这样才能使自己得到进步和提高；交友要把握分寸，讲究原则，不要因为友谊而作出违背道德的事情；交友要懂得珍惜，不可轻易作出背叛朋友的事情，这样才能维持长久坚固的友谊。

原典

大人①不可不畏，畏大人则无放逸之心；小民②亦不可不畏，畏小民则无豪横之名。

注释

①大人：指有道德、有声望的人。出自《论语·季氏》篇："畏大人。注：'大人，圣人也。'"②小民：指平民百姓。

译文

面对具有高深道德、声望高远的人，不可不抱着敬畏的态度，只有这样才不会有放纵安逸的想法；面对平民百姓也不可不抱有敬畏的态度，只有这样才不会落下专横跋扈的恶名。

解析

孔子曰："君子有三畏：畏天命，畏大人，畏圣人。"君子要敬畏上天，顺应天命，同时也要敬畏有道德、有声望的君子和圣人，这样才能保持社会的正常运行。在这里，洪应明给予了补充，即"小民亦不可不畏"，所谓的小民就是那些普普通通的百姓。

小民虽然人微言轻，经常受到上位者的忽视，但是具有不容忽视的力量。所谓"众志成城"，小民毕竟占据了社会人口中的绝大多数，如果聚集在一起，足可以有推翻上位者的力量。所以，孟子说："民为贵，社稷次之，君为轻。"就是告诫那些上位者要懂得尊重民意、以民为主。

春秋时期，齐王派使者到赵国拜访威后，威后未打开书信便问使者："今年收成好吗？齐国百姓好吗？齐王也还好吗？"齐国使者非常不悦，说道："我奉命出使赵国拜访您，您不先问齐王，而先问年成与百姓，岂不是把卑贱者放在前面，把尊贵者放在后面了吗？"威后却说："没有年成，怎会有百姓？没有百姓，怎会有国君？哪有丢开根本而去问细枝末节的呢？"

面对小民抱有敬畏的态度，上位者才不会专横跋扈，国家才能安定团结。

原典

事稍拂逆①，便思不如我的人，则怨尤自消；心稍怠荒②，便思胜似我的人，则精神自奋。

注释

①拂逆：不顺心、不如意的事情。②怠荒：懒惰放纵。

译文

当人处在逆境，不如意之时，应该多想想那些不如自己的人，这样怨天尤人的想法就会自然消失；当人处在顺境，精神懈怠之时，应该多想想那些比自己强的人，这样精神自然就振奋了。

解析

人们要学会调适自己的心态，压力大时学会给自己减压，精神松懈时学会给自己加油，始终以一种积极健康的心态去生活，那样你的生活才会更加美好。

要想拥有健康积极的心态，人们需要及时释放自己的不良情绪。比如，在遇到困难时，可以找知心朋友倾诉自己的苦闷，或是到旷野中大叫大哭一场；当感觉生活压力过大时，可以到大自然中走一走，如登上高山舒展自己的心胸，或是放眼大海以使心情放松……

无论选择什么样的方式，最重要的就是要懂得疏导自己的不良情绪，使自己保持愉快的心情，这样才能以积极向上的心态面对生活。马斯洛说："心态若改变，态度跟着改变；态度若改变，习惯跟着改变；习惯若改变，性格跟着改变；性格若改变，人生就跟着改变。"试着调整自己的心态，排解那些不良情绪，你会得到意想不到的收获。

原典

不可乘喜而轻诺，不可因醉而生嗔①，不可乘恢而多事，不可因倦而鲜终②。

注释

①嗔：发怒。②鲜终：有头无尾，有始无终。出自《诗经·大雅·荡》："靡不有初，鲜克有终。"

译文

不要趁着一时高兴而向人轻易许诺，不要因为醉酒失控而随意发泄怒气，不要趁着一时舒心痛快而惹是生非，不要因为疲乏倦怠而做事时有始无终。

解析

通常，人在喜悦之时，精神处于极度亢奋的状态，很容易作出意想不到的决定。比如，人们在高兴之时轻易会向别人轻易许诺，不管自己做到或是做不到都随意应承下来。等到冷静下来之后，又开始为自己的行为后悔不已，但是这时已经是进退两难了。事实上，人们不仅不能在心情激动的时候轻易许诺，即使在平时也不能随意答应别人的要求。

许诺看起来十分简单，但是完成别人的要求却不是一件容易的事情。但是，有些人总是喜欢承诺为别人办事，甚至是自己没有把握做成的事情也信誓旦旦地夸下海口。结果曾经信誓旦旦的诺言变成了空言，甚至是谎言，这样以后还会有人信任你吗?

承诺是金，君子最重言行一致，一旦许下诺言，就要想方设法去实现。所以，人们在向别人许诺之时，一定要三思而后行，自己做不到的事情就不要胡乱许诺，否则不仅会失信于人，更会影响别人对你的信任和好感。

原典

钓水①，逸事也，尚持生杀之柄；弈棋，清戏②也，且动战争之心。可见喜事不如省事之为适，多能不如无能之全真。

注释

①钓水：临水垂钓。②清戏：清新高雅的娱乐。

译文

临水垂钓本是一件悠闲超逸的事情，然而手中却掌握着游鱼的生杀大权；下棋博弈本是一项清新高雅的消遣，然而心中却有攻城略地般的争斗心理。可见多事倒不如无事那样悠闲自在，才德出众倒不如无才那样能保全纯真本性。

解析

洪应明的这段话颇有道家“无为”思想的蕴意，认为一个人精力有限，若参与过多的事务必然招来过多的烦恼，不如“无为而为”，这样才能享受悠闲自在的生活，才能保持纯真自然的本性。

老庄之道认为，无欲无为之人最逍遥，因为这样的人懂得顺应自然，用“无为”的态度来做事，用“不言”的方式去教导别人。当然，这里的“无为”并不是什么也不做，而是不强求、不刻意。万物皆有其规律，人们即使强求也不见得会得到好的结果，所以不如顺其自然，怀着一种释怀的态度面对生活。

原典

听静夜之钟声，唤醒梦中之梦；观澄潭[①]之月影，窥见身外之身[②]。

注释

①澄潭：澄，水静而清。澄潭，水面清澈平静的深潭。②身外之身：前一个“身”指的是虚幻的肉身，后一个“身”指的是涅槃境界之身。比喻人的品性和灵性。

译文

夜深人静之时，倾听远处嘹亮的钟声，可以唤醒人们虚妄的梦幻；在清澈平静的潭水中，观看水中如影如幻的月影，可以从中窥见肉身之外的精神境界和内心的灵性。

解析

古人修身养性时追求的是清净安宁的境界，那些世间的功名利禄对于道德高尚的君子来说，不过是虚幻不实的梦境；就连人的肉体本身也是虚幻的，只有纯净的心地和崇高的精神世界才是具有灵性的真实存在。

而人们只有在夜深人静的时候，倾听远处悠扬的钟声，才能唤醒那些虚幻的梦，回归自然本真的境地；只有在清澈平静的潭水中，观看水中如影如幻的月影，才能真正领略肉身以外的超凡灵性和高尚的品德。

俗话说：“心静而本体现，水清而月影明。”人生如梦，而人生中的名利富贵则是梦中之梦，可见是极其虚幻不实的。面对纷杂的人生，人们只有保持清净和释然，回归内心的本真，找到真实的自我，才能不被世间的欲望和私情困扰。

原典

鸟语虫声，总是传心之诀；花英[①]草色，无非见道[②]之文。学者要天机清彻，胸次玲珑[③]，触物皆有会心处。

注释

①花英：花色艳丽。②见道：佛教语，指最初生起断除烦恼、除去污垢的智慧，从而照见佛性之理。这里是洞彻真理的意思。③胸次玲珑：光明磊落的心胸。

译文

大自然中的鸟语虫声，总能传达领悟心性的秘诀；繁花艳丽、草色青葱莺飞，里面无不蕴藏着，洞彻真理的文章。做学问的人只要保持清明透彻的灵性、光明磊落的胸怀，就能从接触到的事物中领悟其内在的本性。

解析

通常，人们认为只有文字和言语才能传达出宇宙的真理和天地的大道。但是佛家却认为仅凭文字、言词并不能领悟自然的真意，禅宗还主张“以心传心”，即让人们自行领悟“佛心”。

所谓“佛心”，即宇宙的真心，天地的大道。释迦牟尼领悟到了这个道理，认为万事万物之中都蕴含着深刻的真理，即大自然中的鸟语虫声，总能传达领悟心性的秘诀；繁花艳丽、草色青葱，无不蕴藏着洞彻真理的文章。

如此看来，既然天地万物都蕴含着真理，那么为什么普通人领悟不到呢？那是因为人们心中被烦恼和妄念困扰着，只有保持清澈天然的心机、光明磊落的胸怀，然后再观察外界的一切事物，使万物与自己的心合二为一，才能领悟其内在的本性。

原典

人解读有字书，不解读无字书；知弹有弦琴，不知弹无弦琴①。以迹用②，不以神用，何以得琴书佳处？

注释

①无弦琴：指自然界中所有的声音。②迹用：运用有形的事物。

译文

人们只懂得阅读有文字的书籍，却不能理解大自然万事万物的奥秘；人们只知道弹奏普通的琴，却不懂得欣赏自然界美妙的声音。如果人们只知道运用有形的事物，却无法领悟无形的神韵，又怎能领悟到音乐和学问的真正乐趣呢?

解析

所谓“有字书”，就是人们能够看得见、真实的书籍，而“无字书”则是宇宙、世界、社会、生活等万事万物中蕴含的奥秘。有些人可以理解书本上的知识，却无法领悟宇宙万物的奥秘。人们只有用心去感受，将两者结合起来，才能掌握真正的智慧。

据说，陶渊明不解音律，却有一张无弦琴，每当心中有所感触时，便会抚此琴寄寓心意。唐代文人曾经这样描述他的无弦琴：“性不解音，而畜素琴一张，弦徽不具。每朋酒之会，则抚而和之，曰：‘但识琴中趣，何劳弦上声！’”陶渊明性情闲逸，放荡不羁，当心情舒畅之时，风声、鸟声都是优美的音乐，又何须琴弦来表达自己的舒畅呢?

正如庄子所说：“可以言论者，物之粗也；可以致意者，物之精也。”言语只能谈论事物粗浅的外在表象，而事物精细的内在实质，只能通过心意才能传达。真正具有修养的人，不会拘泥于外在事物，而是看重心意和精神的领悟。

原典

山河大地已属微尘，而况尘中之尘；血肉身躯且归泡影，而况影外之影。非上上智①，无了了心②。

注释

①上上智：最高的智慧。②了了心：洞察真理之心。

译文

山河大地与广袤的宇宙相比，只是一粒微不足道的尘埃，更何况是天地之间的万物，只不过是尘中之尘罢了！人生在世百年与无限的时间相比，只是一个稍纵即逝的泡影，何况是那些虚幻的功名富贵，不过是泡影外的泡影罢了！所以，如果不是超凡的智慧便没有洞彻真理之心。

解析

人生在世，足足百年的时间，但是与永恒的时间相比，就如同转瞬即逝的泡影。而世间的功名利禄相对漫长的历史长河来说，只不过是虚无飘渺的幻影罢了。所以人们应该看透世间的纷繁，用超凡的智慧来洞彻天地之间的真理，用清澈明了的心来领悟人生的真谛。

“非上上智，无了了心。”这里的“智”不仅是智慧，“心”也不仅是洞察真理的心。从更深的层面上说，如果人生在世没有清澈明了的心智，那么就无法领悟到人生的真谛，也就无法理解为人处世的道理。人们只有真正知道自己是什么人，什么应该做，什么不应该做，才能明白活着的真正意义。人们只有拥有清澈透亮的心，才能做到常常自省，才能遇事不糊涂，才能拥有一个快乐充实的人生。

原典

石火光中①争长竞短，几何光阴？蜗牛角②上较雌论雄，许大世界？

注释

①石火光中：即敲击石头而迸发出火花的一瞬间，比喻时间极为短暂。②蜗牛角：蜗牛的触角，比喻微小之地。

译文

石头相互碰撞，迸发的火花转瞬即逝，如果与这短暂的时间还要争长短，即使争得了又能有多少时间呢？蜗牛的触角，极其微小，如果在这微小的地方还要争胜负，即使获胜了又能有多大的天地呢？

解析

《庄子·则阳》中说：“有国于蜗之左角者，曰触氏；有国于蜗之右角者，曰蛮氏，时相与争地而战。”蜗牛的触角，极其微小，在蜗牛的左角有一个国家叫触氏，在蜗牛的右角有一个国家叫蛮氏，然而这两个国家却常常因为争夺地盘儿互相争斗。在这微小的地方还要不停地征战，即使占据了全部的地方，又能有多大的天地呢？这样的行为简直是太可笑了！

然而，人间世界的争夺，又有几时停止过？天下的英雄互相争逐，相互较量，又和蜗牛角上的战争有什么区别呢？苏轼在《满庭芳》中说：“蜗角虚名，蝇头微利，算来著甚干忙。”在古人看来，这世间所有的争斗都不过是为了虚名小利，只会让人增添无谓的烦恼和疲惫而已。真正的英雄豪杰心胸宽广，不会轻易介入无谓的争斗，而是以超然的心态度过悠然的一生。

然而，面对熙熙攘攘的尘世，普通人总是很难达到一个高远、超然的境界，那么人们将如何取舍、如何生活呢？北齐人刘昼说：“人之短生，犹如石火，炯然以过，唯立德贻爱为不朽也。”白居易也说：“蜗牛角上争名利，石火光中寄此身。随富随贫且随喜，不开口笑是痴人。”由此可见，人们只要珍惜时间、随遇而安，便可获得幸福快乐的人生。

原典

有浮云富贵①之风，而不必岩栖穴处；无膏肓②泉石之癖，而常自醉酒枕诗。竞逐听人，而不嫌尽醉；恬淡适己，而不夸独醒。此释氏③所谓“不为法缠④，不为空缠⑤，身心两自在”者。

注释

①浮云富贵：即“不义而富且贵，于我如浮云”。后用来形容富贵利禄变幻无常，不足以看重。②膏肓：古人以心尖脂肪为膏，以心脏和隔膜之间为肓，据说这是药力达不到的地方，比喻达到不可救药的程度。③释氏：佛教始祖释迦牟尼的简称，泛指佛或佛教。④法缠：法，佛教语，指一切事物和道理。法缠，外在事物的束缚和困扰。⑤空缠：空，佛教语，指虚无的事物。空缠，虚无之理的困扰。

译文

人们若有视富贵如浮云的气节，就不必非要居住在深山远林之中，与世隔绝；那些没有喜好清泉岩石等风景癖好的人，却时常饮酒枕诗，自得其乐。别人要追名逐利便由他们而去，与我无关，也不必因此而疏远他们；恬静淡泊是因为与自己的个性相适，也不必夸耀自己“独醒”。这就是佛家所说的不为外物蒙蔽、不被虚幻迷惑、身心皆自在悠闲的人。

解析

一个人只要心地洁净、淡泊名利，有视富贵功名如浮云的气节，就没有必要非隐居于深山岩穴中。虽然没有沉迷于清泉山石等的癖好，但是也可以独自吟诗啜酒，这样也可以享受悠然自得的乐趣。

人生在世，别人喜欢追求名利，那么就随他去，只要自己能够淡泊无欲、自得其乐便可，而且也没有必要向别人宣扬自己“世人皆醉而我独醒”的清高。这样一来，人们才能让自己的身心都自得其乐，才能摆脱外界的羁绊，做一个真正自由的人。

真正具有德行的人，既能独善其身，又能和光同尘，并且能够在日常生活中领悟到天地的奥妙。作者所处的时代，政治环境十分恶劣，很多人被迫生活在这混乱的尘世中，却有着高雅的生活情调。居于红尘闹市，却能做到悠然自得，不与世争，不与世浊，这种近乎“大隐”的境界，是士人所向往和追求的境界。人们若能够做到如此，何愁摆脱不了尘世的烦恼呢?

原典

延促①由于一念，宽窄系之寸心。故机闲②者一日遥于千古，意宽者斗室广于两间。

注释

①延促：延，长。促，短。延促，指时间长短。②机闲：指心神闲逸。

译文

时间的长短大多是出于心理感受，空间的宽窄也多基于心境。所以，心神闲逸的人，即使只有一天的时间也会感觉比千年更长；心胸旷达的人，即使身在狭小的空间也会感觉犹如身处天地般宽大。

解析

佛说："物随心转，境由心造，烦恼皆由心生。"一位艺术家说："你不能延长生命的长度，但你可以扩展它的宽度；你不能改变天气，但你可以左右自己的心情；你不可以控制环境，但你可以调整自己的心态。"这些无不在告诫人们，人的境遇都是由自己的内心决定的，如果你心胸宽广，那么即使身处的环境再狭小，也犹如天地般宽广；如果你心胸狭窄，那么即使身处旷野，也犹如在密闭空间中一样局促。

一天，农夫的驴子掉入一口枯井之中，农夫绞尽脑汁也无法将其救出。最后，他认为这头驴子年纪大了，不值得大费周折，于是决定把它埋了以免除它的痛苦。当农夫向枯井里填土时，驴子感觉到了主人的意图，开始凄惨地号叫，但是一会儿它就冷静了下来，将身上的泥土抖落在一旁，然后站在土堆上，就这样，随着泥土越来越多，枯井也越来越浅，最后驴子获救了。

在遇到困难和挫折时，只要不钻牛角尖，即使再大的问题也能解决。人们应该试着改变自己的心态，换一种心情或方法，这样或许你会有更大的惊喜。

原典

都来眼前事，知足者，仙境；不知足者，凡境。总出世上因，善用者，生机；不善用者，杀机①。

注释

①杀机：危机。

译文

面对现实的生活，懂得知足的人就会享受到身处仙境般的快乐，不懂得知足的人就无法摆脱尘世的烦恼。世间的事情总是事出有因的，善于利用的人就会处处充满生机，不善于运用的人就会陷入重重危机之中。

解析

知足者身贫而心富，贪得者身富而心贫。作家三毛曾经说：一个小女孩因为没有鞋子穿而哭泣，直到她看见一个没有腿的人。这个小故事虽然十分平凡，可是它常常在我的心中激励我。当我偶尔对人生失望，对自己过分关心的时候，我也会沮丧，也会悄悄地怨老天爷几句，可是一想起自己已有的一切，便马上纠正自己的心态，不再怨叹，高高兴兴活下去。

没有鞋的小女孩羡慕有漂亮鞋子的女孩，殊不知世上还有很多比她更不幸的人。人们常常抱怨上天不公，抱怨自己得到的太少，殊不知也许别人得到的更少，那些不甘和不平只不过是不知足的表现而已。人们应该以平常心面对生活，这样才会越来越知足、越来越快乐。

原典

趋炎附势[①]之祸，甚惨亦甚速；栖恬守逸之味，最淡亦最长。

注释

①趋炎附势：攀附权贵、阿谀权势之人。

译文

趋炎附势固然可以得到利益，但是所招惹的祸患最惨烈，来得也最迅速；坚守恬淡安逸固然寂寞冷清，所得到的趣味也最平淡，但是最悠长。

解析

东晋时有个叫袁悦的人，他善于游说，也精通玄学。开始他在谢玄手下做事，很受器重。后来他父母相继去世，他便回到家乡守丧，回来时身上只带了一部《战国策》。他对别人说："年轻时，我读《论语》和《老子》，又看《庄子》和《周易》，这些谈论的都是琐屑小事，即使熟读也没有什么用。天下最出色的书便是《战国策》！"后来，他在孝武帝的哥哥、权臣司马道子手下做事，也很受重用，而他经常劝司马道子专揽朝政。后来，王恭得知此事，禀报孝武帝，不久袁悦便被孝武帝找借口杀掉了。

袁悦不懂得儒道两家所讲的修身立德、淡泊名利之法，却喜爱专讲诡谲之计、诈伪之谋、机巧之变的《战国策》，因此才会逢迎游说心怀不轨的司马道子，最终给自己招来了杀身之祸。所以说，趋炎附势、诡诈机变只会给人招来祸患，只有注重修身养性，保持淡泊名利之心，才能远离纷争、远离祸端。

一个人是否能够成就事业，是否能够成为圣贤，并不在于他是否精通经史，也不在于他是否有过人的才华，而在于他是否注重品德的修养、操守的磨炼。

原典

色欲火炽①，而一念及病时，便兴似寒灰；名利饴甘，而一想到死地，便味如嚼蜡。故人常忧死虑病，亦可消幻业②而长道心。

注释

①炽：炽烈、猛烈。②幻业：佛教语，梵语"羯魔"的意译，本是指造作，佛教认为凡造作的行为，不论善恶皆称业。这里指虚幻的业障。

译文

色欲犹如烈火一样炽烈时，然而一想到生病时的痛苦，兴致自然就会冷淡下来；名利像饴糖一样甘甜诱人，然而一想到死亡的可怕，滋味立刻就如同嚼蜡。所以人们要经常思虑疾病和死亡，这样才能消除罪恶、增长道德。

解析

当人在身体健康的时候，色欲之心、名利之心就同烈火一样猛烈，就像饴糖一样甘甜诱人，然而一旦想到有病或是身亡，兴趣也就随之而灭了。所以人们应该常常想到死亡和疾病，这样才能消除色欲心和名利心，才能增长自己的德业之心。

古人经常以疾病的痛苦和死亡的虚无来戒止贪欲，《红楼梦》中便有这样的描述：贾瑞贪恋凤姐美貌，被其设局陷害仍然执迷不悟，当他病势沉重、快要不治而亡时，一位跛足道人送他一面宝镜，说："天天看此，便可保命，但是只能照背面，不可照正面。"这面镜子两面皆可照人，背面是一副吓人的骷髅，而正面却是美貌的凤姐对其招手。贾瑞看到凤姐全然忘记道士之言，三番两次地看正面，结果断送了自己的性命。

所有的名利和欲望都是虚幻、不真实的，如果人们能够看破真相就会远离灾祸，如果沉溺其中，那么就会同贾瑞一样掉入欲壑之中难以自拔。

原典

争先[1]的，径路窄，退后一步，自宽平一步；浓艳的，滋味短，清淡一分，自悠长一分。

注释

①争先：这里是争强好胜的意思。

译文

喜欢争强好胜的人，道路越走越窄，退后一步自然就会觉得宽敞一步；太过浓厚的滋味往往无法回味，若能清淡一分味道自然就会悠长一分。

解析

退一步海阔天空，让三分心平气和。生活中很多人经常会因一件小事而起争执，怒目相对，互不相让，最终双方都讨不到便宜，得不到好结果。如果人们能够宽容一些，各退一步，那么根本就不会出现纷争，也不会造成不必要的损失。所以洪应明说，争强好胜的人所走的道路越来越窄，而心胸宽阔的人，其人生道路则越走越宽。

总统麦金利是一位从不与人发生争执的人，一天几位议员冲进他的办公室向他抗议，为首的议员开口便用十分难听的话咒骂他，而他却显得十分平静，没有做任何辩解，因为他知道这时做任何解释都会导致更激烈的争吵。等到这些人发泄完怒气之后，他亲切地说："现在觉得好些了吗?"随后开始向他们耐心地解释自己的决定。最后，这些人都被说服了。

无谓的争执不会帮助我们解决问题，反而会激化矛盾。不妨用平和的心态对待人生的失意与人际中的纠纷，追求一种"退一步海阔天空"的宽容心境，这样才能更好地解决矛盾。而当我们的心静下来的时候，就会少了浮躁和偏执，就会多了"意随无事适，风逐自然清"的淡泊和高远。一旦做到如此，那我们的生活离快乐还会远吗?

原典

隐逸林①中无荣辱，道义路上泯炎凉。

注释

①隐逸林：与世隔绝、与世无争的地方。

译文

隐居山林之中便不会再有世俗中有关荣耀和耻辱的烦恼；在追求道义和品德的路上则没有世间的人情冷暖。

解析

"隐逸林中无荣辱，道义路上泯炎凉。"这说明，只有遵守道义和节操，具有超凡脱俗的心境，才能忘却世俗中的一切荣耀和耻辱，才能看淡世间的人情冷暖。

战国时期，列子心胸宽阔、贫富不移，但是因为家中穷困，经常面带饥色。有人劝郑国上卿子阳资助列子而为自己博取好名声。于是子阳立即派人给列子送去粮食，却遭到列子的拒绝。列子的妻子十分不解，不禁埋怨他。列子却说："子阳并不真正了解我，只是因为听信他人之言才派人送粮食，以后必定会听信他人之言而加害于我。这就是我不接受馈赠的原因。"后来郑国发生叛乱，子阳被杀，其党多被株连致死，列子却安然无恙。

荣耀和羞辱若同花并蒂、形影相随，只有远离荣辱才能远离祸患。因此，古人为了不受纷繁世事的困扰，宁愿选择隐居偏远之地也不愿意亲近权贵，宁愿坚守贫寒的生活也不接受权贵的恩惠。人们只有拥有超脱世事的心境、看破尘世的态度，才能得到真正的自由和悠闲。

原典

进步处便思退步，庶免触藩之祸①；著手时先图放手，才脱骑虎之危②。

注释

①触藩之祸：山羊角夹在篱笆里，比喻处于进退两难的困境。出自《易经·大壮卦》："羊触藩，不能退，不能遂。疏：'退谓退避，遂谓进往。'"②骑虎之危：事情存在危险，却又不能停下，比喻陷入进退两难的境地。出自《隋书·独孤皇后传》："当周之宣帝崩，高祖居入禁中，总百揆，后使人谓高祖曰：'大事已然，骑虎之势不得下，勉之。'"

译文

如果在事业顺利时便能想到功成身退，则可以避免遇到困难时陷入进退两难之境；开始筹备事情时便能想到及早放手，才能避免陷入骑虎难下的危险境地。

解析

《礼记·中庸》中说："凡事豫则立，不豫则废。言前定则不跲，事前定则不困，行前定则不疚，道前定则不穷。"意思是说，无论做什么事情都要有万全的准备才能获得成功，否则只能以失败收场。说话前有准备，就不会理屈词穷；做事前有准备，就不会遇到困难挫折；行事前有计划，就不会发生错误。人们常说的"不打无准备之仗"就是这个道理。

农民耕种前必须准备好种子才能播种，军队打仗前必须准备好粮草才能行军。无论做什么事情，只有事前做好充分的准备，才能保证事情顺利进行，才能保证万无一失。

很多人做事草率，还不了解情况就贸然决定，以至于在中途陷入进退两难的境地，或是不得不放弃原本的计划。做事有冲劲是值得赞赏的，但是硬拼却不可取；做事谨慎小心是值得赞赏的，但是犹犹豫豫却不可取。做人做事都要胸中有数，不要做无准备之事。只有谨慎小心，才能进退自如，走到最后。

原典

贪得者，分金恨不得玉，封侯怨不授公，权豪自甘乞丐；知足者，藜羹[①]旨于膏粱[②]，布袍暖于狐貉，编民[③]不让王公。

注释

①藜羹：泛指粗劣的食物。②膏粱：膏，肥肉；粱，精美的主食。膏粱，泛指美味佳肴。③编民：列于户籍的人，指平民。出自《史记·货殖列传》："而况匹夫编户之民乎?"

译文

贪婪的人，得到金银之后还怨恨没有得到美玉珠宝，封了侯爵之后还埋怨没有封为公爵，这样的人即使身居豪富权贵之位也不如一无所有的乞丐富有；知足的人，即使吃粗茶淡饭也觉得比美味佳肴可口，穿粗布棉袍也认为比狐袄貂裘温暖，这样的人虽然身为平民，但是其气节却比王公大臣还要高贵。

解析

贪婪的人得到金银之后还妄想得到美玉，位列公卿之后还企图封王，这都是因为他们心中的贪欲过重。人心不知足，既得陇，复望蜀。所以，如果对物欲不加以约束，贪欲之心就会越来越大。如果任凭自己的贪欲不断膨胀，人就会丧失理智和自我控制能力，到那时，明知是深渊陷阱，也会不假思索地跳进去。

东汉时期，光武帝刘秀率兵平定西北，命令部将岑彭与吴汉围困西城的隗嚣。而蜀地的公孙述得知消息后，立即派兵援救隗嚣，并且将军队驻扎在上邽，刘秀于是派盖延、耿弇率兵围之。等到布置好所有战略部署之后，刘秀便班师回朝，临行前写信给岑彭，说："如果攻下两城，就可以率兵南下攻蜀，人苦不知足，既平陇，又望蜀。每一发兵，头须发白。"意在告诫岑彭不要因为贪心，妄图进攻蜀地，否则就会遭遇不可挽回的灾祸。后来，曹操也率兵攻打关中陇右地区，司马懿建议曹操乘胜追击攻下西蜀，曹操也说："人就是苦于没有满足，已经得到了陇西，还想得到蜀。"可见"知足者常乐"，如果贪得无厌，就会造成"人心不足蛇吞象"的尴尬局面。

原典

矜名不如逃名趣，练事何如省事闲。孤云出岫①，去留一无所系；朗镜悬空，静躁两不相干。

注释

①孤云出岫：孤云、闲云。岫，峰峦、山谷。孤云出岫，闲云从山谷中飘来，比喻毫无牵挂。

译文

夸耀声名不如躲避名声更具有趣味，凡事干练精明不如淡泊无事落得个一身清闲。闲云出没山谷之时，去留毫无牵挂；明月悬挂天空，人间的寂静或喧闹与它毫不相干。

解析

闲云能够自由地出没山谷之中，是因为它毫无牵挂，所以才能够如此洒脱自然；明月能够悬挂在寂静的天空之中，是因为它超凡脱俗，所以才能无视人间的寂静和喧闹。做人也应该有闲云朗月般的洒脱和脱俗，如此一来，才能摆脱生活中的悲伤和痛苦，才能享受人生中的幸福和自由。

真正洒脱的人不会因为遭遇失败而自怨自艾，也不会因为获得成功而喜形于色；真正洒脱的人不会因为一点小事就与人发生争执，也不会对伤心的往事念念不忘。洒脱的人喜欢简简单单的生活，他们认为只有平平淡淡的生活才是最美丽的。因此，在面对生活的得失时，他们总是怀有顺其自然的态度。正是因为如此，他们才更容易获得快乐和幸福。

明朝著名画家唐伯虎说："随缘冷暖开怀酒，懒算输赢信手棋。"如果人们过分在乎人情冷暖和输赢，那么就无法体味到洒脱的乐趣。生活中总是不免有艰难困苦，只有学会洒脱地面对人生，放下那些痛苦和牵绊，才能走向美好和幸福。

原典

山林是胜地，一营恋便成市朝①；书画是雅事，一贪痴便成商贾。盖心无染着②，欲境是仙都；心有系牵，乐境成悲地。

注释

①市朝：原指市场和朝廷，这里指争名逐利的场所。②染着：佛教语，指爱欲之心浸染外物，执着不离，这里指人心受到物质欲望的污染。

译文

山间林下是幽静美妙的胜地，但是一旦过于留恋就会将其变成争名逐利的场所；琴棋书画是高雅清新之人所做的事，可是一旦产生贪恋的念头，就会变成俗不可耐的商人。所以，只要一个人心中没有被私情杂念浸染，纷杂的凡尘也如快乐自由的仙境一般；如果人心被世间的物欲所牵绊，那么快乐的仙境也将变成悲惨的地狱。

解析

禅宗有个著名的故事：慧能游至广州法性寺，正巧遇上印宗法师在讲《涅槃经》。这时，一阵风吹来，风吹幡动，两位僧人辩论是风动还是幡动。这时，慧能说："不是风动，也不是幡动，是你们的心在动。"意思是说，一个人的心是什么样子，眼中的世界就是什么样子。

山间林下是幽静美妙的胜地，但是如果人们把隐居山林视为沽名钓誉的手段，那么幽静之地也会变成争名逐利的场所；琴棋书画具有高雅清新的趣味，但是一旦产生贪求迷恋之心，自己就会变成俗不可耐的商人。人生的境界不在于你身处什么环境，也不在于你喜爱什么事物，关键在于你的心境。

“心无染着，欲境是仙都；心有系牵，乐境成悲地。”要想逃避世俗的约束，求得精神的超脱，必须从心底摆脱贪欲，而不是在形式上对尘世远避。

原典

时当喧杂，则平日所记忆者皆漫然忘去；境在清宁，则夙昔[1]所遗忘者又恍尔[2]现前。可见静躁稍分，昏明顿异。

注释

①夙昔：夙，原有的、旧时的。夙昔，以往、过去的意思。②恍尔：恍然、忽然。

译文

当身处喧闹繁杂的环境时，连平日记住的事情都会忘得一干二净；当身处清静安宁的环境时，以往遗忘的事情也会突然浮现出来。可见，心神的浮躁和宁静虽然只有一点的区别，但是内心的昏暗和明朗却迥然不同。

解析

喧闹的环境会使人产生心浮气躁的情绪，所以古人为了回归平和、纯洁的心地，四处寻找清净的环境。当人们远离都市的喧闹，身处青山绿水的环境时，自然就会感受到身心合一的宁静。寻找一方清净之地，消除自己的浮躁情绪，心中的苦闷自然就会烟消云散，就连被遗忘的事情也浮现在眼前。所以，人们只有摆脱喧闹的心神，才能在宁静中领悟人生的真谛。

人心都有一个真境，即万物之性与天性合二为一，而这样的境界只有从宁静、恬淡中获得。弘一法师说过：人如果要达到这种境界，则要先使本身的心念清净，断绝被现在的境遇所左右的机缘，忘却一切思虑与烦忧，放宽心胸，不固执于形体，就可以悠游于这一玄妙的境界。

原典

芦花被下卧雪眠云，保全得一窝夜气①；竹叶杯中吟风弄月，躲离了万丈红尘。

注释

①夜气：夜间的清凉之气，比喻清明纯净的心境。

译文

以芦花做被，以雪地为床，以云彩为帐，能安然入睡，就可以保持一片清明纯洁的心境；以竹叶做酒杯，在清风明月下吟咏，能享受这样悠然自得的生活，是因为摆脱了尘世间的纷乱烦扰。

解析

以芦花做被，以雪地为床，以云彩为帐，以竹叶做酒杯，在清风明月下吟咏，如此美丽的意境，向人们描述了一种清贫朴素而又充满诗意的隐逸生活。

古时的隐逸之士大多向往素朴淡远的田园生活，并且把自由逍遥的隐逸生活看作实现心体澄明的途径。王维通过“空山新雨后，天气晚来秋。明月松间照，清泉石上流”的描述，表达自己对清幽明净的山水自然的向往之情；而辛弃疾的“茅檐低小，溪上青青草。醉里吴音相媚好，白发谁家翁媪。大儿锄豆溪东，中儿正织鸡笼。最喜小儿无赖，溪头卧剥莲蓬”，则描述了田夫野老之家的朴素生活和天伦之乐。

和古人相比，现代人必须面对生活和工作等各方面的压力，想要归隐山林是不太可能实现的梦想，但这并不是说现代人便无法享受自由悠闲的生活，只要我们能够放下得失，以平淡之心来生活，同样也可以达到“卧雪眠云，吟风弄月”的境界。

原典

出世之道即在涉世中，不必绝人以逃世；了心之功即在尽心①内，不必绝欲以灰心。

注释

①尽心：用智慧领悟善良本心。出自《孟子·尽心章上》：“尽其心者知其性也。”

译文

超脱凡尘之道，应该在尘世间磨炼，不必离群索居、与世隔绝；洞彻智慧的功用，应该在运用智慧时去领悟，不必断绝欲望、心如死灰。

解析

出世之道，就是要远离尘世间的烦恼，超脱于世外，那是一种高尚的境界。但是人们对出世之道却有些误解，认为若出世则必须进入深山幽谷，和世人断绝往来，过着完全与世隔绝的生活。这种观点其实是大错特错的。

人是一种具有社会交际性的动物，如果进入深山幽谷，过着完全独立的生活，那么就会违背人的本性。真正的出世并不是厌世与弃世，而是生活在世间，不沉溺于名利之中，不被世俗所污染。就像出水的莲花一样，身在污秽的泥土中，却可以开出清净、洁白、芳香的花朵。这才是真正的出世之道。

历来都是小隐隐于野，大隐隐于市。人们如果没有经历过尘世间名利纷扰的磨炼，就不会懂得自然本性的可贵。“朝为田舍郎，暮登天子堂。”如果人们能够做到真正的淡泊，那么不论是在田舍之间还是在庙堂之上，又有什么区别呢？

原典

此身常放在闲处，荣辱得失谁能差遣我；此心常安在静中，是非利害谁能瞒昧[1]我？

注释

①瞒昧：隐瞒、蒙蔽。

译文

经常把身放在闲逸的环境中，世间的荣华富贵、成败得失又怎能驱使我？经常把身心处在安宁的环境中，人间的功名利禄、是是非非又怎能蒙蔽我？

解析

每个人都有各种欲望，且其欲望是无止境的，如果任其放纵，而不加约束，那么就会陷入永无止境地堕落之中。所以，人们应该适当地节制自己的欲望，不要让自己成为欲望的傀儡。那么人们怎样做才能约束、抑制自己的欲望呢?

这里《菜根谭》给人们提供了两种方法：其一，将自身放在闲逸的环境中；其二，使自己的内心保持安静的状态。只要保持闲逸、安静的心地，安然不为一切所动，那么一地荣华富贵都无法驱使我，一切是非利害都蒙蔽不了我的本心。

佛家认为，心浮气躁会使人作出错误的判断，而内心平静则使人在处理事情时泰然自若、不轻率妄为，从而更容易控制自己的情绪和心态。人们身处纷扰繁杂的社会中，需要面对的东西很多，欲望也越来越大，而保持内心的安静、身处闲逸的环境，则更有利于人们恢复原本善良、纯洁的本性，摆脱尘世名利是非的困扰。

原典

我不希荣，何忧乎利禄之香饵①? 我不竞进②，何畏乎仕宦之危机?

注释

①香饵：诱饵，诱惑人心的东西。②竞进：竞争、争夺。

译文

如果我不羡慕荣华富贵，那么又何必担心他人用名利作饵来引诱呢？如果我不争强好胜，又何必恐惧官场中隐藏的种种危机呢？

解析

人们心中会有担心和恐惧，那是因为心中有贪念、有顾忌才会如此。如果人们能保持内心的平静，不被外界的事物所吸引，那么就不会掉入别人的陷阱之中。

人们常说："无欲则刚，无知则无畏。"人们只有心中没有世俗的欲望，才能做到无所畏惧，才能做到大义凛然。清代民族英雄林则徐担任两广总督时，为了查禁鸦片受到各方势力的打压和排挤，但是他仍然无所畏惧，在府衙门口写下"海纳百川有容乃大，壁立千仞无欲则刚”的对联，意在砥砺自己，为官只有坚决杜绝私欲才能像高山一样刚正不阿，屹立在天地之间。的确，如果一个人不希冀官场的升迁就不会投机钻营、阿谀奉承，这样也就无所畏惧了，那么权势又奈我何?

荣华富贵和高官厚禄都是过眼云烟，人们不能因为放任心中的欲望而掉入陷阱。只有克制私欲，才能寡欲清心，淡泊守志；也只有克制私欲，才能不惧权势，清节长存。

原典

多藏厚亡，故知富不如贫之无虑；高步疾颠①，故知贵不如贱之常安。

注释

①高步疾颠：颠，颠覆、失败。高步疾颠，指地位越高摔得越重，走得越快摔得越惨。

译文

聚敛的财富越多，失去的就越多，所以富人不如贫穷的人无忧无虑；步子迈得越高，摔得越重，所以权贵之人不如卑贱之人能保持祥和安稳。

解析

财富是人们所向往的，但是财富越多人们的烦恼就越多。因为当财富聚集太多时，就会整天担心失去，这样担惊受怕地生活还不如贫穷之人那样无忧无虑更好呢；高官厚禄是人们所向往的，但高官厚禄往往会导致灾祸，当身处高位时，就会担心遭到别人的陷害而丢官。那些身居高位的人，虽然表面上得意扬扬，却不得不绞尽脑汁地维护自己的地位不被动摇，这样一来，高官权贵还不如常人那样安闲。

虽然这种观点有些消极，但是老子却说：“甚爱必大费，多藏必厚亡。”自古以来，世人轻身而徇名利、贪得而至危亡的例子太多了，所以老子才会劝诫人们不能为了名利而罔顾自身的生命。人们常说：“人为财死，鸟为食亡。”但为了区区利益和金钱而牺牲生命，实在是太可怜了！

原典

世上只缘认得“我”字太真，故多种种嗜好，种种烦恼①。前人云：“不复知有我，安知物为贵?”又云：“知身不是我，烦恼更何侵?”真破的②之言也。

注释

①烦恼：佛教语，阻碍菩提正觉的一切欲情，这里指扰乱身心的欲望私情。②破的：本指箭射中目标，比喻说话切中要害。

译文

世人把自我看得太真太重，所以才会产生多种嗜好、多种烦恼。古人说：“假如已经不再知道自我的存在，又怎么知道外物的珍贵?”又说：“假如明白身体是虚空、无法掌握的，又怎会受到烦恼的侵害?”这真是切中要害的至理名言啊!

解析

《老子》中说：“吾所以大患者，为吾有身，及吾无身，吾有何患?”这里的“无身”就是“无我”的意思。老子认为人一旦达到“无我”的境界，也就没有什么可以忧患的了。北宋的王安石对这段话进行了注解：“圣人，无我也。有我，则与物构，而物我相引矣。万物，敌我也，吾不与之敌，故后之。”意思是说，所有有道德的圣人，必须达到“无我”的境界，否则就会被世俗所左右，就无法作出正确的判断。总之，古人认为人不能把自我看得太重，否则就会产生诸多的烦恼和羁绊。

曾有一只蚕被茧困住，痛苦无奈，于是对禅师说：“我被自己的问题缠绕，我为它而死。”禅师说：“谁捆住了你?”所以说，凡是把自己看得过重的人，都只是作茧自缚而已。世界上能够困扰你、打败你的不是别人，也不是环境，而是你自己。

“无我”是一种高尚的境界，也是一种达观的处世态度，更是一种心态上的成熟。人们一定要学会认识自己，切不可把自己看得太重，否则就会迷失自己。

原典

人情世态倏忽[①]万端，不宜认得太真。尧夫[②]云："昔日所云我，今朝却是伊。不知今日我，又属后来谁。"人常作是观，便可解却胸中罥[③]矣。

注释

①倏忽：倏，极快地。忽，极短的。倏忽，形容极快。②尧夫：宋代著名儒者邵雍，字尧夫。③罥：捕捉鸟兽的网，这里是牵挂的意思。

译文

人情冷暖、世态炎凉，错综复杂、瞬息万变，所以人们不能过于认真。邵雍说："以前所说的我，如今却变成了他；不知道今天的我，将来又会变成什么人？"如果人们经常抱着这样的想法，那么就可排除心中所有的烦恼与牵绊。

解析

孔子说："往者不可谏，来者犹可追。"意思是说已经过去的事情就不要再追究和纠缠了，而正在到来的事情却还有时间挽回。所以人们不能沉溺于过去，要懂得放下过去，珍惜现在和未来。

佛教里有这样一个故事：婆罗门拿着两个花瓶前来礼佛，佛祖对婆罗门说："放下！"婆罗门将左手的花瓶放下。佛祖又说："放下！"婆罗门又把右手的花瓶放在地上。可是佛祖仍对他说："放下！"婆罗门大惑不解，问佛祖说："我已经两手空空了，还要放下什么呢？"佛祖说："我叫你放下的不是手中的花瓶，而是你在尘世中执着的心。"

学会放下不仅是一种智慧，更是一门心灵的学问。人生在世，在乎的东西实在太多，需要放下的东西也实在太多，而那些你不愿放下的东西才是人生中一切烦恼的来源。不懂得放下的人，就会身心背负着沉重的包袱，越来越累，越来越辛苦。正如利奥·罗斯顿所说："你的身躯很庞大，但是你的生命需要的仅仅是一颗心脏。多余的脂肪会压迫人的心脏，多余的财富会拖累人的心灵，多余的追逐、多余的幻想只会增加一个人生命的负担。”人们只有懂得放下，心灵才会得到解脱，烦恼才会被驱除。

原典

有一乐境界，就有一不乐的相对待；有一好光景，就有一不好的相乘除①。只是寻常家饭，素位②风光，才是个安乐窝巢。

注释

①乘除：消长、抵消。②素位：安于本分，没有非分之想。

译文

只要有快乐的境界，就会有不快乐的境界与之相对应；只要有美好的光景，就会有不美好的光景与之相抵消。人生在世，只有平平常常、安于本分才是快乐的根本。

解析

乐与不乐，好与不好，都是相对存在的。生活中只要有快乐的事情就会有痛苦的事情，有好的风景就会有不好的风景。所以，不要幻想生活总能圆圆满满，也不要幻想人生总能平平坦坦。

每个人都注定了要经历坎坷和不平、品尝苦涩和无奈，在漫漫人生路上，这些失意和挫折并不是最可怕的，最可怕的是失去了勇敢生活的信念。人们要坚信，这些艰难险阻不过是人生对人的另一种馈赠，坎坷挫折也不过是对人意志的磨砺和考验。在生活的道路上，人们要勇敢地迎接挑战，要把那些困难和挫折都踩在脚下，即使摔倒了，也没有什么大不了的，重新站起来，仍然可以获得别人的掌声。

面对人生中的挫折和失败，应该保持一种洒脱的精神、乐观坦然的心态，这样才能使自己克服眼前的困难，慢慢走向成功。因为生活不会永远是黑夜，世界也不会永远是冬季，耐心等待，不抱怨不急躁，就会迎来阳光和春天。

原典

知成之必败，则求成之心不必太坚①；知生之必死，则保生之道不必过劳②。

注释

①坚：坚持、执着。②劳：过分地费心思。

译文

懂得有成功就有失败的道理，人们追求成功的心理就不必过于执着；懂得有生命必然有死亡的道理，人们谋求长生之心就不必过于强烈。

解析

人生中有成功就有失败，任何人的成败得失都是暂时的、相对的。同时，世界上不存在永久的、绝对的成功，也不存在永久的、绝对的失败。既然如此，人们又何必执着地追求成功呢？

人有生命必然就会死亡，而人的生命是有限的，终有一天死亡会来临。既然如此，人们为什么还有那么强烈的祈求长生之心呢？显赫如秦始皇、汉武帝，倾国所有以求长生，最终也难逃人生大限。著名作家史铁生曾说："一个人出生了，这就不再是一个可以辩论的问题，而只是上帝交给他的一个事实。上帝在交给我们这件事实的时候，就已经顺便保证了它的结果。所以死是一件不必急于求成的事，死是一个必然会降临的节日。"

既然人生的成败和生死都是必然的，那么人们就不应该苦苦执着于此，要学会去接受，学着用平常的心态去看待，否则就会陷入患得患失、耿耿于怀的痛苦之中。不仅仅是生死和成败，凡事都应该学会放弃，这样你才能迎来别样精彩的人生。

原典

眼看西晋之荆榛，犹矜白刃①；身属北邙之狐兔，尚惜黄金②。语云："猛兽易伏，人心难降。谿壑易填，人心难满"。信哉！

注释

①白刃：原指锋利的刀，这里指战争、武力。②黄金：这里指金钱、富贵。

译文

眼见强盛的西晋灭亡之后，繁华宫殿变成杂草丛生的荒芜之地，但是一些人还在炫耀武力；眼见三侯公卿葬于邙山，虽为高贵显赫的身躯即已成为狐鼠之辈的食物，仍有人在贪恋富贵荣华。俗语说："猛兽容易被制伏，人心却难以降服；深谷容易填平，人心却难以满足。"这句话真是正确呀！

解析

俗话说："猛兽容易被制伏，人心却难以降服；深谷容易填平，人心却难以满足。"人们心中的欲望永远都无法满足，比猛兽还要凶猛，比深谷还要难填。

曾经繁荣昌盛的西晋，只维持了短暂的繁荣，如今繁华的宫殿都已变成杂草丛生的荒芜之地；曾经高贵显赫、权倾一时的王公贵族，身死之后却成了狐鼠之辈的食物。但是人们似乎并没有看破这些惨痛的历史，仍然因为贪心而肆意炫耀武力、贪恋荣华。这样的人已经被权力和金钱蒙住了眼睛，已经被欲望激荡了平静的内心，同时对已经渐渐逼近的灾祸也毫无察觉！

元好问说："铜驼荆棘千年后，金马衣冠一梦中。"繁华昌盛、功名利禄都会随着时间的推移而消失，繁华过后便是荆棘，金马衣冠也犹如一场美梦。人们应该多一些洒脱，少一些欲念，切勿被名利荣华遮蔽了双眼。

原典

心地上无风涛，随在皆青山绿树；性天中有化育[①]，触处都鱼跃鸢飞[②]。

注释

①化育：指自然界孕育万物。②鱼跃鸢飞：比喻自由自在的乐趣。

译文

如果人的内心没有起伏不定的风波，那么随处所见都是青山绿水的祥和美景；如果天性中有使万物萌发生长的意念，那么到处都能见到鱼跃鸢飞的景象。

解析

刘禹锡在《竹枝词》中说："瞿塘嘈嘈十二滩，人言道路古来难。长恨人心不如水，等闲平地起波澜。"瞿塘峡水流湍急，形势险要，并且有"天险"之称。而在刘禹锡看来，瞿塘峡之所以凶险，是因为水中多有礁石险滩，但是人心之中虽然没有险滩暗礁，却是"等闲平地"也会陡起波澜。如此一来，人心还不如这长江之水。

人心是最简单的，也是最复杂的。当人们心情平静时，生活就会平静祥和；当心中起伏不定时，就会兴风作浪、无事生非。古人注重修养身心，无非是为了在纷扰的世间保持内心的平静。而只有内心平静了，人们才能不被各种私心杂念困扰；只有内心平静了，生活才会变得更加美好。

这个世界已经十分浮躁了，如果人们不能保持一颗波澜不惊的心，就会被淹没在物欲的洪流之中。以平和的眼光去看待外界的事物，使清澈纯洁的心灵不受污染，这样才能保持最初的本性，才能有青山绿水的祥和，以及鱼跃鸢飞的悠闲。

原典

狐眠败砌①，兔走荒台，尽是当年歌舞之地；露冷黄花，烟迷衰草②，悉属旧时争战之场。盛衰何常，强弱安在？念此令人心灰。

注释

①败砌：砌，台阶。败砌，这里指破败的台阶。②烟迷衰草：被烟雾笼罩，被荒草埋没。

译文

狐狸在破败的台阶上安眠，野兔在废亭荒台中奔跑，这些地方都是当年歌舞升平之地；菊花在寒风中摇曳，荒草被烟雾笼罩，这些地方都是以前英雄豪杰争霸的战场。历史的兴衰成败变化无常，如今那些成功和辉煌又在何方？想到这些不禁心灰意冷。

解析

狐狸安眠的断壁残垣，野兔奔跑的废亭荒台，曾经都是繁华喧闹、歌舞升平之地，如今却如此荒凉；而当年英雄豪杰驰骋奔放、争霸立业的战场，却只留下星点菊花在风中摇曳，一片荒草在烟雾中摇摆。如今所有的成败都已经逝去，那么昔日的辉煌与富贵又何在呢？这便是人们常说的“盛衰不常，强弱皆空”啊！

真正能够彻悟此道理的人，自然不会被一时的荣华所困，也不会为一朝的权势所缚。为人处世就应当做到：宠辱不惊，闲看庭前花开花落；去留无意，漫随天外云卷云舒。

南宋豪放派词人辛弃疾登上镇江北固亭，凭栏遥望时，心中不禁感慨万千，“千古江山，英雄无觅孙仲谋处。舞榭歌台，风流总被雨打风吹去”。笙歌艳舞终会烟消云散，刀光剑影终将归于沉寂，曾经英雄一世的孙仲谋也没有留下任何痕迹，人们又怎能奢望自己的功业天长地久呢？

原典

宠辱不惊，闲看庭前花开花落；去留无意，漫随①天外云卷云舒。

注释

①漫随：随意、随心。

译文

宠辱不惊，悠闲地观赏庭院中的花开花落；去留无意，随意观看天上的云卷云舒。

解析

为人处世应该将荣辱视同花开花落般平常，这样才能做到宠辱不惊；出世入世应该像云卷云舒般变幻，才能做到去留无意。

然而真正做到宠辱不惊、去留无意并不是容易的事情。否则也不会有那多人穷尽一生追名逐利，也不会有那么多人因失意而心灰意冷，更不会有那么多人因得意而肆意张扬。而历史上众多事例都验证了这个道理。

范进中举的故事就是一个典型的事例。范进是一个失意落魄的士人，一直生活在贫困之中。为了能进入仕途，他不停地参加科举考试，考了二十多次，直到五十四岁才考中秀才。然而，他得知自己中举的消息后，却因为高兴过度发了疯。这个故事虽然夸张，却讽刺了那些热衷名利、功利心极重的人。

所以，《菜根谭》劝诫人们要以平常心看待功名利禄、利益得失，更劝诫人们要做到得之不喜、失之不忧。

原典

晴空朗月，何天不可翱翔，而飞蛾独投夜烛；清泉绿竹，何物不可饮啄，而鸱鸮[①]偏嗜腐鼠。噫！世世不为飞蛾、鸱鸮几何人哉！

注释

①鸱鸮：鸟名，常比喻贪恶之人。

译文

万里晴空，明月高悬，还有什么可比天空更广阔而能任意翱翔的？而飞蛾却偏偏喜欢扑火自焚。清清泉水，茵茵绿竹，里面有什么东西不可以让人随意畅饮的？但是鸱鸮却偏偏喜欢以腐鼠为生。唉！人世之间，又有几个人能与扑火飞蛾、嗜鼠鸱鸮相区别呢？

解析

飞蛾扑火、鸱鸮嗜鼠并不是因为飞蛾、鸱鸮无知，而是因为它们不能克制心中的私心杂念，不能克制贪图利益的欲望，因此才会被世人嘲笑。

然而，世人虽嘲讽飞蛾和鸱鸮的无知、贪婪，却又难免沦为二者之流，岂不是更加可笑、可悲？

《庄子·秋水》中有这样一则故事：惠子在梁国做宰相，庄子前去拜访他。有人对惠子说：“庄子来梁国，是想要取代你啊！”惠子听了之后，惶恐不安，于是四处搜寻庄子。庄子听闻此事后，便去见惠子，说：“南方有一种鸟，名字叫鹓雏，它从南海飞往北海，中途只在梧桐树上休息，只吃竹子的果实，只饮甘美的泉水。这时，一只鸱鸮找到了一只腐臭的老鼠，鹓雏刚好飞过，鸱鸮怒目以对，如今你也要如此吗?”

惠子醉心于功名利禄，却认为庄子也是如此，因此才会为保住官位而胡乱猜疑。而庄子却丝毫不贪恋于此，并用腐臭的老鼠来表示对权势的厌恶。

原典

权贵龙骧[①]，英雄虎战：以冷眼视之，如蝇聚膻，如蚁竞血；是非蜂起，得失猬兴[②]：以冷情当之，如冶化金，如汤消雪。

注释

①龙骧：骧，昂着头。龙骧，比喻人气概威武的样子。②猬兴：猬，刺猬，遇敌毛刺勃起。猬兴，形容好像刺猬的毛刺纷纷而起。

译文

有权势的达官显贵经常会表现出气概威武的样子，善战的英雄豪杰有如猛虎一般勇猛，但如果冷眼旁观，他们就如同蚂蚁被膻腥引诱、苍蝇被血腥刺激而聚集一样，让人感到不齿和恶心；是是非非犹如群蜂胡乱飞舞一般，成败得失犹如刺猬纷纷竖立毛刺一样，但如果冷眼旁观，这种情况就如同熔炉熔炼金属时自然熔化，雪花碰到热汤立即融化一样，所有的是非成败都转眼成空。

解析

有权势的达官显贵经常会表现出气概威武的样子，善战的英雄豪杰有如猛虎一般勇猛，但如果冷眼旁观，所谓的“权贵龙骧”、“英雄虎战”不过是贪图私利而涂炭生灵的不义之人，所谓的功勋也不过是由荼毒生灵的不义之战而得。

孟子认为梁惠王虽然使得魏国强盛，却不是一个具有仁心、仁德的人，因为他为了争霸中原，驱使百姓为自己打仗，肆意践踏百姓的生命。战败之后他仍然不死心，又驱使他所爱的子弟前去送死。这就是“以其所不爱及其爱也”。而真正的仁者则恰恰相反，他们会把对所喜爱的人的恩惠推及所不喜欢的人，即有宽大的胸怀和仁慈的心。而梁惠王正是因为失仁失德，才会“东败于齐，西丧秦地七百余里，南辱于楚”。

所谓“滚滚长江东逝水，浪花淘尽英雄，古今多少事，都付笑谈中”，说得正是这个道理!

原典

真空不空①，执相非真，破相亦非真，问世尊②如何发付③？在世出世，徇欲④是苦，绝欲亦是苦，听吾侪善自修持。

注释

①真空不空：佛教语。佛教认为世界万物都是虚幻不实的，只有超出一切色相意识才是真实境界。而佛教又认为真空境界本身又是绝对真实的一种境界，所以说真空不空。②世尊：婆伽婆的音译，即佛教对佛祖释迦牟尼的尊称。③发付：处置、发落的意思。④徇欲：依照自己的欲念随意行事。

译文

世间万物是虚幻不实的，只有超出一切色相的意识才是真实的，但是真空境界本身又是一种真实的境界。人们不能执着地将世间万物看成是真实存在的，又不能完全看成是虚幻不实的，如此一来，佛祖该如何解释这世间万物的实与不实呢？同样身处世间的人们，置身于凡尘之中却又想着超脱尘世，一味地追求欲望是苦，彻底的绝情寡欲也是苦，如何才能在世间安身，只能靠自身的修养和德行了。

解析

佛教认为：“色即是空，空即是色。”任何事物都不是一成不变的，人们不能执着地将万物看成是真实存在的，也不能完全看成是虚幻不实的。同样，人们身处凡尘之中，既不能一味地追求物质享受，也不能彻底地灭绝欲念，只有注重自身道德和节操的修养，才能摆脱人世间的苦痛和纠缠。

自古以来，出世和入世都有着必然的联系，没有人能够做到彻底地脱离尘世中的困扰和诱惑，达到真正摒弃一切私心杂念的崇高境界；也没有人能够做到完全沉浸在世俗的欲望之中，丝毫没有清净善良的本性。所以，真正高尚的君子，不要求人们斩断一切情欲，只要能够保持纯洁的心地和高尚的德行，抑制心中不良的欲望，就能够做到出入自由，在人世间安身立命。

原典

烈士[①]让千乘[②]，贪夫争一文，人品星渊也，而好名不殊好利；天子营家国，乞人号饔飧[③]，该分霄壤也，而焦思[④]何异焦声？

注释

①烈士：有气节、有壮志的人。②千乘：古代四马兵车为一乘，诸侯国的大小以兵车多少来衡量。春秋战国时期，小的诸侯国为千乘，大的诸侯国为万乘。③饔飧：饔，早餐。飧，晚餐。饔飧，泛指食物。④焦思：焦，苦。焦思，苦思冥想。

译文

注重道义节操的人可把千乘之国拱手让人，而贪得无厌的人却为区区一文钱争执不休，二者的品德相差之大犹如天上的星星和地上的深渊，但前者若是为了沽名钓誉，后者是为了贪图利益，那么两者的本质就没有什么区别。天子管理国家，乞丐当街乞讨，二者的地位悬殊犹如云霄与土壤，但是前者为国家大事苦思冥想，后者为一日三餐哀声乞讨，那么二者的痛苦就没有什么区别。

解析

《庄子·骈拇》中说：“小人则以身殉利，士则以身殉名，大夫则以身殉家，圣人则以身殉天下。”小人为利，士人为名，大夫为家，圣人为天下，虽然这四种人身份不同，从事的事业不同，获得的名声也不同，但是无不因牺牲生命而损害人的本性，所以在本质上并没有什么不同。庄子还举例说明：臧与谷两个家奴一同放羊，但是都让羊跑了。主人问臧当时在做什么，他回答说在看书；主人又问谷，他说在玩掷骰子的游戏。虽然二人所做之事有雅俗之别，但是都没有尽到自己的义务，都丢失了羊，所以在本质上没有任何区别。

所以洪应明说，如果君子谦让只是为了沽名钓誉，那么他和为了利益而争执的小人就没有根本的区别。人们看问题不能光看事情的表面，要追究其本质和目的，只有本质纯洁、目的高尚的行为才值得称赞，而那些做坏事的人，即使再加上冠冕堂皇的理由，也无法掩盖其恶劣的本质。

原典

性天澄彻，即饥餐渴饮，无非康济[①]身心；心地沉迷，纵谈禅演偈，总是播弄[②]精魄。

注释

①康济：本指安民济众，这里指增进健康。②播弄：玩弄。

译文

本性纯真、心无杂念的人，即使饥饿时吃饭、口渴时饮水这样最平常的行为，也无非是为了增进身心健康；心地沉迷、有私心杂念的人，即使每天诵经谈禅，也不过是玩弄自己的精神、卖弄才华而已。

解析

养生重在养心，只要心无杂念，顺其自然，即使是饥餐渴饮，也无非是为了保养身心；禅悟重在心悟，如果心地沉迷，不管在形式上下多少功夫，也不过是白费力气。

《黄帝内经》中说：“恬淡虚无，真气从之；精神内守，病安从来。”意在强调修养身心应该注重品德修养和精神修炼，做到恬淡虚静，保持自然的本性，养精蓄锐，病痛也就无从而来了。后来老子承袭了这种理论，发展成“至虚极，守静笃”，就是告诫人们要保持平和的心态，顺其自然。孟子也说：“养心莫过于寡欲。”养心的核心就是平静心神，清心寡欲，减少各种欲望、杂念。

所谓“人心善则施善行，能贯天地正气；人心恶则施恶行，必露污浊风尘”。仁、善是儒家文化的精髓和核心，也是做人最基本的原则。人们只有修养高尚的道德和节操，才能激发内心中所有的仁、善、美，才能彰显天地间的浩然正气。

原典

人心有真境，非丝非竹[①]，而自恬愉；不烟不茗，而自清芬。须念净境虚空，虑忘形释[②]，才得以游衍[③]其中。

注释

①非丝非竹：丝竹代指乐器。②形释：遗忘形骸，这里是摆脱困扰的意思。③游衍：衍，漫延、扩展。游衍，逍遥游乐。

译文

人心中若有纯真的妙境，即使没有音乐来调剂生活也能享受恬淡愉快的乐境，即使没有焚香烹茶也能享受到生活的芬芳气息。只要心中方事虚空，就会忘却忧虑、舒散形体，就会享受到逍遥游乐的生活。

解析

丝竹赏心，品茗气雅。如果人心中有纯真的妙境，即使没有丝竹之乐也能享受恬淡愉快的乐境，没有香茗的滋润也能享受到生活的芬芳气息。所以说，只要心性本身纯正清净，即使没有赏心悦目的外物，同样会拥有一份雅致的生活与情趣。

人心都有一个真境，从清净芬芳中自然产生，人们想要寻求这种真境，就必须先使内心清净。一天，孟子和梁惠王在池塘边观赏美景，梁惠王看着周围的鸿雁麋鹿，脸上不禁浮现出得意之色，于是对孟子说：“有道德的人也享受这种快乐吗？”孟子却说：“只有有道德的人才能享受这种快乐，没有道德的人，即使有这种快乐，也享受不了。”真正使人快乐的不是外界的美景，而是心中那份充实的感觉。有德者胸怀坦荡，自然更能体会其中的快乐。

只有内心清净，断绝名利和物欲而使心境恬淡，才能忘却一切烦恼；只有忘掉形骸困扰，才能享受逍遥游乐的生活。

原典

天地中万物，人伦中万情，世界中万事：以俗眼①观，纷纷各异；以道眼②观，种种是常。何须分别，何须取舍？

注释

①俗眼：世俗的眼光。②道眼：超乎寻常的眼光，超越世俗的眼光。

译文

天地间的万物，人世间的情感，世界中的诸事，如果用世俗的眼光去观察，就会让人眼花缭乱，觉得变化莫测；如果用超脱世俗的眼光去看，就会发现所有的一切不过平平常常、永恒不变。所以，又何必去分别、去取舍呢？

解析

天地间的万物如此纷繁，人与人之间的感情错综复杂，种种事情变化万千，如果用世俗的眼光去观察，就会感到眼花缭乱、头昏目眩；但是如果用超越世俗的眼光去观察，就会发现其实无论是天地万物还是人世间的情感，在本质上都是永恒不变的。所以，人们应该用平等的心态去对待万事万物，这样就不会有分别和取舍了。

道家认为，世界原本是虚无的、浑然一体的“道”，如果以“道”来看万物，那么所有的事物都没有什么区别。而佛家认为世间一切都只是人心的幻象，只有“佛”才能看破空幻的真相。而道家所说的“道”和佛家所说的“佛”，实际上不过是超越世俗的眼光和纯真自然、淡定从容的心境。

任何事都不可能是一成不变的，人们只要掌握其发展的规律，顺其自然，不为人间万象、世事纷乱所迷惑，自然就能认清事物的本来面目。

原典

缠脱只在自心，心了则屠肆糟糠[①]，居然净土。不然，纵一琴一鹤，一花一竹，嗜好虽清，魔障[②]终在。语云："能休尘境[③]为真境，未了僧家是俗家。"

注释

①糟糠：原指酒滓、谷皮等粗劣食物，这里比喻酒楼饭店等场所。②魔障：佛教语，指修道的障碍。③尘境：佛教语。佛教以色、声、香、味、触、法为六尘，因称现实世界为"尘境"。

译文

人们是否能够摆脱烦恼的困扰，完全取决于自己的内心，内心清净、毫无杂念，即使生活在屠宰场或喧闹的酒楼也如同身在清净的世界。反之，即使身边只有琴鹤相伴，只与花竹相对，嗜好虽然清雅，但还是会被尘世牵绊和困扰。因此真人说："能够摆脱尘世的困扰就等于达到了清净的境界，而没有了悟佛之根本的就和世俗之人没有区别。"

解析

人们之所以不能摆脱生活中的烦恼，是因为自己的内心还未真正清净。如果人们心中满是私心杂念，那么即使身处清净之地也如同身处闹市；如果人的内心纯净淡泊，那么即使生活在屠宰场或喧闹的酒楼也如同身在清净的世界。

高僧希迁从惠能大师处得道，在衡山南寺宣讲佛学。一位学佛数年的僧人苦恼自己直到现在还未悟道，便来问希迁："大师，我如何才能解脱?"希迁将僧人的身体转了转，反问道："谁束缚了你?"僧人遥望天边的夕阳，又问："如何才能前往西方净土?"希迁看了看僧人的脸，反问道："谁弄脏了你?"

希迁的言下之意是，如果你感到无法摆脱生活的烦恼，是因为你自己捆绑了自己的内心；你觉得这个世界充满了尘埃，那是因为你有了不干净的心。人们想要摆脱这些烦恼，就必须使自己的内心得到解放，这样才能达到清净的境界。

原典

以我转物[①]者，得固不喜，失亦不忧，天地尽属逍遥；以物役我[②]者，逆固生憎，顺亦生爱，一毫便生缠缚。

注释

①以我转物：转，支配。以我转物，以我为中心，做万物的主宰。②以物役我：以物为中心，受物质的控制。

译文

以自我为中心来支配一切事物的人，得到时不惊喜，失去时也不忧愁，如此天地万物都可以享受逍遥自在的生活；以物为中心而受物欲奴役的人，拂逆时会心生怨恨，顺从时也不会产生爱悦之心，如此一来，丝毫的欲念便会生产许多困扰来。

解析

一个成功的人除了具有过人的智慧和艰苦奋斗这些因素外，最重要的就是他能做自己的主人，使自己的人生不受到外界的影响。很多人往往就是缺少这一点才会迷失自己，陷入各种欲望之中，从而与成功失之交臂。人在天地之间，应该虚心达观，不被外物奴役，不拘泥于任何事物，努力做自己的主人。

其实，生活中有很多人都不是自己真正的主人，他们太容易受到别人的影响，太容易受到环境的影响。那么，人们怎么做才能不受外物影响，做自己的主宰呢?

人们要正确认识自己，只有如此才能发挥最大的潜力；人们要有充分的自信，这样才能不畏惧任何困难；人们还要懂得调整自己的情绪和心态，这样才能坦然地面对生活中的如意和不如意。

人们只有将自己的命运把握在自己手中，才能在人生的十字路口找到正确的方向，才能做人生的赢家。

原典

试思未生之前有何象貌，又思既死之后有何景色，则万念灰冷，一性寂然[①]，自可超物外而游象先②。

注释

①一性寂然：指本性单纯宁静。②象先：象，形象。先，超越。象先，指超越一切物象。

译文

试想一下人出生之前是什么样子，再想一下，人死之后又会是什么样的景象。人们只要想到无法预知生死和未来，原本心中那些私情杂念自然就会冷却，心性也会变得单纯明净。而只要保持纯真的本性，自然就可以超越于物外，自由自在地生活于天地之间。

解析

关于人的生死，一直是古今中外哲学家苦心探讨的问题，然而直到今天仍然没有具体的结论。即使是孔子也只能说："未能事人焉能事鬼？未知生焉如死？"而埃及人则想通过金字塔来保存自己的肉身，以祈求永生。所以，有的人因人生苦短而贪图享乐、追求功名利禄，有的人则因畏惧死亡而忧心忡忡。然而对于一个具有修养的人来说，生不足喜，死不足忧，其能够看破生死，抛弃私情杂念，以摆脱世俗的纠缠。

"生我之前谁是我，生我之后我是谁？长大成人方知我，合眼朦胧又是谁？"这是顺治皇帝在北京西山寺院中所作的诗。顺治身为山河大地之主，作为整个国家的帝王，却以无休无止的征战、繁重辛劳的国事为耻，并且急于摆脱这种尘世的纷扰，宁愿做"口中吃得清和味，身上常穿百衲衣"的出家之人。

他的这首诗与洪应明的观点具有相同的含义。因此，人们要常常试想一下，人出生之前是什么样子，再试想一下，人死之后又会是什么样的景象，这样才能冷却追逐名利之心。人的生命是短暂的，但精神是永恒的，人们只有保持心性自然，才能超脱物外遨游于天地之间。

原典

优人①傅粉调朱，效妍②丑于毫端。俄而歌残场罢，妍丑何存？弈者争先竞后，较雌雄于著手。俄而局尽子收，雌雄安在？

注释

①优人：古代以乐舞、戏谑为业的艺人。②妍：美好、美丽。

译文

伶人在脸上涂脂抹粉，将一切的美丑都表现得淋漓尽致，然而转眼之间就曲终人散，那些所谓的美丑又在何处？棋手在棋盘上争强斗智，每下一颗棋子都是胜负的较量，可是转眼间就局尽人散，那些所谓的成败又在何处？

解析

人生如戏，而人们所生活的世间便是一个大舞台，每个人都粉墨登场，将剧中人的喜怒哀乐、悲欢离合演绎到极致。但是一出戏还没有来得及谢幕，另一出便又拉开了序幕。人生又如弈棋，每个人都是这棋盘中的棋子，在这金戈铁马的棋盘上争胜负、决雌雄，然而等到棋局结束、人散棋收之时，所有的妙阵奇谋和成败也都消失不见了。

宋代儒生邵雍说："尧舜指下三杯酒，汤武争逐一局棋。"人生如演戏，世事似棋局。既然所有的表演都终会曲终人散，所有的争斗都会尘埃落定，那么人们又何必苦苦经营、费尽心思，为谋取富贵而留下恶名呢？

古人认为人间的富贵贫贱、成败穷通、是非得失都是微不足道的，人们只有追寻人心的自然本性，不被物质和欲望所束缚，才能立于天地之间，才能获得人生的真谛。

原典

把握未定，宜绝迹尘嚣，使此心不见可欲而不乱，以澄吾①静体②；操持既坚，又当混迹风尘，使此心见可欲而亦不乱，以养吾圆机。

注释

①澄悟：澄，水清且静。澄悟，静悟。②静体：指寂静之心的本性。

译文

在意志还不十分坚定时，应远离物欲纷扰的诱惑，这样便不会被物欲引诱得心神迷乱，这样才能领悟清明纯净的本性；等到意志坚定之时，又应当让自己接触各种世俗纷扰，使内心足可以抵制物欲的引诱，这样才能保持圆熟质朴的灵性。

解析

修养品德，需要一个良好的外部环境，尤其是对于意志还未坚定的人来说，良好的外部环境更为重要。所以人们应该远离物欲纷扰的诱惑，这样才不至于被物欲迷乱心神，才不至于误入歧途。而对于一个意志坚定的人来说，要学会在各种环境中磨炼自己，这样才可以抵制物欲的纷扰。

正所谓“江山易改本性难移”，一个意志坚定的人，不会轻易受到外界环境的影响。所以，意志对人具有不可低估的作用。

荀子说：“一个凡人，积累善行达到尽善尽美的程度，就成了圣人。不断地追求才能不断地进步，不断地实践才能不断地成功，不断地积累才能不断地提高。”人们只有具有超凡的意志，经过日复一日的积累、反反复复的修炼，才能磨炼出高贵的品行，才能成就非凡的事业。所以，人们应该注重塑造自己，培养圆熟质朴的灵性。

原典

喜寂厌喧者，往往避人以求静。不知意在无人，便成我相①；心著于静，静是动根②，如何到得人我一空③、动静两忘的境界？

注释

①我相：佛教语。佛教称人相、我相、众生相、寿者相为四相。佛教认为四相是烦恼之源。②动根：动乱之源。③人我一空：即物我两相忘的境界。

译文

喜欢寂静、厌倦喧嚣的人，往往刻意远离人群，离群索居以求得身心的安静。这样的人却不知道刻意寻求无人之境，就是把自己看得过重；刻意在宁静中安放自己的心灵，其实是躁动的根源。这样怎么能达到物我两相忘、动静两相忘的境界呢？

解析

真正的安静，来源于内心的安宁，而非刻意离群索居就能够得来的。所以，达到内心的平静最重要的在于心境，而外界环境则是次要。刻意地追求无人之境，刻意地将自己的心灵安放在宁静之中，其实是内心躁动的表现。

王阳明有个学生，想到深山中静心养性，王阳明对他说："君子修身养性的学问，就像良医治病一样，应该根据病人的病情斟酌用药，不同的人具有不同的体质和病症，不能让所有的病人都使用固定药方。如果一心想要与世隔绝，屏除一切思虑，恐怕就会在不知不觉中养成空洞枯寂的性情。"

一些修身养性的人喜欢远离尘世，隐居山林，以求得宁静。其实，以这种方式得到的宁静并不是真正的宁静。因为即使环境清静了，如果人们不能忘却世事，内心还是会一片混乱。人们只有超越自我，抛弃动静不一的主观思想，才能达到人我一空、动静两忘之境。

原典

人生祸区福境，皆念想造成。故释氏云：利欲炽然①，即是火坑；贪爱沉溺，便为苦海；一念清静，烈焰成池②；一念惊觉，航登彼岸。念头稍异，境界顿殊。可不慎哉！

注释

①炽然：火焰猛烈、强盛的样子。②烈焰成池：猛烈的火焰变成平静的池水，比喻欲念逐渐平息，恢复自然纯洁的本性。

译文

人生的福祸境遇，都是由人们的心念造成的。所以释迦牟尼说：人们一旦让欲望之火肆意猛烈燃烧，人生就会变成煎熬的火坑；人们一旦沉溺于贪欲之中，便会掉入物欲的苦海中难以自拔。只要心中保持清净安宁，那么利欲的火焰便会熄灭；人们的觉悟一旦惊醒，便会脱离欲望的苦海，人生之船便会驶向理想的彼岸。所以，一个念头的微小差异就会产生悬殊的境界，人们一定要谨慎小心啊。

解析

心境对一个人起着至关重要的作用，人生的祸福成败都是由人的心念造成的，所以人们无论身处何时何地，都必须保持平和中正的心境。

面对生活中的种种不如意，悲伤、痛苦并不能使人找到解决问题的办法，反而会使情况越来越糟。其实，通常情况下，困住人的并不是眼前的困难和挫折，而是消极悲观的心态。人们因为怀有不自信的心态，所以会不自觉地将困难无限放大，从而给自己戴上沉重的枷锁。当人们无法战胜自己时，即使遇到很小的困难和挫折，也会一败涂地。

现实生活中，人们不能决定自己所处的境遇，但是可以控制自己的心态。一个健康积极的心态可以使人始终保持豁达的心胸，战胜生活中的苦难和不幸。所以，狄更斯才会说："一个健康的心态比一百种智慧更让人们充满力量。"在困难和挫折面前，人们要善于调整自己的心态，以积极平和的心态看待一切，才能重新获得自信，才能到达成功的彼岸。

原典

绳锯木断，水滴石穿①，学道者须要努力；水到渠成，瓜熟蒂落，得道者一任天机②。

注释

①绳锯木断，水滴石穿：用绳子不停地锯木头，就会把木头锯断；水珠不停地滴落，就能把石头滴穿。出自罗大经《鹤林玉露》卷十："一日一钱，千日千钱，绳锯木断，水滴石穿。"比喻只要坚持不懈就会取得成功。②天机：天赋的悟性。

译文

人们只要坚持不懈地努力，就能取得事业的成功，犹如绳锯木断、水滴石穿一样；修养道德须听凭天赋的悟性，不可勉强为之，就像水到渠成、瓜熟蒂落一样。

解析

罗马城不是一天建成的，所有伟大的成就也不是一朝一夕就能够实现的。人们要想获得事业的成功，就必须有坚持不懈的精神，以及绳锯木断、水滴石穿的顽强意志。

英国作家狄更斯每天都坚持体验生活，风雨无阻地到街头巷尾聆听世间的故事，记录人们的一言一行，从而积累了丰富的生活资料，最终完成了《大卫·科波菲尔》、《双城记》等文学巨作。意大利著名的画家达·芬奇从画鸡蛋入手，每天都从不同的角度、不同的环境来临摹鸡蛋的轮廓，经过长时间的专心素描，终于练成了娴熟精湛的基本功，为日后的创作打下了良好的基础。

坚持和忍耐的过程也许是痛苦的，但是能够为人带来意外的收获和巨大的成功。其实世界上并没有所谓的天才，只要人们肯做一只坚持不懈的蜗牛，一步一步地向着自己的目标前进，那么就可以成功地登上自己人生的高峰。

原典

就一身了①一身者，方能以万物付②万物；还天下于天下者，方能出世间于世间。

注释

①了：了悟、了解。②付：交付、托付。

译文

人们只有跳出自身的限制真正了解自我的本质，才能根据世间的规律法则将万物都交付给自然，使其各尽其用；为政者只有将天下还给天下万民，顺应民意行事，才能真正做到超脱尘世的纷扰，保持自然的本心。

解析

人们只有跳出自身的限制才能真正地认识自我，才能认识到世间万物发展的规律，做到物尽其用。同样，人们只有跳出世事的束缚和困扰，才能真正脱离功名利禄的牵绊，才能真正做到超凡脱俗。

伊尹是商汤时期有名的贤士，最初他在莘国郊外的荒野中自耕自食，并且以尧舜之道为乐。商汤仰慕他的道德，多次邀请他为国出力，都被他拒绝了。但是后来他却看破了自身的局限，彻底改变了自己的态度。他认为既然我以尧舜之道为乐，为什么不使所有的君主都做尧、舜一样的君主呢？为什么不使现在的百姓都能够成为尧舜时代一样的百姓呢？为什么我不凭借自己的努力实现尧舜时代一样的盛世呢？于是他主动要求辅佐商汤，肩负匡救天下的重任，不仅成就了一番事业，更拯救百姓于水火之中。

为政者就应该以拯救天下百姓为己任，跳出自身的限制，这样才能顺应民意，才能成为真正高尚、有道德的君子。

原典

人生原是傀儡，只要把柄在手，一线不乱，卷舒自由①，行止在我，一毫不受他人提掇②，便超此场中矣。

注释

①卷舒自由：伸展自由的意思。②提掇：提拉，这里指操纵木偶时上下牵引。

译文

人生好像一出木偶戏，而人则是木偶，只要你能掌握好引线，不乱一线，那么你的人生就会伸展自由、去留随意，丝毫不受他人和外物的控制和影响。这样你就能摆脱人世间的束缚，超脱于纷扰的尘世之外。

解析

人生就像一出木偶戏，而世间的人犹如戏中演出的木偶，如果人们能够掌握好自己的引线，不被他人和外物控制，那么人生就掌控在自己的手中，足可以做到来去自如、去留随意，丝毫不受尘世间烦恼的牵绊和束缚。

世界著名的作家小仲马是法国著名的作家大仲马与一位女裁缝的私生子，并且在大仲马成名之后被抛弃。年轻时代的小仲马备受欺凌，并且不被父亲所承认，但是他没有向命运屈服，而是坚持不懈地创作，无数次向出版社投稿，最后终于完成了《茶花女》的创作，不仅受到了大仲马的认可，更赢得了世人的掌声和尊重。

人生中的成功和失败、顺境和逆境，固然有命运的成分使然，但是所谓的命运并不是整个人生的主宰。人们应该将自己的人生紧紧地握在自己手中，勇敢地向生活中的不平发出挑战，做生活中的勇者，这样才能不被打倒。

原典

为鼠常留饭，怜蛾纱罩灯。古人此点念头，是吾一点生生之机①，无此即所谓土木形骸②而已。

注释

①生生之机：《易经·系辞》中有“生生之谓易”。生生之机是指使万物生长的意念、动机。②土木形骸：土木，指泥土和树木等只有躯壳而无灵魂的事物。形骸，指人的躯体。土木形骸，比喻毫无生气，如泥塑木雕一样的人。

译文

“为老鼠留饭，为飞蛾罩灯”，古人这种慈悲之心就是人类天性中使万物繁衍不息的意念，人们如果没有慈悲怜悯之心，就如同没有灵魂的树木、泥土一样，生活根本没有任何意义。

解析

人类对于老鼠、飞蛾尚且怜悯，对人岂能没有善念！如果面对他人的苦难麻木不仁，那么和没有生命和灵魂的树木、泥土又有什么区别呢?

有这样一个故事：寺庙门前有个卖鸟的老者，常常游说拜佛者放生，说这可以种下慈悲的善根，保佑全家平安。遇到客人与其讲价时，老者就会作出让步，以成全别人的慈悲之心。

后来寺庙的小和尚发现，老者每次卖的都是同一只鸟，每次那只鸟被放生之后就会飞回老者家，次日老者再出来卖。小和尚想揭发他，但是遭到了方丈的阻挡。方丈说：“众生的慈悲心是自发的，有了善心就等于种下了善根。这就足够了。那鸟愿意飞到哪里是不能掌控的。买鸟的人给老者一条活路，也算是一种慈悲。你如果揭穿他，他日后怎么生活，你这样做是行善吗?”

行善并不在于形式，只要人具有慈善之心，就具有了佛性，就是真正的善行。

原典

世态有炎凉，而我无嗔喜；世味有浓淡，而我无欣厌。一毫不落世情窠臼①，便是一在世出世法也。

注释

①窠臼：原指门上承受转轴的臼形小坑，比喻牢笼、束缚。

译文

世间有世态炎凉、人情冷暖，而我对这些却没有所谓的厌恶或是喜爱；人间的滋味有浓烈淡薄，而我对这些却没有所谓的欣喜或是厌恶。人们只要不落入人情世故的牢笼，保持平常心态，便可找到出世入世的真正良方。

解析

世态炎凉是最平常的事，古往今来都一样，人们只有保持一颗平常心，才能做到“无嗔喜”、“无欣厌”；人生际遇变化多端，没有永久的一帆风顺，也没有长久的困境，在这浓淡之间，关键是要保持平常的心态。

在中国历史上，最能看出“人情冷暖，世态炎凉”的便是苏秦。苏秦出身贫寒，但是素有大志，和鬼谷子学习纵横捭阖之术。学成之后，他向秦王讲述纵横之术，却没有被秦王采纳，可他盘缠已花光，不得不返回家乡。当他衣衫褴褛地回到家后，父母不理他，嫂子看不起他，就连妻子都不管他。后来，他钻研《鬼谷阴符书》，头悬梁，锥刺股，最终游说六国合纵抗秦，身任六国宰相。衣锦还乡时，父母“郊迎三十里”，嫂子“匍匐蛇行”，跪在地上都不敢抬头看他。由此可见，家人尚且如此，更何况世道人心呢？

俗话说：“看破世事惊破胆，识透人情冷透心。”人们只有看破世事，待功名如黄土，视富贵如浮云，以平常心待之，才能不落入人情世故的牢笼，才能找到出世入世之道。